国家社会科学基金资助项目
项目类别：国家社会科学基金西部项目（批准号：16XGL006）
项目名称：财政性科研项目经费管理和使用研究

财政性科研项目经费管理和使用研究

韦善宁　著

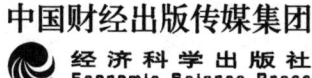

中国财经出版传媒集团
经济科学出版社
·北京·

图书在版编目（CIP）数据

财政性科研项目经费管理和使用研究/韦善宁著. ——北京：经济科学出版社，2024.5
ISBN 978-7-5218-5462-6

Ⅰ.①财… Ⅱ.①韦… Ⅲ.①科技经费-财务管理-研究-中国 Ⅳ.①G322

中国国家版本馆 CIP 数据核字（2023）第 252715 号

责任编辑：李一心
责任校对：王苗苗
责任印制：范　艳

财政性科研项目经费管理和使用研究
韦善宁　著

经济科学出版社出版、发行　新华书店经销
社址：北京市海淀区阜成路甲28号　邮编：100142
总编部电话：010-88191217　发行部电话：010-88191522
网址：www.esp.com.cn
电子邮箱：esp@esp.com.cn
天猫网店：经济科学出版社旗舰店
网址：http://jjkxcbs.tmall.com
北京密兴印刷有限公司印装
710×1000　16开　18印张　268000字
2024年5月第1版　2024年5月第1次印刷
ISBN 978-7-5218-5462-6　定价：88.00元
(图书出现印装问题，本社负责调换。电话：010-88191545)
(版权所有　侵权必究　打击盗版　举报热线：010-88191661
QQ：2242791300　营销中心电话：010-88191537
电子邮箱：dbts@esp.com.cn）

前　　言

　　党的十八大以来，我国各级财政资金资助科研活动的力度不断加大。进入新时代的新发展阶段后，我国中央政府及地方各级政府运用财政性资金资助科研活动的规模、力度将不断加大。这主要有以下三个方面的原因：一是全面建设社会主义现代化国家对各领域创新成果的巨大需求及迫切需求；二是中央政府及地方各级政府使用财政资金资助科研活动的能力不断增强；三是弥补市场失灵的需要。

　　虽然各级财政性资金资助科研活动的规模、力度不断加大，但是，用于资助科研活动的财政资金依然是有限的。因为财政资金总量是有限的、稀缺的，而且行政管理、社会管理、国防建设、文化建设和人民生命健康等领域都对财政资金有着巨大需要。

　　有限的科研财政资金必须得到科学、高效、合理地使用，这样才能使得在投入财政资金一定的情况下获得更好、更多的创新成果。提高科研财政资金使用效率及效益的关键因素是充分调动科研人员的积极性、主动性和创新性。

　　目前，我国财政性科研项目资金管理和使用方面既存在科研人员科研经费使用自主权不够、从科研经费中获得的绩效报酬无法合理补偿其人力资本支出、科研获得感不强、科研积极性不高等影响科研绩效的问题，也存在科研经费使用不够规范，甚至是贪污、挪用、浪费及低效等问题。因此，进一步完善、优化、规范财政性科研项目经费管理和使用制度也就变得越来越重要。

　　本课题研究遵循课题（项目）研究的基本逻辑。首先是概述（即总体情况介绍），对本课题研究对象、主要概念界定、国内外研究综述、研究价值、指导思想、主要目标、总体框架、重点难点、研究方法、主要创新之处及存在不足进行概括阐述。其次是构建理论框架，以增加研究的理论厚度，对后续各部分研究进行理论指导并为其提供理论支撑。最后是为了实现课题研究的主要目标，在前面两个部分的基础上，分七个专题（部分）进行研究。

七个专题分别是发达国家财政性科研项目经费管理和使用经验及借鉴、现行财政性科研项目经费管理和使用制度运行分析、调动财政性科研项目科研人员积极性研究、财政性科研项目经费分类管理和使用改革研究、财政性科研项目经费预算管理改革研究、科研单位加强科研经费内部管理研究、财政性科研项目成本核算改革研究。

七个专题的研究既相对独立，又紧密相关，都是围绕"财政性科研项目经费管理和使用"这一主题进行研究，共同构成了一个逻辑相对完整的体系。

目 录
contents

第一章 概述 … 1
第一节 本书研究对象及主要概念界定 … 3
第二节 国内外研究综述、研究价值及指导思想 … 13
第三节 本书研究的主要目标、总体框架及重点难点 … 19
第四节 本书研究方法、主要创新之处及存在不足 … 26
本章主要参考文献 … 33

第二章 构建针对财政性科研项目经费管理和使用分析的理论框架 … 36
第一节 影响财政性科研项目科研目标实现的因素分析 … 36
第二节 财政性科研项目经费管理和使用分析的理论框架构建 … 47
本章主要参考文献 … 67

第三章 发达国家财政性科研项目经费管理和使用经验及借鉴 … 71
第一节 发达国家财政性科研项目经费管理和使用经验 … 71
第二节 发达国家财政性科研项目经费管理和使用经验借鉴 … 81
本章主要参考文献 … 91

第四章　现行财政性科研项目经费管理和使用制度运行分析 ………… 95

第一节　现行财政性科研项目经费管理和使用制度按照顶层
设计理念分类 ……………………………………… 95
第二节　顶层设计理念下现行财政性科研项目经费管理
和使用制度存在的主要问题 ……………………… 113
第三节　顶层设计理念下财政性科研项目经费管理和使用
制度的完善思路 …………………………………… 121
本章主要参考文献 …………………………………………… 129

第五章　调动财政性科研项目科研人员积极性研究 …………… 132

第一节　完善方便科研人员报销的经费报销制度 …………… 132
第二节　完善科研人员绩效支出管理制度 …………………… 144
本章主要参考文献 …………………………………………… 160

第六章　财政性科研项目经费分类管理和使用改革研究 ……… 164

第一节　定额补助式科学基金项目经费管理和使用实施
"包干制"研究 …………………………………… 164
第二节　重大科学研究项目经费管理和使用审计研究 ……… 175
第三节　哲学社会科学研究项目经费管理和使用实施
"包干制"研究 …………………………………… 189
本章主要参考文献 …………………………………………… 214

第七章　财政性科研项目经费预算管理改革研究 ……………… 219

第一节　现行财政性科研项目经费预算管理存在的
主要问题 …………………………………………… 220
第二节　财政性科研项目经费预算管理改革思路 …………… 225
本章主要参考文献 …………………………………………… 235

第八章　科研单位加强科研经费内部管理研究 238

第一节　科研单位科研经费内部管理的主要目标及存在的
　　　　主要问题 239
第二节　加强科研单位科研经费内部管理的主要对策 245
本章主要参考文献 250

第九章　财政性科研项目成本核算改革研究 254

第一节　财政性科研项目成本核算的意义 255
第二节　财政性科研项目成本核算存在的主要问题 259
第三节　财政性科研项目成本核算改革思路 263
本章主要参考文献 273

总结 276

第一章

概　述

党的十八大以来，我国各级财政资金资助科研活动的力度不断加大。比如，中国统计年鉴的数据显示，2016~2020年研发（R&D）经费支出中的财政性资金（政府资金）分别为3140.8亿元、3487.4亿元、3978.6亿元、4537.3亿元和4825.6亿元，年均增长率为11.38%[①]。

进入新时代的新发展阶段后，我国中央政府及地方各级政府运用财政性资金资助科研活动的规模、力度将继续不断加大。主要有以下三个方面的原因：一是全面建设社会主义现代化国家对各领域创新成果的巨大需求及迫切需求。经过长期艰苦努力，中国特色社会主义进入了新时代的新发展阶段，开启了全面建设社会主义现代化国家新征程。从外部环境看，一些西方国家对我国采取打压措施。在此背景下，我国只有加大投入力度，加强自主创新，实现科技自立自强，才能解决受制于人的问题。从内部环境看，我国虽然取得了很大成就，但在产业转型升级、污染防治、乡村振兴等方面依然存在诸多短板和弱项，急需通过各个领域创新加以解决。面对世界百年未有之大变局和中华民族伟大复兴的战略全局，必须贯彻新发展理念，加快构建"双循环"新发展格局，即以国内供应、生产、流通、分配、交换和消费为主线的国内大循环为主体，以及以国内大循环科学、适度、合理地融入国际产业链分工体系的国际大循环相互促进的发展格局。创新在五

[①] 中国统计年鉴2021，http://www.stats.gov.cn/tjsj/ndsj/2021/indexch.htm。

大新发展理念中居于首位,在构建新发展格局中居于核心地位。在经济社会发展的各个领域中,创新包括的内容很多,比如理论创新、实践创新、知识创新、产品创新、模式创新、工艺创新、技术创新、方法创新、管理创新、方法创新、制度创新和其他各种创新。既然我们迫切需要各领域更好、更多的创新成果,那么,使用财政资金对科研活动进行资助的规模、力度都应该加大。二是中央政府及地方各级政府使用财政资金资助科研活动的能力不断增强。以前,由于受到财政资金匮乏的影响,我国使用财政资金资助科研活动的力度(比重)不及发达国家。比如,根据有关数据,2020 年我国基础研究投入占全社会研发总经费的比重首次超过 6%,这一比例此前十几年徘徊在 5% 左右。而在一些主要发达国家,这一指标多为 15% 左右[①]。经过四十多年的改革开放,我国的经济实力、科技实力、国际竞争力和国际影响力等综合国力不断增强。特别是经济实力不断增强带来的财政资金实力的不断增强,为我国加大对科研活动的资助奠定了坚实基础。从投入产出关系来看,以前我们投入不足,导致科技实力比较滞后。进入新发展阶段以后,随着经济实力和财政资金实力的增强,加大对科研活动的资助不仅是应该的(补上以前所欠的投入少的"账"),而且是必要的(通过加大科研投入来获得更大的产出)。三是弥补市场失灵的需要。由于市场失灵的存在,政府不得不使用财政性资金资助具有公共产品及准公共产品属性的科研活动,这是国际惯例,也是获得创新成果的重要途径。我国在科研领域存在诸多市场失灵的状况,比如,市场主体从事基础科学研究的意愿不足、从事国家急需的应用研究的能力不足等,需要政府运用财政资金资助研究,以弥补市场失灵,获得更好、更多的创新成果来满足社会公众的需要。

虽然各级财政性资金资助科研活动的规模、力度不断加大,但是,用于资助科研活动的财政资金依然是有限的。因为财政资金总量是有限的、稀缺的,而且行政管理、社会管理、国防建设、文化建设和人民生命健康等领域都对财政资金有着巨大需求。

[①] 王志刚:2020 年我国基础研究占研发总经费比重首次超过 6%,https://www.gov.cn/xinwen/2021-03/08/content_5591392.htm.

第一章 概 述

有限的科研财政资金必须得到科学、高效、合理地使用，这样才能使得在投入财政资金一定的情况下获得更好、更多的创新成果。提高科研财政资金使用效率及效益的关键因素是充分调动科研人员的积极性、主动性和创新性。

目前，我国财政性科研项目资金管理和使用方面既存在科研人员科研经费使用自主权不够、从科研经费中获得的绩效报酬无法合理补偿其人力资本支出、科研获得感不强、科研积极性不高等影响科研绩效的问题，也存在科研经费使用不够规范，甚至是贪污、浪费及低效等问题。因此，进一步完善、优化、规范财政性科研项目经费管理和使用制度也就显得越来越重要。

本章阐述本书研究对象及主要概念界定，国内外研究综述及研究价值，本书研究的主要目标、总体框架及重点难点，本书研究方法及主要创新之处等。

第一节 本书研究对象及主要概念界定

一、本书研究对象

（一）财政性科研项目分类

1. 科研项目按照研究资金来源分类

科研项目按照研究资金来源可分为财政性科研项目和其他科研项目。

财政性科研项目（含课题，下同）是指研究资金来源于各级财政性资金资助或者主要来源于各级财政资金资助的科研项目。有的财政性科研项目研究任务繁重复杂、周期长、风险大、资助金额巨大，科研项目往往被划分为若干子项目或课题，甚至课题下还划分为若干子课题。

科研人员获得立项的财政性科研项目一般属于纵向科研项目。

改革开放以来，经过不断深化改革，目前，我国已经初步形成财政性科研项目资助体系。从哲学社会科学研究看，分为国家社科基金项目和地方社科基金项目。从自然科学研究角度看，分为国家自然科学基金项目和地方自然科学基金项目。此外，还有国家科技重大专项、国家重点研发计划项目、教育部人文社会科学研究项目、地方财政性科研项目、单位（如高校、科研院所、党校、党政机关）立项的财政性科研项目等。

财政性科研项目的科研成果，如哲学社会科学理论研究成果，自然科学理论研究、应用研究和综合性研究成果，事关国家前途命运和重大战略安全需求而又被国外"卡脖子"领域的研究成果等具有公共产品或者准公共产品属性，市场主体不愿意提供或无力提供，即存在市场失灵，需要政府来提供（即政府使用财政资金资助科研项目研究），以弥补市场提供的不足。

其他科研项目是指除了财政性科研项目之外的科研项目，例如，企业等市场主体根据自身发展需要运用自有资金进行研究的科研项目、世界银行等国际组织提供资金支持研究的科研项目等。科研单位科研人员获得立项的其他科研项目一般属于横向科研项目。

2. 财政性科研项目按照财政级次分类

财政性科研项目按照资助的财政资金级次，分为中央财政性科研项目和地方财政性科研项目。顾名思义，中央财政性科研项目的资助资金主要来源于中央财政，地方财政性科研项目的资助资金主要来源于地方各级财政。中央财政性科研项目和地方财政性科研项目主要按照中央与地方财政事权和支出责任来界定。国办发〔2019〕26号文件《国务院办公厅关于印发科技领域中央与地方财政事权和支出责任划分改革方案的通知》对中央财政资金与地方财政资金在各类科研活动中的支出责任做出了原则性规定。

地方财政性科研项目按照财政级次可进一步分为省（自治区、直辖市）级财政性科研项目、市级财政性科研项目、县（区）级财政性科研项目、乡（镇）级财政性科研项目等。特别需要强调的是，对于各市级、县区级和乡镇级迫切需要与本地发展等有关的科研支撑，但是上级科研项目又没有相关立项项目研究，此时，各市级、县区级和乡镇级应安排一些财政资金资助相关科研项目研究，以解决本地区之所需，助推本地区发展。目前，在区域科学研究实践中，地方财政性科研项目一般设到省、自治区、直辖市和市级，县（区）级财政性科研项目和乡（镇）级财政性科研项目很少见到。

3. 财政性科研项目按照项目负责人获得立项方式分类

财政性科研项目按照项目负责人获得项目立项的方式分为竞争性财政性科研项目及非竞争性财政性科研项目两大类。对项目负责人来说，这两类科研项目获得立项的难度不一样。所谓竞争性财政性科研项目，是指通过竞争性程序才获得立项的财政性科研项目。竞争性程序一般包括下列主要环节：科研项目主管部门事先发布项目指南，科研单位组织符合条件的科研人员自由申报，科研项目主管部门组织同行专家开展评审，向全社会公示或在一定范围内公示拟立项项目，科研项目主管部门接受社会各界对拟立项项目的反馈意见和建议，最后确定立项的财政性科研项目并正式发布。竞争性财政性科研项目具有"揭榜挂帅"、择优录用、打破论资排辈的特点和优点。非竞争性财政性科研项目是由科研项目主管部门直接指定项目负责人或团队，不经过公开竞争程序就立项的财政性科研项目。目前，我国财政性科研项目大多为竞争性财政性科研项目。

4. 财政性科研项目按照项目管理方式分类

财政性科研项目按照项目管理方式分为实行项目合同制管理的财政性科研项目和非合同制管理的财政性科研项目。所谓实行项目合同制管理的财政性科研项目，是指在确定立项项目后，科研项目主管部门与科研项目负责人签订有科研项目研究合同（或立项通知书、立项协议等），其中，明确规定立项项目名称、批准号、项目类别、资助金额、拨款方式、研究要求、过程管理要求、成果鉴定要求等事项。实行非合同制管理的财政性科研项目一般不签订科研项目研究合同，采用其他方式进行管理。目前，我国财政性科研项目大多数为实行项目合同制管理的财政性科研项目。

5. 财政性科研项目按照财政资金资助的时间节点分类

财政性科研项目按照财政资金资助的时间节点是在科研任务完成之前还是科研任务完成之后，分为前资助财政性科研项目和后补助财政性科研项目。前资助财政性科研项目是指在完成科研任务之前就进行资助，实际上，在项目申报指南中就已经进行了明确说明。后补助财政性科研项目是指在完成了科研任务之后再申报财政资金补助。目前，我国财政性科研项目大多为前资助财政性科研项目。

6. 财政性科研项目按照科研项目的学科属性分类

财政性科研项目按照科研项目的学科属性可以分为哲学社会科学类财政性科研项目和自然科学类财政性科研项目。哲学社会科学类财政性科研项目可进一步分为马克思主义·科学社会主义、党史·党建、哲学、理论经济、应用经济、统计学、政治学、法学、社会学、人口学、民族学、国际问题研究、中国历史、世界历史、考古学、宗教学、中国文学、外国文学、语言学、新闻学与传播学、图书馆·情报与文献学、体育学和管理学 23 个学科①。自然科学类财政性科研项目可进一步分为数理科学、化学科学、生命科学、地球科学、工程与材料科学、信息科学、管理科学和医学科学 8 大学科项目，这 8 大类学科项目还可进一步分为 55 类学科项目②。

基于国家经济社会发展、实施乡村振兴、突破国外垄断及封锁、历史文化传承、国家国防安全、民族团结进步、人民生命健康、科学技术进步、生态文明建设、区域协调发展、政治文明建设、加强国际合作、

---

① 2021 年度国家社会科学基金项目申报公告中的"国家社科基金项目 2021 年度课题指南"，http：//www.nopss.gov.cn/n1/2021/0106/c219469-31991309.html。

② 2019 国家自然科学基金资助项目统计，http：//www.nsfc.gov.cn/publish/portal0/tab505/。

融入"一带一路"、扩大对外开放等各方面需要及项目研究特点（研究过程对设备、材料、试剂等需求不同）等因素，目前，我国各级财政性资金对自然科学类项目的资助力度远大于哲学社会科学。

比如，2020年度国家自然科学基金面上项目、青年科学基金项目、地区科学基金项目、重点项目、优秀青年科学基金项目、国家重大科研仪器研制项目、国家杰出青年科学基金项目和创新研究群体项目分别资助19357项、18276项、3177项、737项、600项、88项、298项和37项，资助直接费用分别为111.2994亿元、43.5608亿元、11.0738亿元、21.6527亿元、7.2亿元、9.4494亿元、11.692亿元和3.601亿元，直接费用资助总额为215.9281亿元。财政部和国家自然科学基金委员会联合发布的《关于国家自然科学基金资助项目资金管理有关问题的补充通知》（财科教〔2016〕19号）明确规定"间接费用核定比例上限调整为：500万元以下的部分为20%"，假如按照20%计算间接费用，则上述项目中央财政资金资助总额为269.91亿元[①]。

2020年度国家社会科学基金资助重点项目363项、一般项目及青年项目4271项、西部项目496项、重大项目338项、冷门绝学研究专项学术团队项目20项、冷门绝学研究专项学者个人项目46项、高校思政课研究专项151项、应急管理体系建设研究专项74项、后期资助项目立项名单（重点项目、一般项目）954项、优秀博士论文出版项目67项和中华学术外译项目195项，按照单项最高资助标准计算（比如，重大项目，每项资助强度为60万~80万元，此处按照80万元计算），中央财政资金资助总额（含直接费用和间接费用）为17.92亿元[②]。

7. 财政性科研项目按照研究类型分类

财政性科研项目按照研究类型，可以分为基础研究、应用研究、综合研究。基础研究的目的是获得基础知识或基础理论，不用于任何特定

---

① 根据"2021年项目指南"的资料整理计算，国家自然科学基金委员会网站，http://www.nsfc.gov.cn/publish/portal0/tab882/。

② 根据全国哲学社会科学工作办公室网站 http://www.nopss.gov.cn/"通知公告"栏公开的数据计算。

应用或用途，其成果主要以科学论文和科学著作的形式出现，体现知识的独创能力。应用研究是为了获得新知识而进行的创造性研究，集中于特定目的或目标，应用研究为基础研究的结果确定可能的用途，或探索为达到预定目标应采用的新方法。综合研究是指兼具有基础研究和综合研究属性的研究。

财政性科研项目可分类的视角很多，前述的分类只是基本分类。财政性科研项目的基本分类如图1-1所示。

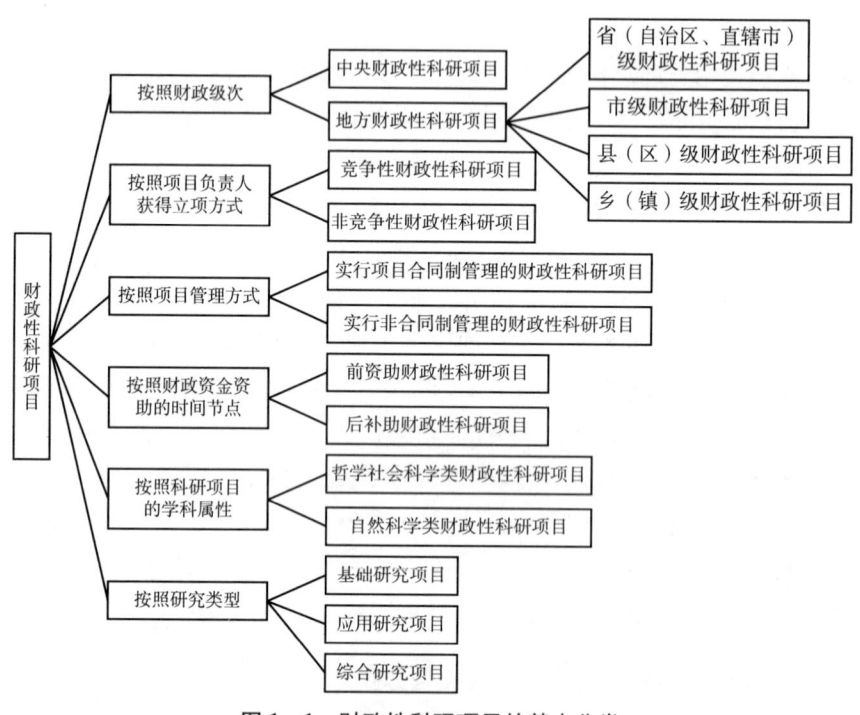

图1-1 财政性科研项目的基本分类

（二）财政性科研项目经费

财政性科研项目经费是指因特定财政性科研项目的立项而获得资助的经费（前补助）及因项目研究取得成功而申请获得的经费（后补助）。特别要强调的是，项目科研经费与"特定项目"研究直接有关。

各级财政基于科研活动需要拨给高校的"基本科研业务费",当高校用于资助特定科研项目研究时,才会形成财政性科研项目经费。由于财政性科研项目按照项目负责人获得项目立项的方式分为竞争性财政性科研项目和非竞争性财政性科研项目,因此,财政性科研项目经费相应分为竞争性财政性科研项目经费和非竞争性财政性科研项目经费。

竞争性财政性科研项目经费与非竞争性财政性科研项目经费在管理上有重要区别,即前者要求设立间接费用,而后者不要求设立。中共中央办公厅和国务院办公厅联合发布的文件《关于进一步完善中央财政科研项目资金管理等政策的若干意见》(中办发〔2016〕50号)要求竞争性财政性科研项目都要设置间接费用,并且规定间接费用的计提比例高于此前的规定,其主要目的是在提高间接费用计提比例的基础上,使得可用于激励科研人员的绩效支出适度增加,以调动科研人员申请竞争性项目研究的积极性。要求竞争性项目设置间接费用及扩大绩效支出的规定对从事项目研究的科研人员来说是个利好,因为与之前发布的相关政策相比,其对科研人员的激励力度更大。

竞争性财政性科研项目经费是科研人员主动申请、经过激烈竞争才能获得的。反过来说,如果科研人员不主动申请,则不可能获得立项及获得科研经费资助。目前,我国政策规定,获得科研项目立项的科研经费管理的责任主体是项目依托单位(依托单位),直接责任人是项目负责人。科研人员获得竞争性财政性科研项目立项对于依托单位是好消息,因为该好消息在一定程度上表明项目依托单位的科研实力,依托单位的知名度也因此得到提高,明确依托单位作为项目管理的责任主体是合理的。明确项目负责人作为直接责任人是必要的,因为项目负责人比其他人更了解项目研究情况。但是,具体管理上如何对科研人员更友好,更有利于增强科研人员获得感,调动科研人员积极性,尚需进一步研究。

(三) 本书研究对象及范围

本书研究对象是财政性科研项目(民口,下同)的经费管理和使用问题。主要涉及民口、竞争性、实行项目合同制管理和前资助的财政性科研项目的经费管理和使用问题。特别要强调的是，本书并不是研究所有财政性科研项目的经费管理和使用问题。按照目前我国财政性科研项目立项渠道和管理现状，其范围主要包括以下几类。

1. 哲学社会科学研究项目经费管理和使用问题

哲学社会科学研究项目主要包括国家社会科学基金项目、教育部人文社会科学研究项目、地方哲学社会科学规划项目和各单位使用财政拨款的科研业务费等财政性资金设立的哲学社会科学类科研项目。其中，国家社会科学基金项目包括重大项目、年度项目（重点项目和一般项目）、青年项目、后期资助项目、中华学术外译项目、西部项目、专项项目等项目类型。教育部人文社会科学研究项目主要包括重大课题攻关项目、重点研究基地重大项目、一般项目和后期资助项目。其中，一般项目包括规划项目（含规划基金项目、博士点基金项目、青年基金项目、西部和边疆地区项目、新疆项目、西藏项目等）和专项任务项目（中国特色社会主义理论体系研究、高校辅导员研究、教育廉政理论研究等）等。这些科研项目的经费管理和使用问题是本书研究的对象。

2. 国家自然科学基金相关项目经费管理和使用问题

国家自然科学基金相关项目较多，主要包括面上项目、重点项目、国家杰出青年科学基金项目、海外及港澳台学者合作研究基金项目、优秀青年基金项目、联合基金项目、重大项目和国家重大科研仪器研制项目等。这些科研项目的经费管理和使用问题是本课题研究的对象。

3. 国家重大科研项目经费管理和使用问题

国家重大科研项目立项数量少，但是研究任务繁重、技术复杂、研究周期长、对于服务国家战略需求意义重大，单项资助金额巨大。比如，《国家中长期科学和技术发展规划纲要（2006~2020年）》公布了核高基（核心电子器件、高端通用芯片及基础软件产品）、极大规模集成电路制造装备与成套工艺、新一代宽带无线移动通信网等13个，每个投资都在数百亿元。国家重点研发计划的重点专项资助金额也在几千万元以上，比如，"引力波探测"重点专项国拨经费总概算5亿元，"合成生物学"重点专项国拨经费总概算3.5亿元，"发育编程及其代谢调节"重点专项国拨总经费概算约3亿元[①]。这些科研项目的经费管理和使用问题是本课题研究的对象。

4. 其他财政性科研项目经费管理和使用问题

其他财政性科研项目包括地区科技计划项目（地区自然科学基金有关项目、地区科技重大专项有关项目、地区重点研发计划有关项目、地区创新驱动的有关项目）、高校及科研院所等单位立项的科技项目、跨区域合作的科研项目等。从财政资金使用要求和监管要求看，其他财政性科研项目经费管理和使用问题也应该进行研究。

二、本书主要概念界定

由于中华民族的语言文字多姿多彩，内涵丰富深刻，一个概念往往有几个相似或近似的概念或表达方式。比如，"科研人员"与"科技人员"这两个概念，到底哪个概念范围更大、哪个范围更小，谁包含谁，很难讲清楚，也找不到哪个政策法规或权威文件进行界定。本书研究涉及的类似的相似概念还有科研项目与科技项目、财政性科研项目与政府科研项目、科研经费与科技经费、项目（课题）负责人与项目（课题）主持人、科学家与科研人员、科研经费和科研资金、科研政策与科研制度、内部管理与内部管控等。对于这些相似或近似的概念或表达方式，本书认为应该等同对待，没有必要做严格的区分。但是，为避免误解及后续文字使用的规范、便捷，对相关概念界定如表1-1所示。

---

① 科技部关于发布国家重点研发计划"引力波探测"等重点专项2021年度项目申报指南的通知，https://service.most.gov.cn/kjjh_tztg_all/20210225/4207.html。

表1-1 本书主要概念界定

本书使用的概念	解释
财政性科研项目	简称财政科研项目、政府科研项目，包括国家科技重大专项（项目、课题）、国家重点研发计划项目（课题）、国家自然科学基金项目、国家社会科学基金项目、高校科研项目、科技计划项目、地方财政性科研项目等
科研经费	用于资助财政性科研项目研究的财政性资金，即科研资金，也称为科研项目经费或科研项目资金。中办发〔2016〕50号文件《中共中央办公厅、国务院办公厅关于进一步完善中央财政性科研项目资金管理等政策的若干意见》采用的是"项目资金"这一概念，而国办发〔2021〕32号文件《国务院办公厅关于改革完善中央财政科研经费管理的若干意见》采用的是"科研经费"这一概念
科研单位	开展科研活动的单位，也称项目依托单位、项目承担单位、项目责任单位、课题承担单位等，主要包括高校、科研院所、事业单位、企业、党校等承担财政性科研项目的具体单位
科研人员	也称科技人员。在财政性科研项目研究中，科研人员包括项目负责人和项目组成员，即有编制（编制内）的科研人员
第三方参与人员	在财政性科研项目研究过程中临时聘请的咨询专家及临时聘请参与研究的其他人员，比如，在读研究生、访问学者、辅助人员等
项目负责人	项目主持人、课题负责人、课题责任人等
科学家	即科研人员中的优秀代表，比如院士、科技领军人才、行业顶尖人才等。包括自然科学家、社会科学家、青年科学家等，能否称为科学家不是看职称的高低或者年龄的大小，而是看水平高低及业内认可度等
科研信息	包括科研项目名称、项目来源、研究期限、项目组成员、项目协作单位、科研政策信息、财政资助金额、配套经费及其他资金来源、项目经费预算、项目经费使用情况、科研项目研究进展情况和预期成果等
财政性科研项目经费管理和使用制度	财政性科研项目经费（资金）管理和使用制度、财政科研项目经费（资金）管理制度、政策等
政府有关部门	包括项目主管部门、财政、科技、教育、审计、税务、人力资源和社会保障、国有资产管理、司法、人民银行、银保监会、证监会等部门

第一章 概 述

第二节 国内外研究综述、研究价值及指导思想

一、国外研究综述及评述

(一) 国外研究综述

发达国家对财政性科研项目经费管理和使用的研究相对较早，研究成果相对较多。相关研究主要是围绕科研经费的科学化配置、规范化管理和使用、透明化监督和严格性绩效考核等进行，研究强调项目研究的公益性和经费使用节约性。研究成果在国家财政性科研项目经费管理和使用实践中得到了广泛运用。

黄培昭认为，英国政府决定科研资金总额，但资金的使用和资助方向由各领域专家决定。科研人员申请的科研项目能否获得立项和资助，需经过同行专家评审，以竞争方式来决定。英国科研经费管理和使用的规定明细，使用要求公开透明、监管严格、有义务接受媒体监督、全成本核算，信息披露较为充分，对违法使用科研经费行为处罚较为严厉，结余科研经费需要上缴。

廖政军认为，美国政府及相关机构通过竞争方式择优支持财政性科研经费发放对象。科研人员一方面需要向有关部门提交经过充分论证、具有说服力的申请报告，另一方面还需要经过同行专家评议，并接受新闻媒体及社会公众的监督，这有利于促使科研经费流向最有创新性或社会最需要的科研项目。严格的同行专家评议和社会公众监督，有利于减少造假或没有价值的科研项目获得立项。财政性科研经费实行预算管理，全面成本核算，对间接成本建立健全比较完善的补偿渠道，同时，配合政府拨款方式、科研经费核销程序以及常规性审计制度，较好地保证了财政性科研经费的使用效益。

黄发红认为，对于财政性科研项目经费的申请和科研项目的评估，德国有一套较为严格的科研经费配置和管理体系；申请财政性科研项目需要提交详细材料，申请材料还需包含对经费使用的预算。申请科研经费额度越高，所需要的说明也越详细。经过严格的审核程序通过的科研项目才可以获得科研经费。科研经费的发放和科研项目评估都有严格的程序规定。

奥拉宁和涅米宁（Otto Auranen and Mika Nieminen，2010）对比了欧美发达国家对科研经费管理体制后，对马斯洛层次需求理论和双因素理论等激励理论展开了研究讨论，认为加强竞争机制和激励制度有利于提高科研经费使用效率。

克拉克（B. R. Clark，2007）认为需要从科研项目立项开始就采取全过程监管和事前、事中及事后审计，对科研成果好的科研人员需采取一定的激励机制，从而激发他们的创新创造活力。

（二）国外研究评述

发达国家财政性科研项目经费管理和使用的共同特点是国家财政性科研经费的配置相对合理，申请经费环节把关严格，科研项目经费实行预算管理，科研经费开支范围明确，管理精细科学，监督体系比较严密，对违反规定的行为处罚比较严厉，信息披露较为规范、充分等。

但是，发达国家也存在科研经费使用低效和弄虚作假侵吞科研经费等问题。比如，美国西北大学教授查尔斯·贝内特曾用财政科研经费来支付朋友的旅游费用。美国曾花93万美元研究雄性果蝇是否更喜欢追求年轻的雌性果蝇、花费10万美元发现了绝大多数黑猩猩是右撇子（财政资金投入这些项目的研究上，看起来意义不大）。德国马克斯-普朗克协会是享誉世界的研究机构，在这样的科研机构里，财政性科研项目经费贪污依然存在。比如，一位研究半导体的物理教授涉嫌将数百万欧元的财政性科研项目经费通过亲属公司套现。这样的科研经费贪污案不是个案。日本东京大学原教授秋山昌范涉嫌骗取约2200万日元（约合143万元人民币）科研经费，2016年6月28日被东京地方法院以诈骗罪判处有期徒刑 3 年。秋山昌范自 2009 年起任东京大学政策展望研究中心教授,是日本医疗信息领域的权威人士。据日本《读卖新闻》等媒体 28 日报道,法院认定,现年 58 岁的秋山昌范在 2010 年 3 月至 2011 年 9 月期间,谎称因医疗信息系统研究需委托 6 家信息技术公司从事相关业务,借此从东京大学和冈山大学共骗取约 2200 万日元的科研经费,这些经费大部分流入了被告本人经营的公司。判决认为,被告人利用社会对研究人员的信赖,犯罪行为经过巧妙设计,性质恶劣。

二、国内研究综述及评述

(一) 国内研究综述

《关于国家科研计划实施课题制管理的规定》(国办发〔2002〕2号)发布实施以来,国内学者对课题制下财政性科研项目经费管理和使用问题进行了大量研究。

陈洪转等(2010)研究认为,我国高校科研项目管理费收取标准不一致,收取比例不合理,多头管理、政出多门、复杂的小集团利益机制造成多重障碍问题等,对此,他们提出了一些对策建议:科学界定科研人员人力资本价值,合理设计科研工资与奖金制度;借鉴国外经验,完善政府对高校科研管理费用的补偿机制;化解复杂利益关系,研究科研经费管理的制度建设问题等对策建议。

王光艳等(2011)研究认为大学科研经费管理存在科研经费资助结构不合理;科研项目中人工成本补偿不足;"课题制"项目管理模式制约依托单位"间接成本"核算等问题,提出应通过调整科研经费的资助结构;形成符合大学自身需要的统一经费管理办法;建立符合科技创新要求的科研人员薪酬体系。刘双清等(2014)研究认为,科研经费存在使用支出不规范;管理部门监督管理不到位等问题,提出明确责任主体,建立分级管理机制;完善工作机制,提升管理服务能力;加强统一管理,严格科研经费支出;加强监督检查,推进财务信息公开等措施。

胡明晖（2016）研究认为，要完善我国财政科研经费管理制度，激励是财政科研经费管理制度的逻辑起点，信任是财政科研经费管理制度的基本假定，要在制度硬约束内满足职业化科研经费需求，应根据研究内容差异进行科研项目经费分类管理，应完善与财政科研经费管理相关的配套政策。李舸（2016）认为传统的国家科研经费项目管理存在一些问题，应引入风险管理的意识和方法到国家科研经费项目管理中。高振等（2017）研究认为，科研经费管理存在科研人员对科研经费自主支配权过小等困境，应通过完善科研经费预算体系等来解决。

管明军（2018）研究认为，目前科研经费管理存在经费使用难、报销难，政策规定严，操作程序多，项目差异大，财务责任重和诚信制度缺失等问题，应改进科研管理模式和经费使用制度，包括简化制度规定、明确适用范围、调整支持方式和改变管理理念、创造良好的财务工作环境不要让财务人员成为众矢之的，监督检查不能局限原有规章制度，不要把技术部门变成纪律部门，警惕科研经费的浪费和流失等。刘丹（2019）研究认为，科研经费管理存在缺乏必要的考评体系、短视效应明显等问题，应强化对科研经费的预算与编制管理，完善对科研经费的内部控制和管理机制，健全科研经费的绩效考核体系，健全科研经费的长效管理机制等。

李素英等（2020）研究认为，扩大科研经费运用自主权限所面临的主要问题包括科研平台建设自主权不足、间接费用支配自主权不足、因公出国业务报销灵活性不足、预算编制缺少动态调整机制等，存在问题的主要原因包括执行措施不细化，基层执行不到位；未充分考虑科研活动的规律性和特殊性；多头管理致使组织协调性不足。应建设服务型政府，降低行政决策权；提高人力价值补偿，激发科研工作者创造活力；简化科研项目经费使用报销手续，科学规划采购办法；经费管理精细化，减少执行的不确定性；建立容错纠错机制，开展改革试点工作等。

（二）国内研究评述

我国学者对财政性科研项目经费管理和使用问题的研究总体上方向正确，观点正确，对本课题研究有借鉴意义，但存在下列不足：第一，对于科研人员极为关注的科研经费使用自主权、科研绩效、科研劳务费、科研经费报销、科研激励等制约科研事业发展的突出问题研究不够深入。第二，所提出的解决方案缺乏理论支撑和可操作性。第三，对于各种问题缺乏顶层设计的、系统性的解决方案。第四，研究问题角度不够全面。

三、本书研究的独到学术价值

本书研究相对于已有研究的独到学术价值是提出了一系列尊重科研规律、坚持"放管服"改革、坚持扩大科研人员科研经费使用自主权、坚持调动科研人员积极性的新观点，并相应做出新论证。比如，在调动科研人员积极性上，以人力资本理论、公平理论、综合激励理论、财政监督理论、会计信息披露理论、减税降费理论、委托代理理论、内部控制理论等为依据，提出科研活动不是一般的脑力劳动，而是复杂的、高级的、稀缺的脑力劳动，物以稀为贵，科研人员从事的科研活动其他脑力劳动者很难替代，科研人员应获得比一般脑力劳动者更高的报酬，要让科研人员不再为经费报销和经费使用所困扰，以便有更多精力、更体面地进行科研活动；同时提出，因为财政性科研项目资助经费来源于各级财政资金，是纳税人的钱、是有限的，因此应该规范使用、适度监管、提高使用效益。

四、本书研究的独到应用价值

本书研究相对于已有研究的独到应用价值是提出了一系列具有可操作性、实用性的、科研人员极为关注的解决存在突出问题的新建议。比如，针对哲学社会科学研究项目的研究特点、经费资助特点及科研成果特点，提出实施项目经费"包干制"管理和使用的建议，这项建议具有切实可操作性，只要修改现行制度就可以试点实施，而且不会导致科研项目经费管理和使用上的混乱。比如，针对"报销繁"问题，提出了提高科研单位科研经费管理水平、优化科研信息系统建设等具有可操作性的建议。再比如，提出试点建立允许科研人员有条件从直接费用中列支绩效支出的绩效支出制度、建立允许科研人员获得绩效报酬免交个人所得税制度、完善科研单位科研经费内部管理制度、完善科研项目成本核算制度、缩短科研经费预算调整周期等都具有切实的可操作性。

我国现行财政性科研项目经费管理和使用存在诸多问题，比如使用效益不高、存在浪费现象、科研人员的劳动价值得不到合理体现、科研精品贫乏、一些科研人员违规使用科研经费等。解决问题不仅要具有全面性思维，而且要具有抓重点思维，抓重点是一种工作方法，抓重点才能事半功倍。科研经费管理和使用中存在的重点问题是科研人员科研经费使用自主权不够、获得感不强、积极性不高。进入新发展阶段，随着建设创新型国家战略及实现科技自立自强战略的进一步实施，国家财政和地方各级财政对科研活动的资助力度不断加大。只有对现行财政性科研项目经费管理和使用制度的不太科学、不太合理之处进行改革，才能解决科研经费管理中存在的各种突出问题，为提高科学研究质量创造条件。因此，本书研究具有独到的应用价值。

五、本书研究的指导思想

本书研究以马克思列宁主义、毛泽东思想、邓小平理论、"三个代表"重要思想、科学发展观和习近平新时代中国特色社会主义思想为指导，以政治建设为引领，以"十四个坚持"为基本方略，始终牢记"两个确立"、牢固树立"四个意识"、坚定"四个自信"、践行"两个维护"。

第一章 概 述

第三节 本书研究的主要目标、总体框架及重点难点

一、本书研究的主要目标

本书研究坚持目标导向和问题导向相结合，在解决存在问题的基础上，实现本书研究目标。

本书研究的目标导向（即主要目标）是进一步完善、优化、规范财政性科研项目经费管理和使用问题，在此基础上促进我国科研事业的发展。如前所述，我国科研项目实施课题制管理以来，特别是党的十八大、十九大以来，财政性科研项目经费管理和使用制度改革不断深入、不断完善，取得了显著成效，成绩有目共睹。但是，依然存在一些不容忽视的突出问题，需要进一步完善、优化和规范。

本书研究的问题导向是找出当前财政性科研项目经费管理和使用中存在的突出问题，分析存在问题的根源，并提出具有可操作性的、实用的、有价值的解决突出问题的新途径、新方法、新手段。只有把存在的突出问题找出来，并提出解决办法，才能实现本书研究的主要目标。

二、本书研究的总体框架

本书研究遵循课题（项目）研究的基本逻辑，首先是概述（即总体情况介绍），对本书研究对象、主要概念界定、国内外研究综述、研究价值、指导思想、主要目标、总体框架、重点难点、研究方法、主要创新之处及存在不足进行概括阐述。其次是构建理论框架，以增加研究的理论厚度，对后续各部分研究进行理论指导和提供理论支撑。最后为了实现本书研究的主要目标，在前面两个部分的基础上，分别七个专题（部分）进行研究。

本书研究的总体框架如图 1-2 所示。

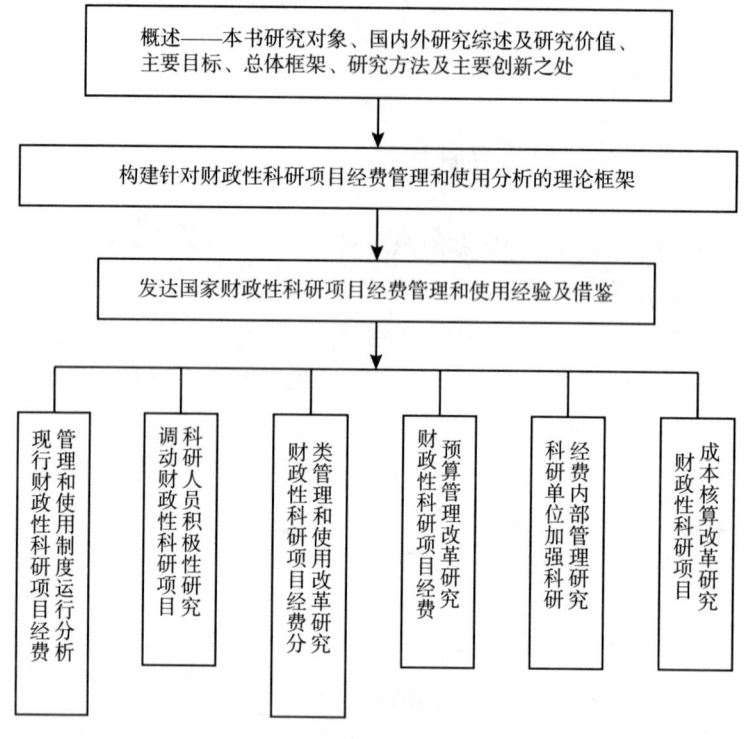

图 1-2 本书研究的总体框架

（一）构建针对财政性科研项目经费管理和使用分析的理论框架

科研活动与单位一般业务活动相比具有不同的特点，比如，科研项目的立项一般需要经过激烈的竞争才能获得（竞争性财政性科研项目，撰写申报材料需要付出大量的脑力劳动，进行充分的论证等），科研活动具有灵感瞬间性、方式随意性、路径不确定性，主要由高校教师、科研院所科研人员等兼职完成，需要占用科研人员大量业余时间进行研究，科研人员必须具有较高的专业素质，科研成果往往需要经过多次复杂的研究才能取得，科研项目成本不仅应包括财政资助资金，而且还应包括科研单位配套经费、接受捐赠资金以及科研人员的智力成本投入等。因此，适用于单位一般业务活动的财政经费管理理论对于科研活动并不适用，有必要构建针对财政性科研项目经费管理和使用分析的理论框架，以便更好地指导科研经费管理和使用实践。这个理论分析框架以人力资本理论、委托代理理论、公平理论、综合激励理论、财政监督理论、内部控制理论、全面预算管理理论和会计信息披露理论等为基础，通过这些理论的协调与创新来构建。

（二）发达国家财政性科研项目经费管理和使用经验及借鉴

人类文明的一切成果我们都应该主动学习借鉴。美国、英国、德国、日本等发达国家财政性科研项目经费管理和使用模式各不相同，各有特点，对各自国家科研事业发展都起到较好的推动和促进作用。在分析这几个发达国家在科研经费管理和使用方面的主要优点、特点的基础上，提出应借鉴发达国家科研经费优化配置经验、在科研经费申请环节严格把关的经验、科研经费规范化管理经验、科研项目全成本核算经验、科研经费使用中"重人轻物"而不是"重物轻人"的管理经验、接受媒体监督经验、科学精细化的经费管理经验等。同时，应吸取发达国家在科研经费管理和使用方面的教训，因为，有的发达国家也曾经发生过科研经费低效使用及贪污科研经费、侵吞科研经费等问题。

（三）现行财政性科研项目经费管理和使用制度运行分析

对现行财政性科研项目经费管理和使用制度的深入理解、分析是其进一步完善、优化、规范的基础。运用顶层设计理念将现行制度分为高层制度、中层制度和基层制度三大类，概括总结这三大类制度的主要内容及相互关系。分别分析不同层次制度存在的主要问题，提出进一步完善的主要思路。

（四）调动财政性科研项目科研人员积极性研究

1. 科研人员科研工作状态

为了获得创新成果，完成科研项目目标任务，很多科研人员工作时

21

间长，经常加班加点查阅资料、分析材料、实地调研、反复做试验、撰写文稿等，工作强度大、消耗的脑力劳动多，但科研劳动得不到合理补偿、报销烦琐、科研活动受到制约，抱怨较多，积极性受到影响。一些已经获得正高级职称的科研人员（这类科研人员实际上是业内的顶级人才、高级人才）不愿意申报竞争性科研项目，造成本来就稀缺的顶级科研人才资源的浪费；甚至有一些只获得副高级职称的科研人员也不愿意申报竞争性科研项目。

2. 调动财政性科研项目科研人员积极性的改革基础

要树立科研活动不是一般的脑力劳动，而是高级的、稀缺的、复杂的脑力劳动的理念，因为"物以稀为贵"，所以，应给予科研人员合理的绩效报酬（劳动报酬）；要树立以人为本的管理理念，给予科研人员一定的物质奖励。习近平总书记曾说"要切实保障并提高科研人员的待遇，理直气壮地让真正有作为、有贡献的科技工作者'名利双收'"。[①]很显然，其目的是更好地激励科研人员，调动科研人员积极性。

3. 改革的主要内容、核心及重点

（1）建立方便科研人员报销的经费报销制度。凭发票报销是会计核算的一项基本原则，但是，科研活动中有的开支无法获得发票，比如，搞社会学等学科研究的科研人员进行调研时，需要通过与社会上有关的人员进行谈话来获得相关的信息，因占用他人较多时间而不得不支付费用，但是却无法获得发票。有时科研人员虽然获得了报销发票，但是却发生了不必要的支出，造成了有限的财政性资金的浪费。因此，应在会计理论、财政监督理论和激励理论等理论之间寻找平衡点，在科学合理编制科研项目经费预算的前提下，允许一部分科研项目经费包干使用。《中央和国家机关差旅费管理办法》（财行〔2013〕531号）规定，伙食补助费和市内交通费包干使用，这对于科研经费中的一部分经费实行包干使用是很好的借鉴。

---

① 习近平关爱科研人员，党建网，https://baijiahao.baidu.com/s?id=1622330462199383610&wfr=spider&for=pc.

科技部、教育部、发展改革委、财政部、人力资源和社会保障部及中国科学院六部门联合发布的《关于扩大高校和科研院所科研相关自主权的若干意见》的通知，即国科发政〔2019〕260号文件提出"完善科研经费管理机制。允许项目承担单位对国内差旅费中的伙食补助费、市内交通费和难以取得发票的住宿费实行包干制。"科研项目经费报销应尊重科研规律，按照客观公正、合理、方便科研人员的原则进行报销。

（2）试点建立允许科研人员有条件从直接费用中列支绩效支出的经费支出制度。现行财政性科研项目经费管理和使用制度明确，绩效支出来源于科研项目经费中的间接费用。但是，间接费用受制于计提比例太低而造成其数额太少，进而对科研人员的激励不足。试点建立允许科研人员有条件从直接费用中列支绩效支出的经费支出制度，这是补偿科研人员智力劳动支出及体现科研人员劳动价值的需要，也是改善科研人员生活条件的需要。允许科研人员列支绩效支出的额度不应低于其从事一般脑力劳动所获得的收入。应按照客观公正、科学合理的原则确定科研人员的科研工作量（时间），包括专职人员的加班工作量、兼职人员利用额外（业余）时间从事的科研工作量，以便为确定科研人员绩效支出提供科学依据。

（3）建立有利于提高科研成果质量的科研奖励制度。对于提前或按时完成科研任务，并且成果被鉴定为优秀或良好的科研人员，或者研究成果在实践中得到很好应用的科研人员，应给予一定的精神奖励和物质奖励。

（五）财政性科研项目经费分类管理和使用改革研究

分类管理法是把管理对象按照一定标准分为若干类型，然后，根据不同类型对象所具有的不同特点，采用不同的管理方法。分类管理法有利于提高管理的针对性和管理效率，具有较强的科学性和合理性。分类管理法在经济社会发展等各个领域具有广泛运用。比如，企业存货管理的ABC分类管理法，将存货分为A、B、C三大类，A类存货品种占10%左右、金额占70%左右，C类存货品种占70%左右、金额占10%左右，其余为B类存货。在存货管理中，A类存货虽然品种不多（10%

左右），但是所占金额很大（70%左右），是管理的重点，B类存货次之，C类存货则采用简化的管理方法。

现行财政性科研项目经费管理和使用实际上是采用分类管理法，对加强科研经费管理起到一定的推动和促进作用，但是，现行分类还不太科学、不太合理，仍有需要改进之处。把财政性科研项目分为定额补助式科学基金项目、重大科学研究项目和哲学社会科学研究项目三大类，研究不同类型科研项目应该采取的科研经费管理和使用制度，作为现行分类管理的有效补充。

（六）财政性科研项目经费预算管理改革研究

目前，财政性科研项目经费管理和使用以"预算制"为主（少数试点实行"包干制"的科研项目除外），"预算制"涉及科研经费预算编制、预算执行、预算调整、决策和预算绩效考核等管理内容。但是，现行财政性科研项目经费预算管理在编制、执行、调整、分析等环节均存在不科学、不合理的问题。

应科学合理地确定财政性科研项目资金资助额度，适应新形势，根据学科特点，科学合理划分经费开支科目。《国务院办公厅关于改革完善中央财政科研经费管理的若干意见》（国办发〔2021〕32号文件）、《国家自然科学基金资助项目资金管理办法》（财教〔2021〕177号文件）、《国家社会科学基金项目资金管理办法》（财教〔2021〕237号文件）、《国家重点研发计划资金管理办法》（财科教〔2021〕178号文件）和《高等学校哲学社会科学繁荣计划专项资金管理办法》（财教〔2021〕285号文件）等提出按设备费、业务费、劳务费三大类编制直接费用预算，业务费的具体内容应该科学合理划分。

应将全面预算管理理念引入科研项目经费预算管理中，应加强对科研财务助理的选拔和培训，使其在预算管理上更好地为科研人员提供服务。应根据未来科研活动需要，科学合理地确定各支出科目的预算数。应根据科研规律进一步完善科研经费预算管理制度。

（七）科研单位加强科研经费内部管理研究

党中央、国务院及有关部门、地方各级人民政府及有关部门制定发布的有关财政性科研项目经费管理和使用制度必须通过科研单位加强科研经费内部管理才能落地。科研单位需要加强的科研经费内部管理制度包括支出管理制度、采购管理制度、科研资产管理制度和科研合同管理制度等。科研单位制定的内部管理制度应结合自身实际进行适度创新，以便更好地为科研人员服务。科研单位制定的内部管理制度不应"自我加压"，搞得比国家、部门和地区制定的制度还要严厉。比如，《〈国家社会科学基金项目资金管理办法〉简明指南》（2016 年 9 月）和《〈国家社会科学基金项目资金管理办法〉具体执行有关事项问答》（2016 年 9 月）均明确"直接费用所有开支科目均不设比例限制，由项目负责人按照项目研究实际需要编制，并按照国家有关规定开支。"但是，有的科研单位在制定内部科研经费管理制度时"自我加压"，对直接费用中的"其他支出"科目进行了比例限制，这种做法有违国家政策规定。

（八）财政性科研项目成本核算改革研究

目前，财政性科研项目成本核算失真，无法全面提供科研项目成本总额及成本构成的信息。从资金来源看，财政性科研项目的资金来源主要为财政资金，此外，有的科研单位还安排有配套经费，有的科研项目还有接受捐赠等其他资金来源。不管资金来源于何处，资金只要用于科研项目研究活动，都应该构成科研项目成本。但是，目前我国并没有制定财政性科研项目成本核算制度来规范科研项目成本核算，比如，科研项目成本涵盖的范围、成本核算程序、成本核算方法等，导致科研项目成本核算不严谨，科研项目成本数据失真，不利于科研项目经费的科学化管理等。

应借鉴发达国家经验，实施科研项目全部成本核算。制定科研项目成本核算制度，对科研项目的直接成本和间接成本的具体内容、确认原则、计量和分摊标准予以明确。运用成本会计学中关于成本核算的一般原理，并考虑到科研活动规律，解决财政性科研项目成本核算中遇到的一些问题。

需要强调的是，各部分的研究都有其必要性，而且各部分的研究都紧紧围绕"财政科研项目经费管理和使用"这一个主题进行，从而使得各部分的研究紧密关联在一起，共同构成一个相对完整的体系，具有紧密的逻辑关系，从而较好避免各部分研究相互脱节的现象。

三、本书研究的重点难点

本书研究的重点包括赋予科研人员更大科研经费使用自主权、给予科研人员更合理的智力成本补偿、调动科研人员积极性、财政性科研项目经费分类管理、预算管理、内部管理、成本核算等，因为，这些问题都是制约我国科研事业发展的核心问题，如果不加以解决，就会影响科研绩效，进而影响到新发展阶段我国科学事业的发展。

本书研究的难点包括构建针对财政性科研项目经费管理和使用分析的理论框架、赋予科研人员更大科研经费使用自主权、给予科研人员更合理的智力成本补偿、调动科研人员积极性问题、财政性科研项目经费分类管理问题、预算管理问题、内部管理问题、成本核算问题等，因为这些研究所需要的资料不好收集（目前，我国无论是国家层面还是部门层面、地区层面，均没有完整的科研经费统计资料发布，因此，资料收集难度较大、成本较高、时间较长），需要花费大量的时间和精力进行资料收集及研究论证。

第四节 本书研究方法、主要创新之处及存在不足

一、本书研究方法

（一）基本思路

第一步，对本书研究涉及的国家法律、法规、规章制度、政策和地方性政策进行研究分析。第二步，对当前课题已经公开发表的相关文献进行研究分析，寻找已有研究存在的问题（空白点）。第三步，与同行

第一章 概 述

的一些科研人员进行沟通交流，了解科研人员对本书研究相关问题的看法和态度。第四步，做好必要的理论准备，为课题研究提供理论支撑。概括起来，本书的基本思路是，以人力资本理论、委托代理理论、公平理论、综合激励理论、会计信息披露理论、财政监督理论等相关理论为依据，按照提出问题、分析问题、解决问题的路径进行研究。比如，在调动科研人员科研积极性问题上，提出为什么要调动科研人员积极性，当前影响科研人员积极性的因素有哪些，其原因是什么，如何解决等。在重大科学研究项目经费管理和使用上，提出为什么要注重审计监督，分析重大科学研究项目特点及其经费资助特点，提出注重审计监督思路等。

（二）研究方法

本书根据研究需要综合运用下列各种研究方法：文献研究法、总结归纳法、案例分析法、座谈会调查法、实地调查法、比较分析法、规范分析法、多学科（管理学、会计学、财政学、税收学、审计学等）综合分析法等，在各种研究方法的运用上广泛采用微信、电子邮件和移动互联网等新一代信息技术工具。

二、本书研究主要创新之处

（一）构建理论分析框架来指导研究

在构建针对财政性科研项目经费管理和使用分析的理论框架上，提出科研活动具有特殊性，应基于人力资本理论、委托代理理论、财政监督理论、公平理论、会计信息披露理论、内部控制理论和综合激励理论等，通过这些理论的协调与创新来构建新的理论分析框架。运用构建的理论分析框架，可以更好地指导财政性科研项目经费管理和使用研究，较好地避免一些研究只是就事论事、缺乏理论支撑的现象。

27

(二）运用顶层设计理念对现行制度进行分类，从而更有针对性地分析和解决问题

在现行财政性科研项目经费管理和使用制度运行分析方面，运用顶层设计理念，将现行种类较多、层次较多、制定机构较多、适用范围不一的既相互独立，又紧密相关的制度分为高层制度、中层制度和基层制度三大类，这样的分类把复杂问题简单化，清晰明了，具有逻辑性和合理性。在此基础上，分别分析不同层次制度存在的主要问题，并提出进一步完善的主要思路。比如，高层制度具有数量不多、权威性强和指导性强等特点，高层制度存在一定问题需要与时俱进加以修改和完善，高层制度的变动必然引起与之相关的中层制度和基层制度的调整。高层制度（如《国务院办公厅关于改革完善中央财政科研经费管理的若干意见》，国办发〔2021〕32号，2021年8月13日发布）发布实施后，各部委、各地区和各单位制定的中层制度及基层制度也必须进行相应调整和完善，这样高层制度精神才能落地实施。

（三）应采取更多创新措施、更大力度调动科研人员积极性

在调动财政性科研项目科研人员积极性研究上，提出科研活动不是一般的脑力劳动，而是高级的、稀缺的、复杂的脑力劳动的理念，因为"物以稀为贵"，所以，应采取更多创新措施，更大力度调动科研人员积极性。比如，完善方便科研人员报销的经费报销制度，完善科研人员绩效支出制度，包括进一步提高间接费用比例以便为增加绩效支出提供基础，试点允许科研人员有条件从直接费用中列支绩效支出，允许科研人员获得绩效报酬免交个人所得税等，这些做法不仅有利于营造良好的科研经费使用环境，还有利于科研人员从中获得实实在在的利好，从而激发科研人员更加自觉主动投入科学研究，提高科研绩效。

（四）实行"包干制"管理可以解决诸多经费管理和使用问题

1. 应尊重科研规律和国家科研活动现实需要，定额补助式科学基金项目经费管理和使用应该全面实行"包干制"管理

其必要性在于，实施"包干制"有利于落实"赋予科研人员更大经费使用自主权"、有利于在科研经费管理和使用领域落实"放管服"政策、有利于解决"预算制"存在的突出问题。

其可行性在于，定额补助式科学基金项目由于有合理的包干基数而适合实行"包干制"管理，但是，采用成本补偿资助方式的财政性科研项目由于没有合理的包干基数而难以采用"包干制"管理。《国务院办公厅关于改革完善中央财政科研经费管理的若干意见》（国办发〔2021〕32号文件）提出："扩大经费包干制实施范围。在人才类和基础研究类科研项目中推行经费包干制，不再编制项目预算。鼓励有关部门和地方在从事基础性、前沿性、公益性研究的独立法人科研机构开展经费包干制试点。"从财政资金资助方式看，《国务院办公厅关于改革完善中央财政科研经费管理的若干意见》（国办发〔2021〕32号文件）中要求或鼓励实施"包干制"管理的财政性科研项目应该是有合理的包干基数，否则，不适合采用"包干制"管理。

2. 对哲学社会科学研究项目经费管理和使用实施"包干制"进行多角度研究，提出多项新观点

第一，从理论依据、现实意义、必要性和可行性等视角分析，提出哲学社会科学研究项目经费管理和使用更应该实施"包干制"管理。

第二，提出可以采用的三种包干方式，即"后补助"包干方式、"提高间接费用比例"包干方式和"由项目负责人有条件自行确定绩效支出"包干方式。

第三，针对哲学社会科学研究项目经费资助较少的现状，提出应进一步加大对哲学社会科学研究项目的经费资助力度，以便为"包干制"的实施提供一个科学合理的包干基数。

第四，针对目前存在的"自筹经费"项目（教育部人文社会科学研究和一些省份哲学社会科学研究中设置有"自筹经费"项目），提出新时代新发展阶段哲学社会科学研究不应设置"自筹经费"项目。原因之一是"自筹经费"项目并不是科研人员完全自筹经费进行研究。实际上，项目承担单位（科研单位）一般给予科研人员一定经费资助，"自筹经费"不符合客观实际。原因之二是与获得财政资金资助的研究项目相比，自筹经费项目对承担项目研究的科研人员来说不公平。原因之三是不尊重科研人员的劳动成果。自筹经费项目要获得高质量的研究成果也需要科研人员付出艰辛的努力。原因之四是随着各级政府财政资金实力的增强，有能力和实力对哲学社会科学研究项目进行经费资助，也应该进行资助，因为其研究成果具有公共产品属性。原因之五是不利于在全社会营造尊重科学研究的良好氛围。

第五，提出应在科学有序开展试点的基础上，及时总结经验，尽快推广实施"包干制"。

（五）既要借鉴发达国家经验，又要吸取发达国家教训

在发达国家财政性科研项目经费管理和使用经验及借鉴方面，提出不仅要借鉴美国、英国、德国、日本等发达国家的有益经验和做法，还应借鉴其他国家的有益经验和做法，同时，也应吸取发达国家在科研经费管理和使用方面的教训，因为，发达国家在科研经费管理和使用上也存在一定问题，导致了一些违法违规使用科研经费案件的发生。

（六）应该更关注重大科学研究项目经费管理和使用的审计

基于审计重要性原则和重大科学研究项目的极端重要性等，重大科学研究项目经费管理和使用更应该注重审计监督（比如，财政资金资助金额为6000万元的科研项目比资助金额为20万元的科研项目更应关注其审计监督，财政资金资助金额为20万元的科研项目比资助金额为5000元的科研项目更应关注其审计监督，等等），应构建针对重大科学研究项目经费管理和使用的审计体系、完善针对重大科学研究项目经费管理和使用的审计程序、完善重大科学研究项目经费使用审计结果公示

制度等。

（七）完善科研项目经费预算管理制度，允许科研人员根据需要随时提出预算调整

在财政性科研项目经费预算管理改革研究上，提出应将全面预算管理理念引入科研项目经费预算管理中，应加强对科研财务助理的选拔、培训和职业认可等，使其在预算管理上更好地为科研人员提供服务，同时，应在预算编制、内部审核、执行、调整和考核等方面进一步完善科研项目经费预算管理制度。

根据《国务院办公厅完善中央财政科研经费管理的若干意见》（国办发〔2021〕32号），科研项目主管部门将设备费的调剂权下放给科研单位，科研单位（项目承担单位）将其他支出科目的调剂权下放给科研人员。在此情况下，提出科研单位有条件和能力缩短预算调整周期，即允许科研人员在需要时按照月份调整设备费预算或者根据科研活动需要随时提出设备费预算调整，科研单位及时履行内部审批程序。这样更能尊重科研规律，更好地为科研活动服务。

（八）科研单位应按照更好地服务科研活动和科研人员的理念加强科研经费内部管理

在科研单位加强科研经费内部管理研究上，提出应通过加强法制教育，增强法制观念，加强文化建设，弘扬正能量，优化科研单位内部机构设置及权责分配等进一步优化科研单位内部管理环境。应在充分认识风险评估重要性的基础上，加强风险评估工作，加强科研单位风险评估工作必须关注单位领导人员、部门领导人员及各岗位员工的职业操守和专业胜任能力。应通过完善科研项目经费支出管理制度、科研项目采购管理制度和科研项目合同管理制度等进一步改进科研单位内部管理措施。应完善科研内部信息传递制度，确保科研单位内部信息传递畅通。

（九）应从建设创新型国家等角度，完善科研项目成本核算制度

在财政性科研项目成本核算改革研究上，提出目前我国科研项目成

本核算数据不真实、不透明，不利于优化财政科研经费配置和优化科研经费管理。应从创新型国家建设及打造世界科技强国的高度等角度认识科研项目成本核算的必要性和重要性。应建立健全财政性科研项目成本核算制度，明确科研项目成本核算对象和成本项目、成本计算期和成本核算方法、明确科研项目成本开支项目的确认和计量标准，进一步明确财政性科研项目成本核算的基本程序，以便提供真实、完整的科研项目全部经费来源、成本总额及其构成、经费结余情况等信息。

三、本书研究存在不足

（一）构建的理论分析框架需要进一步完善

理论分析框架的构建是一个非常复杂的问题。本书所构建的理论分析框架只是一个初步的理论分析框架，考虑的问题还不够全面，现实指导性还不够，需要进一步完善。

（二）在调动科研人员积极性上需要更多创新做法

本书虽然大胆提出了调动科研人员积极性的多种创新做法并进行了初步论证，但是，"创新无极限"，而且，创新需要与时俱进。因此，本书提出的创新做法还不够全面，还需要更多的创新。

（三）本书研究的总体框架需要进一步完善

如何设计课题研究的总体框架并没有一个绝对的标准。本书研究的总体框架虽然在立项环节得到了专家评委的认可，但是，受制于项目负责人及课题组成员的能力水平，研究的总体框架还需要进一步完善和优化。

（四）有的观点在论证上需要更加充分的资料支撑

本书所提出的观点是明确的，但是，受制于项目负责人及课题组成员的能力水平及收集资料的局限性，有的观点在论证上所需要的支撑资料或证据可能不够充分、不够完善，需要在未来的进一步研究中加以补充和完善。

本章主要参考文献

［1］廖政军，黄培昭，黄发红，等．科研经费，各国如何监管［N］．人民日报，2015-1-16.

［2］陈洪转等．科技工作者视角下的高校科研经费使用问题与对策研究［J］．科技进步与对策，2010（21）：150-152.

［3］薛亚玲．课题制下科研项目经费管理的制度分析、国外经验借鉴及对策建议［J］．社会科学管理与评论，2011（4）：58-63.

［4］王光艳等．科技创新中的科研经费管理模式探讨［J］．中国高校科技与产业化，2011（4）：31-33.

［5］刘双清等．如何实现科研经费的高效管理［J］．中国高校科技，2014（4）：31-33.

［6］胡明晖．科学职业化视域下的财政科研经费管理［J］．科技管理研究，2016（15）：38-42.

［7］李舸．国家科研经费项目风险管理探讨［J］．管理观察，2016（33）：85-89.

［8］高振，王帆．科研经费管理对创新积极性的影响［J］．中国高校科技，2017（10）：22-24.

［9］李明镜等．对国家科研经费管理的再认识和制度重构［J］．科技管理研究，2018（4）：28-33.

［10］管明军．从源头治理科研经费报销难［N］．中国社会科学报，2018-12-25.

［11］刘丹．科研经费管理中存在的问题及对策［J］．黑龙江科学，2019（9）：140-141.

［12］李素英等．扩大科研经费运用自主权策略研究［J］．地方财政研究，2020（5）：95-98.

［13］习近平眼中的"关键少数"有什么特殊含义，新华网，http：//m. cnr. cn/news/20160204/t20160204＿521333589＿tt. html，2016年2月3日．

［14］日本东京大学原教授骗取科研经费被判3年，新华网，http：//www. xinhuanet. com/world/2016－06/28/c＿1119129226. htm，2016年6月28日．

［15］《国务院办公厅关于印发科技领域中央与地方财政事权和支出责任划分改革方案的通知》（国办发〔2019〕26号）．

［16］丰田．英国公立项目要接受媒体监督［J］．先锋队，2015（6）：52.

［17］习近平．决胜全面建成小康社会夺取新时代中国特色社会主义伟大胜利——在中国共产党第十九次全国代表大会上的报告，新华网，2017年10月27日．

［18］（授权发布）中共中央关于坚持和完善中国特色社会主义制度，推进国家治理体系和治理能力现代化若干重大问题的决定，新华网，2019年11月5日．

［19］（受权发布）中国共产党第十九届中央委员会第五次全体会议公报，新华网，2020年10月29日．

［20］（两会受权发布）中华人民共和国国民经济和社会发展第十四个五年规划和2035年远景目标纲要，新华网，2021年3月12日．

［21］付晔、杨军．论高校科研经费使用问题产生的根源与治理［J］．研究与发展管理，2014（4）：116－121.

［22］（受权发布）习近平．在科学家座谈会上的讲话，新华网，2020年9月11日．

［23］唐艳军．增加知识价值导向的我国高校教师绩效工资制度改革逻辑与路径［J］．商业经济，2020（7）：193－196.

［24］董阳，陈锐．财政性科研经费性质及其监管机制研究［M］．北京：经济管理出版社，2019.

［25］梁勇．《护航科技创新——高等学校科研经费使用与管理务实》［M］．北京：中国科学技术出版社，2013.

［26］陈丰，许敏.《高校科技创新中科研经费"放管服"改革对策研究》［M］.北京：经济管理出版社，2018.

［27］王文岩.我国政府科研经费运作机制初探［M］.北京：中国经济出版社，2005.

［28］梁勇.高校科研经费政策解读与协作监管机制研究［M］.成都：西南财经大学出版社，2020.

［29］韩强，邹鹏，金婕.科研经费管理法治化［M］.上海：上海人民出版社，2020.

［30］范旭，张毅.夯实创新型国家建设的基础：地方政府支持基础研究的理论依据与现实需要［J］.科学管理研究，2020（06）：41-48.

［31］辛斐斐，范跃进.财政性科研经费管理：困境、根源及出路［J］.国家教育行政学院学报，2017（4）：28-33.

［32］罗程，杨骁.中国科研经费政策发展历程回顾及演变逻辑分析［J］.中国科技论坛，2021（7）：15-28.

［33］Otto Auranen, Mika Nieminen. University Research Funding and Publication Per for mance［J］. Research Policy，2010（39）：822-834.

［34］B. R. Clark. Scientific research team of university incentive mechanism research［J］. Social Science，2007（7）：245.

第二章

构建针对财政性科研项目经费管理和使用分析的理论框架

理论来源于实践,反过来又指导实践。在人类社会发展的历史长河中,开始并没有什么理论,当实践发展到一定程度的时候才产生理论。目前,理论种类繁多,有各种各样的理论。人们通常认为,理论是用系统观点表达某一领域内在规律的概念、定义或命题,或者是由某一研究领域的普遍通用观点所构成的一套前后一贯的假设性、概念性和实用性的原则。理论对实践具有指导作用,可以用来解决现实中存在的一些突出问题,可用于对现实生活中的各种现象做出解释和预测。目前,我国财政性科研项目经费管理和使用虽然具有较为丰富的实践,但是,也存在一些做法不太科学、不太合理及不太完善的问题,需要构建理论框架加以指导,以便更好地修订完善。

本章在对影响财政性科研项目科研目标实现的因素进行分析的基础上,构建财政性科研项目经费管理和使用分析的理论框架。

第一节 影响财政性科研项目科研目标实现的因素分析

一、财政性科研项目科研目标

(一)国家层面科研目标

财政性科研项目科研目标(以下简称"科研目标")是指在一定的

第二章　构建针对财政性科研项目经费管理和使用分析的理论框架

研究期限内,通过科研活动要求完成的科研任务。应该从不同层面分析理解科研目标。

从国家层面看,在不同经济社会发展阶段,科研目标不完全相同。比如,进入新时代的新发展阶段(十四五时期乃至更长时期)后,我国科技发展的总体目标是,到2030年跻身创新型国家前列,发展驱动力实现根本转换,经济社会发展水平和国际竞争力大幅提升,为建成经济强国和共同富裕社会奠定坚实基础;到2050年建成世界科技创新强国,成为世界主要科学中心和创新高地,为我国建成富强民主文明和谐的社会主义现代化国家、实现中华民族伟大复兴的中国梦提供强大支撑。[①] 创新包括的内容很多,范围很广,涉及各行各业、各个领域、各个方面,所以,我国科研的总体目标还应进一步分解。展开来说,我国科研目标应该是进行更多的理论创新、制度创新、产品创新、服务创新、工艺创新、品牌创新、文化创新、科技创新、企业创新、政府创新、管理创新、商业模式创新、业态创新、工作方法创新、理念创新、政策创新、集成创新等,以创新驱动国民经济和社会高质量发展、解决关键核心技术被"卡脖子"等问题,实现科技自立自强,为加快构建新发展格局服务。

(二) 地区及部门层面科研目标

从地区层面看,科研目标是进行更多符合地区发展需要的各种创新,以带动地区经济社会发展。显然,地区科研目标既要服务国家科研目标,又要符合地方需要。国家科研目标包括地区科研目标,如果每个地区的科研目标都得到实现,无疑有利于国家科研目标的实现。但是,由于分税制财政体制的存在及科研财政资金的有限性,无论是中央财政还是地区财政设立的科研项目都是有限的。中央科研财政事权与地区科研财政事权的支出责任不一样,中央财政安排的科研项目有的符合一些地区发展需要,但是,对其他地区却不一定。在这种情况下,这些地区应该运用财政资金设立一些符合地区特别需要而中央财政科研项目又没

---

① 《国家创新驱动发展战略纲要》印发,提出2050年建成世界科技创新强国,新华网,https://www.gov.cn/xinwen/2016-05/20/content_5074905.htm.

有涉及的项目,以便为地区经济社会发展提供支撑。

从部门、单位层面看,科研目标是通过创新,解决部门、单位存在的突出问题,为做好部门、单位工作服务。显然,部门、单位科研目标既要服务国家或地区科研目标,又要服务于部门、单位发展需要。

(三) 科研人员层面科研目标

从科研人员层面看,科研目标是按时完成科研项目预先设定的科研任务并以预先设定的科研成果形式(系列论文、专著、调研报告、专利、软件、新设备、新材料等)提交。在科研实践中,科研人员所研究的财政性科研项目往往不仅局限于解决本单位发展需要解决的问题,而且还包括部门发展、地区发展及国家发展需要解决的问题,事实上,这些层面的问题紧密相关,密不可分,不应该把这些层面的问题人为地割裂开来。科研人员所研究的财政性科研项目包括本单位立项的科研项目、地方及部门层面立项的科研项目、国家层面立项的科研项目。不同层面科研目标关系如图2-1所示。

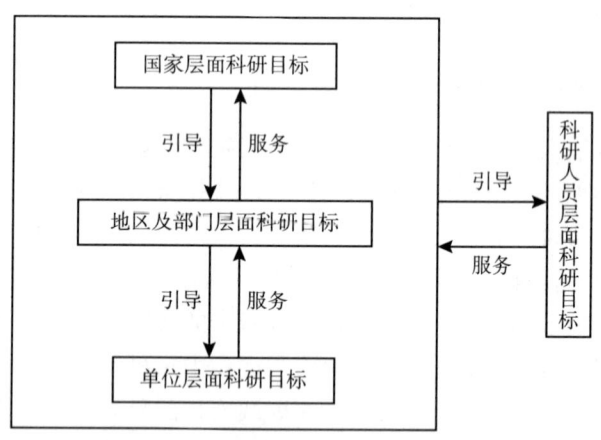

图2-1 不同层面的科研目标之间的关系

在各层面科研目标中,国家层面科研目标居于顶层地位,它引导着地区及部门层面科研目标、单位层面科研目标及科研人员层面科研目标的方向,而其他层面科研目标都要为国家层面科研目标服务。所谓目标

第二章　构建针对财政性科研项目经费管理和使用分析的理论框架

一致性原则，就是强调各层面科研目标都要统一到为实现国家科研目标服务上来。科研人员层面科研目标居于底层地位，具体表现为一个一个具体的科研项目的目标，只有科研人员层面的科研目标完成了，其他层面科研目标才有可能完成。

一般来说，经过竞争性程序获得立项的财政性科研项目都应该满足经济社会发展、历史文化传承保护、人民生命健康、生态文明建设、国家国防安全等某些方面需要。按时完成科研目标意味着财政性科研项目的学术价值和应用价值能够及时得到体现，财政性资金资助科研项目实现"物有所值"。因此，按时完成科研目标极为必要。

二、影响科研目标实现的因素分析

影响科研目标实现的因素主要包括科研人员科研积极性、科研经费管理和使用制度的科学合理性、科研管理的科学性、科研环境的适应性等。

（一）科研人员科研积极性

1. 科研人员积极性对于科研目标实现具有决定性影响

积极性通常称为积极主动性，人们做事情时，有积极性还是没有积极性，表现出来的做事态度、做事方法、做事效率、做事结果会有很大差别。有积极性的人，通常做事态度端正，面对需要解决的困难和问题，主动、多维度、千方百计寻求科学的解决方法，做同样事情花的时间更少或者在一定时间内往往能做更多事情，即做事更有创新性、更有效率，做事结果也更好。积极性、主动性、创造性的关系是积极性带来主动性，主动性带来创造性，积极性居于最基础、最根本的地位。对于国家发展大局而言，充分调动和发挥各方面积极性，是统筹推进中华民族伟大复兴，加快构建以国内大循环为主体、国内国际双循环的新发展格局的迫切需要。对于科学研究而言，科研活动很复杂，做科研很辛苦，没有积极性就很难有"坐冷板凳"的韧劲和耐力，就很难有广泛深入调研的冲劲，就很难有积极探索的精神，就很难有区别于传统模式的创新思维和创新方法，就很难完成科研任务，实现科研目标。

科学研究目标是创新，获得需要的创新成果，以便支撑经济社会发展等各方面发展需要。从开始进行科研活动到获得科研创新成果往往是一个漫长的过程，在这个过程中，不仅需要有科研经费的支撑和保障，其他有关部门和人员的协调、配合、服务，更需要科研人员的智慧的辛勤劳动。其中，科研人员的智慧劳动起到决定性作用。因此，调动科研人员积极性才是财政性科研项目经费管理和使用制度改革的根本目标。当前我国仍然存在一些关键核心技术被"卡脖子"的领域和科研难题，充分调动科研人员积极性极为迫切。

2. 科研人员积极性主要来源于从事科研活动的获得感和使命感

（1）获得感和使命感是什么。获得感、幸福感、安全感、使命感、荣誉感、归属感、自豪感、责任感、满足感、时代感、紧迫感、优越感、公平感和成就感等等是相关的概念，彼此之间紧密相关，但是又有所区别。获得感一般是指人们获得原来很想获得的某种东西、利益或好处等带来的满足感。习近平总书记在2015年2月27日召开的中央全面深化改革领导小组第十次会议上指出"要科学统筹各项改革任务，推出一批能叫得响、立得住、群众认可的硬招实招，把改革方案的含金量充分展示出来，让人民群众有更多'获得感'"。可见，"获得感"强调通过改革，让群众获得实实在在的好处，而不仅仅是精神上的好处。如果仅强调精神上的好处，改革就会陷入形式主义。马克思说："人们奋斗所争取的一切都同他们的利益有关。"马克思所强调的利益，也是实实在在的好处，而不仅仅是精神上的好处而已，更重要的是包括物质好处。

使命感通常是指对人生使命的认识，或者说一个人对自己使命的认识。使命通常是指人的责任和任务，一个人来到人世间，是有自己的责任和任务的。使命感是人们内在的、永恒的核心动力。一个人的使命感越是强烈，那么他（她）的人生希望也就越强烈、工作激情与生活热情就越强烈、人生责任感也就越强烈。有强烈使命感的人通常是自觉自

第二章 构建针对财政性科研项目经费管理和使用分析的理论框架

律、奋斗不止、百折不挠、任劳任怨、坚强不屈的人。做人必须要有使命感,一个人如果对客观存在的使命缺乏足够清醒深刻全面的认识,没有使命感,那么这样的人就不会真正懂得人生的意义与价值,也不会承担起做人的责任与任务。没有使命感的人是可悲、平庸、碌碌无为的人;没有使命感的人生,就是行尸走肉的人生。

获得感和使命感不仅包括物质需求,而且也包括精神需求。总体上说,相当于马斯洛需求层次理论中的生理需求、安全需求、社交需求、尊重需求和自我实现需求等五次需求的总和,也相当于赫茨伯格的双因素理论中的保健因素和激励因素的总和。我们还经常用到幸福感、安全感、公平感和成就感等概念,这些实际上也包括在获得感和使命感中。

(2)科研人员科研获得感。科研人员科研获得感来源于基础薪酬水平、从事特定科研项目研究直接获得的绩效报酬及由此而带来的其他好处,如:因完成特定科研项目的研究任务,凭借科研成果获得更高一级职称而带来的各种好处(基础薪酬水平及各种福利待遇都得到提高);因科研成效显著而得到职务上的晋升(即通常所说的"学而优则仕"。我们不提倡这种做法,认为科研人员应该处在科研工作的第一线);因科研项目的成功而享有科技成果所有权和长期使用权带来的好处;因科研项目获得科研奖励而带来的物质利益;因从事科研活动而获得各种精神荣誉;因科研成效大、贡献突出而受到领导、同事及社会各界的更广泛的尊重及关注等。

在体现科研人员获得感的多项内容中,基础薪酬水平及直接从科研项目中获得绩效报酬是科研人员极为在意的,因为这两项相对容易获得而且有利于增加科研人员的收入水平,改善科研人员的生活状况,这与马斯洛需求层次理论中的低层次需求相吻合。高珊珊等(2018)研究认为:"我国科研经费的绝对投入已经比较可观,但是与发达国家相比,我国科研人员的工资收入却相对偏低,尤其从科研项目中获得的可支配收入明显不够。"以国家支持建设为国际科技创新中心的北京、上海和粤港澳大湾区为例,这些地区科研人员集中,科研要素集聚,但是房价很高,孩子教育等生活成本很高,如果科研人员(特别是年轻科研人员)居无定所并面临巨大生活压力,则可能没有积极性投入科研活动。

林芬芬等（2017）研究认为："当前我国科研人员平均工资已经在社会各阶层中位居前列，但青年科研人员起薪过低，甚至难以满足生活需求。"反之，若通过投入科研活动有利于增加收入水平，缓解生活压力，则科研人员很可能全力以赴做好科研工作。

直接从科研项目中获得绩效报酬是激励科研人员从事竞争性科研项目研究的关键因素。如果预期直接从科研项目中获得绩效报酬的数额达不到期望值，一些科研人员可能放弃申报科研项目，这种情况在科研人员高度集中的高校和科研院所中较为常见，有的科研人员一旦获得了正高级职称甚至有的只获得副高级职称就失去了申报科研项目的欲望，多年不再申报科研项目，也不再撰写高质量的科研论文。已经获得正高级职称的一些科研人员缺乏继续做科研的积极性，主要原因是这些科研人员没有申报更高一级职称的需要，而做科研直接获得的绩效报酬又没有达到其预期要求。竞争性科研项目需要经过竞争才能获得立项，但是，一些有实力的正高级职称科研人员不愿意参与竞争，也就是不愿意做科研，事实上造成了本来就稀缺的高层次人才资源的巨大浪费。

增强科研人员科研获得感是调动科研人员积极性的重要因素，但是，必须看到，增强科研获得感一方面取决于科研人员自身的努力，即通常所说的多劳多得、优劳多得、一分耕耘一分收获；另一方面取决于科研制度安排、科研激励、政府部门服务、市场主体赞助、有关组织和个人捐赠、科研环境等。

（3）科研人员使命感。科研人员使命感要求科研人员要具有为实现国家科研目标而奉献的科研精神。一大批老一辈科学家如李四光、钱学森、钱三强、邓稼先等以及中华人民共和国成立后成长起来的杰出科学家如陈景润、黄大年、南仁东等都有很强的科研使命感。增强科研人员使命感需要培养科研人员的爱国情怀和爱国热情，因为科学无国界，科学家有祖国。培养科研人员的爱国情怀就是要求科研人员不断学习老一辈科学家的爱国精神和爱国情怀，牢记使命并秉持国家利益和人民利益至上，坚持以人民为中心，坚持新发展理念，坚持在发展中保障和改革民生，坚持总体国家安全观，继承和发扬老一辈科学家胸怀祖国、服务人民的优秀品质，坚持科技报国和创新报国，弘扬"两弹一星"精

第二章 构建针对财政性科研项目经费管理和使用分析的理论框架

神等。新时代新发展阶段，科研人员应把实现科技自立自强，突破一批"卡脖子"的关键核心技术难题等国家科研目标作为自身科研工作的重要职责，不断增强科研使命感。

（二）科研经费管理和使用制度的科学合理性

财政性科研项目科研资金是科研人员开展科研活动的经费保障和物质基础，"巧妇难为无米之炊"，假如没有科研资金资助，科研活动将无法开展。有了科研资金资助，科研人员才能开展调研并收集科研活动需要的材料，才能购买科研活动需要的资料、设备、材料、试剂、笔墨纸张，才能向同行专家进行必要的咨询，才能支付聘请辅助人员的劳务费用等。

科研经费管理和使用制度对科研经费的开支范围（开支科目）、经费预算编制与审核、经费预算执行与决算、经费管理与监督等做出了规定。在科研经费管理和使用制度中，明确了项目依托单位（依托单位）是项目资金管理的责任主体，项目依托单位应当建立健全项目资金制度，完善内部管理和监督约束机制，合理确定科研、财务、人事、资产、审计、监察等部门的责任和权限，加强对项目资金的日常管理和监督。现行制度同时明确规定，项目负责人是项目资金使用的直接责任人，对资金使用的合规性、合理性、真实性和相关性承担法律责任。

由于财政性科研项目科研经费来源于财政资金，因此，在科研经费管理和使用上应遵循财政资金预算管理的基本要求，防范科研经费被低效使用、浪费使用及中饱私囊的风险。但是，科研活动与政府行政事务活动具有不同的特点。比如，政府部门在未来一定时期内的行政事务相对固定，可预见性较强，因而政府行政经费预算编制难度相对较小，准确性相对较高。而科研活动则是一项系统性、综合性、复杂性、专业性极强的智力工作，科研规律在于探索未知，具有灵感瞬间性、方式随意性、路径不确定性和结果难预测性等特征，可以说，无论是科研项目负责人及项目组成员，还是同行专家、科研财务助理、财务人员，均较难编制出准确的科研经费预算。

科研经费管理和使用制度的科学合理性有利于科研人员使用科研经

费开展科研活动，有利于实现科研目标。具有科学合理性的科研经费管理和使用制度应当既要遵循财政资金管理和使用的一般规律，同时要尊重科研活动的特殊规律，使科研经费更好地为科研活动服务，而不是让科研活动为科研经费服务。科研人员作为科研经费的直接责任人和直接使用人，科学合理性的科研经费管理和使用制度有利于增强科研人员获得感，进而有利于调动科研人员积极性，促进科研人员更加积极主动地投入科研活动，推动科研任务尽早完成，科研目标尽早实现。

（三）科研管理的科学性

在政府职能权限范围内的管理领域和服务领域，"放管服"是"简政放权、放管结合、优化服务"的简称。其中，"放"就是简政放权，降低准入门槛，给市场更大的权限。"管"即创新监管、适度监管、科学合理监管，促进公平竞争。"服"即优化服务、高效服务，营造便利环境。"放管服"改革是简化市场主体办事流程，优化营商环境，促进经济社会高质量发展的需要。目前，"放管服"不仅在优化营商环境领域，而且在经济社会发展的其他领域，包括科研经费管理领域都在稳步推进，不断深化。

科研管理领域"放管服"改革是政府"放管服"改革在科研管理领域的延伸与深化，是政府简政放权、放管结合、优化服务、简化办事流程、降低制度性交易成本的具体实践。在科研管理领域，"放管服"具有特定含义："放"既包括科研项目主管部门、财政、审计、国有资产管理、科技等部门在相关职责范围内对项目依托单位的放权，也包括项目依托单位对科研人员的放权。"管"既包括科研项目主管部门、财政、审计、国有资产管理、科技等部门对项目依托单位的管理，也包括项目依托单位对科研人员进行科研活动的管理。"服"是指科研项目主管部门、财政、审计、国有资产管理、科技等部门、项目依托单位都要为科研人员的科研活动提供优质服务，都要为实现科研目标提供优质服务。

尊重科研规律，提高管理效能，改变以往管得过多过死的状况是在科研管理领域实施"放管服"改革的"放"的首要原因。防范财政资金被低效使用的风险，提高财政资金使用效率，改变以往在政府管理服务领域陷入"一管就死，一放就乱"的改革陷阱，是在科研管理领域实施"放管服"改革的"管"的重要原因。调动科研人员积极性，提高科研绩效，改变以往过度注重过程管理和物化管理，淡化结果管理和人本管理的状况，是在科研管理领域实施"放管服"改革的"服"的重要原因。

经过过去几年来的"放管服"改革，科研单位（项目依托单位）和科研人员普遍反映的管得过多过死的问题有了明显改善，但是，"放"与"管"、"管"与"服"、"放"与"服"的矛盾尚未完全得到解决，科研人员从科研项目研究中直接获得绩效报酬等方面的获得感仍然不足，科研人员科研积极性有待进一步提高。

（四）科研环境的适应性

科研环境是指影响科研人员从事科研活动的各种因素，包括科研管理体制机制、政府科研服务、单位内部科研管理制度、全社会对科研活动的投入和支持等。优化科研环境，有利于科研人员潜心研究，激发其创新创造活力，提升科研绩效。改革开放以来，特别是党的十八大以来，随着一系列科研管理制度改革文件的出台与实施，我国科研环境不断优化。但是，科研环境还存在一些不容忽视的问题。

1. 鼓励创新宽容失败的制度安排尚未真正形成

以基础研究为例，基础研究很重要，是整个科学体系的源头，是所有技术问题的总开关，但是，进行基础研究周期长、风险大，需要投入大量资金，而这些投入的回报是非常慢的，甚至有时投资失败无法得到回报。鼓励创新宽容失败，目前我国科研管理制度虽然认可，但是却缺乏可操作性的措施，由此导致科研人员束缚手脚，产生"不求有功，但求无过"的想法，不敢大胆去申报基础研究项目。

2. 科学合理的科研考核评价机制尚未真正形成

一些科研单位以财政年度作为考核周期，根据当年发表的科研论文等科研成果作为考核标准，计算科研工作量，并据以发放当年的科研绩效。这样考核"指挥棒"做导致了科研的短期行为，不利于科研精品的产生。

3. 对于一些需要事关长远、需要长期研究的科研问题，缺乏长期稳定支持的制度安排

事关长远、需要长期研究的科研问题一般是涉及国家前途和命运的根本性问题，研究异常复杂，需要时间很长、经费支持很多，在课题制下，单一科研人员往往无法进行项目充分认证，但是，集体论证机制尚未形成。比如，在世界科技前沿各个领域的研究，当我们与人家存在差距时应该如何通过集体研究去缩小差距，而不应靠个体力量去突破；当我们处于领先水平时应如何巩固和保持领先优势也需要集体力量支撑。

4. 为科研人员减少不合理负担的制度安排尚需完善

让科研人员安得下心、俯得下身、潜心研究的一个重要前提是减少不合理负担。过去几年来，我国在落实扩大科研单位和科研人员经费使用自主权政策，简化科研项目申报、优化科研项目评审、实行人性化经费管理、优化人才评价和激励机制，切实努力消除科研人员不合理负担等方面确实取得了明显成绩，但是，如何更好解决减少科研人员不合理负担问题，理顺科研活动中的堵点，还需要通过完善相关制度加以解决。

5. 科研经费投入力度尚需加强

由于财政资金实力有限，过去几年，我国基础研究经费投入占研发经费投入比重约为5%。2020年我国基础研究占全社会研发总经费的比重首次超过6%[①]。随着财政资金实力的增强和对创新成果的紧迫需求，"十四五"时期基础研究经费计划增加到8%以上[②]，但是与发达国家15%～20%的比重还存在巨大差距。此外，我国科研经费资助结构尚需

[①] 科技日报，2020年3月8日。
[②] 《中华人民共和国国民经济和社会发展第十四个五年规划和2035年远景目标纲要》。

第二章　构建针对财政性科研项目经费管理和使用分析的理论框架

优化，即到底什么样的科研项目更应该进行财政资金资助、资助的额度应该多少为合适尚需研究。我国科研创新的体制机制也尚需进一步完善。

第二节　财政性科研项目经费管理和使用分析的理论框架构建

一、理论框架构建

（一）理论框架的基本内涵

对于理论框架的内涵，目前学术界并没有统一说法。比如，王凯、李亮（2020）研究认为，理论框架是指由一系列的基本概念、基本理论、基本规律、基本方法等所组成的，合乎逻辑的结构框架。韩强、王野（2020）研究认为，学科理论框架是指由概念、逻辑、定理等构成的学科基本体系，党的建设理论框架特指各组成部分的称谓内容、地位作用及其相互关系。何齐宗（2012）研究认为，理论框架是指引导研究的理论或概念框架，大致分为9个范畴：信息加工、社会认知、建构主义、社会文化、交流、社会心理、动机、其他及非理论。李振福、李诗悦（2021）研究认为，理论框架是指能够支撑或支持某一理论的结构体系，用于描述和解释所研究问题的现象。颉茂华（2005）研究认为，管理会计理论框架是指管理会计理论各组成要素以及这些要素之间的排列关系，是对管理会计理论结构的总体说明。王棣华（2015）研究认为，三位一体企业财务管理理论框架是指以实现企业和谐财务管理为目标，以优化企业财务文化为基础，以刚性财务管理和柔性财务管理相结合为手段（刚柔相济）的一种理论体系。

根据本课题研究需要，借鉴有关学者对理论框架的表述，本课题研究认为，理论框架是指由科研目标及其实现路径、相关支撑基础理论等要素构成的框架体系。

(二) 构建理论框架的必要性

财政性科研项目的科研活动与机关事业单位一般业务活动、企业等市场主体经济活动相比具有不同的特点，比如，主要由高校教师、科研院所研究人员等兼职完成，需要占用研究人员大量业余时间进行研究，研究人员必须具有较高的专业素质，研究成果往往需要经过多次复杂的重复研究才能取得等。因此，适用于机关事业单位一般业务活动的财政经费管理理论对于科研活动并不完全适用，但是，我国存在将科研经费管理按照"行政经费"管理的现象。此外，适用于企业等市场主体资金管理的企业资金管理理论对于科研活动也不完全适用。因此，有必要构建针对财政性科研项目经费管理和使用分析的理论框架，以便更好地指导实践，为进一步完善财政性科研项目经费管理和使用制度提供理论支撑。

(三) 构建理论框架的思路

基于对财政性科研项目科研目标及其实现的影响因素分析，构建的理论框架如图 2-2 所示。

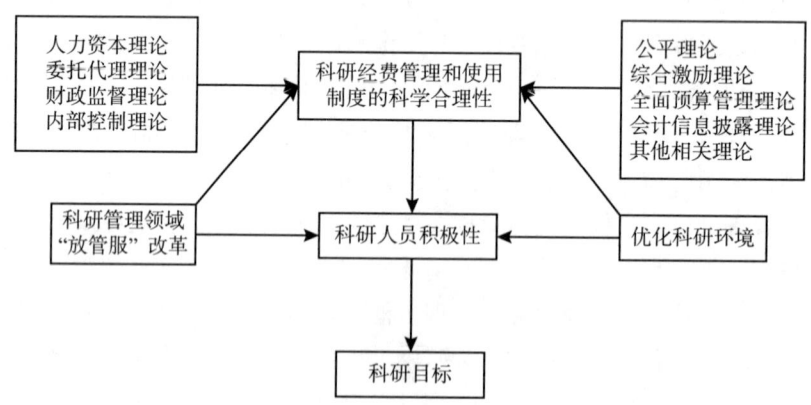

图 2-2 财政性科研项目经费管理和使用分析的理论框架

第二章　构建针对财政性科研项目经费管理和使用分析的理论框架

根据以人为本的现代管理理念，图 2-2 中的理论框架特别强调了科研人员积极性对科研目标实现所起到的直接促进作用。如前所述，科研经费管理和使用制度的科学合理性、科研管理领域"放管服"改革及优化科研环境等因素也对科研目标的实现产生影响，但是，这种影响只是间接影响。这些因素只有通过对科研人员积极性产生影响，最终才能对科研目标的实现产生直接影响。因此，必须充分认识科研人员在科技创新中的核心地位、主导性作用和不可替代作用。

具有科学合理性的科研经费管理和使用制度有利于增强科研人员获得感，调动科研人员积极性。目前，科研经费管理和使用制度不太科学、不太合理，还存在影响科研人员积极性的问题，需要通过深化科研管理领域"放管服"改革、优化科研环境等来解决。因此，财政性科研项目经费管理和使用制度改革的核心是健全完善有利于调动科研人员积极性的科研经费管理和使用制度。在健全完善制度过程中必须遵循人力资本理论、委托代理理论、公平理论、综合激励理论、财政监督理论、内部控制理论、全面预算管理理论和会计信息披露理论等管理理论，因为这些管理理论自从产生之后随着时代发展而不断发展，在总结管理规律及指导管理实践方面有可借鉴之处。但是，同时也必须看到，每一种管理理论都存在一些不足之处，都需要逐步完善。由于科研活动的重要性、特殊性和复杂性，单独遵循某一种管理理论是不够的，因此，必须遵循多种理论并结合新时代新发展阶段发展需要，与时俱进，不断创新，这样才能使科研经费管理和使用制度更加健全完善，不断提高制度的科学合理性。

二、人力资本理论

1979 年诺贝尔经济学奖获得者西奥多·威廉·舒尔茨（Theodore W. Schuhz）于 1960 年系统阐述了人力资本理论，被称为"人力资本之父"。后来贝克尔、丹尼森等经济家进一步发展了这一理论。我国学者在运用该理论时与时俱进地进行了一些延伸理解和拓展补充。

（一）人力资本的内涵

人力资本是与土地、厂房、机器设备、原材料、货币、有价证券、自然资源等物质资本相对应的资本，是劳动者身上具有的知识储备、专业技能、技术水平、情商、智商、健康状况、工作经验及其所表现出来的综合素质和工作能力。不同的劳动者的人力资本不一样，人力资本价值高的劳动者一般具有受教育程度高、受教育时间长、工作经历及经验丰富、情商智商高、身体健康和适应能力强等特征。反之，人力资本价值则较低。

（二）人力资本的作用

在经济发展中，人力资本的作用大于物质资本，即经济发展主要取决于人力资本的数量和质量，而不仅仅是自然资源的禀赋或资金的多寡。人力资本投资与经济增长成正比，比物质资本增长速度更快。比如，二战后日本、德国的经济快速发展主要归结于高质量的人力资本，而不是物质资本。

（三）从国家发展大局看，应通过多种途径获得人力资本

即应通过鼓励教育投资、健康投资、国际合作、人才引进等方式获得更多支撑高质量发展需要的人力资本。人力资本更多来源于教育投资、健康投资等。教育投资是获得人力资本的重要途径，劳动者身上的知识储备、技术水平和文化底蕴等专业素质、综合素质都与教育投资有极大关系。公共教育支出虽然短期内会增加国家负担、降低国民可用于投资的储蓄量，但是，却有利于提高国民素质，获得高质量人力资本，为国家发展提供人力资本支撑，从长远来看对国家发展是有利的。教育投资产生的经济效益远大于物质投资的经济效益，但是，教育投资不能仅仅依靠政府，市场主体及个人也应该发挥作用。健康状况是人力资本的基础性因素，这就是我们经常强调的"身体是革命的本钱，健康才是最大的财富"，每位劳动者所拥有的健康状况都可以看作是一种资本储备，这种资本储备在需要时其价值就会显现出来，这种资本储备可以称

为健康资本。健康资本储备会随着时间的推移而逐渐贬值，在生命后期贬值表现得更为明显。健康资本除了先天即有的部分外，更多来源于健康投资。通过健康投资、体育锻炼、良好的生活习惯等可以获得健康资本，并延长保值期，减缓贬值速度。国际合作、人才引进有利于弥补一个国家在人才培养能力上的短板，提高获得高质量人力资本的效率。

（四）应给予高质量的人力资本合理回报

投资是要求回报的，一般而言，投资越多，产出越大，要求的回报也越高。高质量的人力资本是高投资形成的，人力资本质量高的劳动者由于劳动生产率高，其带来的产出明显多于人力资本质量低的劳动者。人力资本质量高的劳动者在收入分配上应该获得更多合理报酬，这样才能使其产生更多的正外溢效应。

（五）健全完善财政性科研项目经费管理和使用制度应遵循人力资本理论

首先，在"以人为本"的现代管理理念中，经济社会发展各领域改革都应遵循人力资本理论。我国实行科教兴国战略、人才强国战略，这些战略实际上是人力资本理论在国家发展大局中的运用。即我国在建设社会主义现代化国家新征程中需要大量具有高人力资本价值的各领域专业人才，需要给予各方面人才更加合理的报酬，以调动各方面人才的积极性。

其次，健全完善科研经费管理和使用制度改革中应该遵循人力资本理论。科研人员的人力资本价值很高，遵循人力资本理论，才能给予科研人员合理的人力资本价值补偿，调动科研人员积极性。从事科研活动主体的科研人员的人力资本是高质量人力资本，其形成过程耗费时间长、投资大、成本高，因而要求回报也高。靳占忠等（2016）研究认为，当前我国高校科研人员大都是博士学历，从小学一直到博士，20多年的教育投资，人力资本存量较大。这些人力资本是国家、社会和个人共同投资形成的。根据人力资本理论，人力资本存量较大，其收入应该位于社会各行各业收入的前列。科学研究工作与教师的智力息息相关，科学研究需要较多的智力投入才可以完成，因此，高校科研人员属于智力密集型人力资本。科研工作中科研人员付出了大量少数人才具有的高智力劳动，应该得到较高的智力劳动报酬。只有遵循人力资本理论，才能健全完善有利于调动科研人员积极性的科研经费管理和使用制度，解决长期以来想增强科研人员获得感但是却总是差"最后一公里"的问题，为增强科研人员获得感，进而调动科研人员积极性提供更为科学合理的制度保障。

最后，若科研经费管理和使用制度改革中不遵循人力资本理论，那么科研人员的人力资本价值就无法得到合理补偿，科研人员积极性就无法调动起来，进而影响到科研目标的实现。

三、委托代理理论

委托代理理论起源于20世纪30年代的美国。由美国经济学家伯利（Berle）和米恩斯（Means）提出。后来，随着埃岗·纽伯格和威廉·达菲等一些经济学家深入研究企业内部管理、内部资源配置、信息不对称、激励和约束等问题而得到逐步发展和进一步完善。

（一）所有权与经营权相分离是现代企业组织管理的基本特征

一方面，企业规模不断扩大。企业规模不断扩大是企业所有者（股东）不断追求盈利的结果，是企业存在的价值所在。但是，企业所有者由于个人能力有限、专业知识缺乏、管理能力不足和精力匮乏等方面的原因而无力行使或不愿意行使所有者的权利，他们急需寻找适合帮助他们管理企业的专业代理人。另一方面，市场分工进一步专业化、规范化、法治化和明细化，出现了一大批具有专业知识、技能和管理能力的代理人，他们有精力、有时间、有能力代理企业所有者行使好管理企业的任务。这两个方面原因的结合导致了企业所有权与经营权相分离，这是现代企业组织管理的基本特征。股份公司的出现是所有权与经营权相分离的主要标志，上市公司则是所有权与经营权相分离的高级形态。目前，一些社会公众购买并持有上市公司股票，他们就是公司的所有者或股东，但是，他们并没有亲自参与公司日常生产经营管理活动，这就是所有权与经营权相分离。

（二）由于企业所有权与经营权的分离产生了委托代理关系

在委托代理关系中，委托者（所有权人）将企业经营权委托给代理者（经营者、受托者）经营，并向代理者支付报酬，要求代理者努力搞好企业经营，为实现委托者利益最大化目标服务。代理者则通过为委托者提供企业经营服务，收取费用，获得收入。双方的权利义务通过委托代理契约来明确，委托代理契约不得违法国家法律法规的规定，法律法规的规定事实上也是委托代理契约的天然组成部分。

（三）委托代理问题

即委托者面临来自代理者的"道德风险"。其原因主要包括：一是基于经济人假设。委托人与代理人的效用函数不一样，代理者也是追求自身利益最大化的经济人，比如，在追求良好的工作环境、正常工资报酬和津贴、补贴收入及奖励收入之外，还进一步追求高档消费、个人享乐和闲暇时间个人最大化。委托者与代理者的目标不完全一致甚至可能会发生冲突，代理者可能为了实现自身利益而损害委托者利益。二是两者信息不对称。代理者作为"内部人"掌握更多信息，从而可能利用信息优势损害委托者利益，但是，委托者却无法全面掌握及抑制代理者的行为。三是委托代理契约不完备，签订代理契约时对代理者不公平性。由于面临激烈的代理竞争（市场上出现多个代理者竞争一个代理业务），代理者在签订委托代理契约时处于弱势地位，在以后履行契约时通过损害委托者利益的行为来寻求平衡。

（四）解决委托代理问题的途径

在利益冲突和信息不对称的情况下，解决"道德风险"问题需要建立一套最优契约，对代理者进行科学合理的约束激励监督，使代理者自觉维护委托者利益，进而实现双方利益共赢。

(五) 委托代理关系广泛存在

除了企业所有权与经营权相分离产生的委托代理关系外,在经济社会生活的其他领域也存在委托代理关系,比如,选民与官员、医生与病人、债权人与债务人、企业所有者与会计师事务所等,因此,委托代理理论被用于解决各种现实问题。在财政性科研项目经费管理和使用领域也存在多重复杂委托代理关系,包括科研项目主管部门与项目负责人之间的委托代理关系,科研项目主管部门与项目依托单位(依托单位、牵头单位)之间的委托代理关系,项目依托单位与项目负责人之间的委托代理关系,有关政府部门与项目依托单位、项目负责人之间的委托代理关系等,在国家重大科研项目(国家科技重大专项、国家重点研发计划等)中还引入了项目管理专业机构,因此,还存在科研项目主管部门与项目管理专业机构、项目管理专业机构与项目负责人等委托代理关系。这些委托代理关系之间相互交织、相互影响、共同作用,一旦某个方面的关系没有处理好,就会影响到其他方面的关系。

(六) 健全完善财政性科研项目经费管理和使用制度应遵循委托代理理论

李枫等(2015)研究认为,依据委托代理理论,高校科研经费管理中存在的种种"道德风险"问题应是由于委托方和代理方各自利益不对称和信息不对称所造成。对于项目委托单位而言,希望其投入的科研经费能够在合法的前提下,得到合理的、最大限度的利用,从而促进尽可能多的科研成果产出。对于高校而言,科研项目越多、科研经费越多,越能衬托学校的科研实力,这有助于提高学校的声誉。而对于项目负责人而言,希望尽可能方便地支配科研经费。可见,科研经费管理和使用问题产生的根源与委托代理理论的观点是一致的。因此,健全完善财政性科研项目经费管理和使用制度应遵循委托代理理论,先处理好多重复杂委托代理关系中每一个方面的委托代理关系,最终多方面的委托代理关系才能处理好。

四、公平理论

公平理论由美国心理学家约翰·斯塔西·亚当斯（John Stacey Adams）于1967年提出。该理论是研究劳动者获得工资、福利、补贴及奖励报酬等收入分配的科学性、合理性、公平性及其对劳动者工作积极性造成的影响的理论，为企业等市场主体改进劳动者收入分配政策提供了科学的理论依据。

（一）劳动者对公平感的判断

劳动者不仅关注自己获得各种劳动报酬的绝对量，同时也关注其他劳动者获得劳动报酬的绝对量，即劳动者也关注自己获得劳动报酬的相对量。劳动者通常会自觉或不自觉地把自己在工作中得到的劳动报酬（OP）与自己的付出（IP）的比率（OP/IP）与相关他人的劳动报酬（OA）与付出（IA）的比率（OA/IA）进行比较，或者将自己当前获得的劳动报酬（OP）与自己的付出（IP）的比率（OP/IP）与自己过去获得的劳动报酬（OH）与付出（IH）的比率（OH/IH）进行比较，对公平与否进行判断。如果 OP/IP = OA/IA 或者 OP/IP = OH/IH，则劳动者会感觉公平。如果 OP/IP > OA/IA 或者 OP/IP > OH/IH，则劳动者通常觉得占了便宜，对工作满意。如果 OP/IP < OA/IA 或者 OP/IP < OH/IH，则劳动者通常会产生不公平感。

（二）公平感对工作积极性的影响

公平感是劳动者的主观感受，它会影响到劳动者的行为。当觉得公平或者自己占了便宜时，劳动者的工作积极性和工作效率通常会提高。当觉得不公平时，劳动者通常觉得吃亏，产生不满情绪，劳动态度及工作积极性、主动性受到不利影响，出现消极怠工，甚至另谋高就行为，或做出某种损害企业利益的违法违规行为。

（三）公平感对企业管理的要求

在企业管理中应通过科学合理的制度设计，进行科学合理的工资、资金、津贴、补贴及奖励等收入分配，将收入的多少与做出的贡献相挂钩，以解决劳动者的不公平感问题，使劳动者感觉到公平，甚至占了便宜，从而调动劳动者的工作积极性。

（四）健全完善财政性科研项目经费管理和使用制度应遵循公平理论

从事财政性科研项目研究的科研人员存在不公平感问题。靳占忠等（2016）研究认为，一些高校教师通过与他人对比产生不公平感：从本科到博士十多年寒窗苦读，毕业从事研究工作的收入甚至不及那些没有考上大学的同学，更不用说与当今文艺界、影视界明星动辄上千万甚至上亿的年收入相比，十多年的人力资本投资没有得到合理的补偿。科研人员产生不公平感，其结果是科研积极性受到影响，不愿意申报竞争性科研项目或通过虚开票据等违法违规行为来使用科研经费。

当下一些高校和科研院所的教授和研究员等正高级职称科研人员不愿意再申请竞争性财政性科研项目，因为他们担心科研项目申请获得立项后，"吃力不讨好"，即可能会因为无法按照规定使用科研项目经费而使项目课题无法顺利结项，有的甚至担心因无法按照要求使用科研项目经费而受到处罚，得不偿失。一些大学教授不愿意再申请竞争性科研项目，宁愿到校外授课，这样他们觉得自己的付出才会获得合理报酬。由于评定更高一级职称的需要而不得不申请竞争性科研项目的一些科研人员，会因为自己付出了大量智力、脑力劳动而得不到合理补偿，有的做出购买虚假票据、虚开票据套取科研经费等违规违法行为。因此，应进一步完善、优化和健全财政性科研项目经费管理和使用制度应遵循公平理论，适度增加对科研人员的绩效支出等，进一步增加科研人员收入，提升科研人员的公平感。

反之，若财政性科研项目经费管理和使用制度不遵循公平理论，那么，一些有能力从事科研活动的科研人员就会放弃科研工作，进而造成本来就稀缺的科研人才资源更加短缺。

第二章　构建针对财政性科研项目经费管理和使用分析的理论框架

五、综合激励理论

(一) 激励理论的种类

激励理论是用于处理人们的需要、动机、行为和目标四者之间关系的核心理论，终极目标是通过满足被激励对象的某些需要以调动其积极性、主动性和创造性。研究激励理论的学者有行为学家、心理学家、管理学家和社会学家等，研究角度有所不同，形成不同的激励理论，比如，综合激励理论、内容激励理论、过程激励理论、行为后果理论、层次需要理论、成就需要理论、期望理论、公平理论、双因素理论、强化理论和归因理论等，这些理论虽然研究角度有所不同，但是却紧密相关，密不可分。综合激励理论是其中的一种，由美国行为学家劳勒（Edward E. Lawler）和波特（Lyman W. Porter）于1968年提出。

(二) 综合激励理论的主要观点

第一，激励导致一个人是否努力及其努力的程度。第二，员工工作的实际绩效取决于其能力大小、努力程度以及对所需完成任务理解的程度。第三，激励要以做出实际绩效为前提，而不是先有激励后有绩效，即员工必须首先完成组织布置的任务才能获得物质的、精神的激励。第四，人们判断可能获得的激励与实际绩效关联性不大时，激励就不能成为提高绩效的刺激物。第五，获得的激励是否会产生满意，取决于被激励者认为获得的激励是否公平；如果实际获得的激励等于或者大于预期所获得的结果，那么被激励对象便会感到满足，以后工作就会更加努力。如果所获激励达不到期望值，那么被激励者就会失去信心。该理论的内在逻辑关系是：努力工作→取得实际绩效→获得激励→需要得到满足→满意感→更加努力工作。

(三) 健全完善财政性科研项目经费管理和使用制度应遵循综合激励理论

科研活动由于影响到解决"卡脖子"问题及实现科技自立自强等

57

国家重大战略需求而显得非常重要，同时，科研活动具有复杂性、艰巨性、风险性、不确定性等，因此，对科研人员的激励尤为重要。由于科研活动的特殊性，对科研人员进行激励更需要考虑多个方面的问题。武静云（2017）研究认为，科研人员的激励问题，远比普通知识型员工的激励复杂。这取决于科研人员工作特点、工作内容和需求的特殊性。因此在研究科研人员激励问题时，需要从实际出发，首先应准确认识这类人群的特点和需求，紧扣这个要点，再寻求激励点和可能产生激励作用的措施和办法。在此基础上，需将各种激励措施形成体系，动态组合，灵活使用，如此才能达到最佳激励效果。沙磊（2017）研究认为，科研人员多元化激励体系包含物质和非物质两个方面。在物质激励方面，由于科研人员工作的特性，对于科研人员的物质激励可以从提升薪酬水平、完善薪酬结构、丰富福利保障内容、探索中长期激励方式几个方面做出调整，构建符合科研人员特征的物质激励体系。

由于综合激励理论强调以获得实际绩效作为激励的前提条件，这与科研管理强调结果导向相吻合。强调结果导向意味着简化过程管理，而简化过程管理的根本原因在于对实施过程很难管控，若不简化管理，则导致管理成本太大或被管理者不满，影响工作绩效。国务院印发的《关于优化科研管理提升科研绩效若干措施的通知》（国发〔2018〕25号）明确提出要"简化科研项目申报和过程管理"，"针对关键节点实行'里程碑'式管理等"，综合激励理论是其重要的理论依据。目前，现行制度在遵循综合激励理论上还存在差距，因此，进一步优化、完善和健全以调动科研人员积极性为核心的财政性科研项目经费管理和使用制度遵循综合激励就显得非常必要。

六、财政监督理论

（一）财政监督的内容

财政监督是对财政收入和财政支出的监督。由于中央与地方事权不同，由此产生分税制财政体制（中央与地方财权不同，按照中华人民共

第二章 构建针对财政性科研项目经费管理和使用分析的理论框架

和国预算法,国家实行一级政府一级预算),中央与地方财政收入、支出的具体项目有所不同。目前,我国财政收入主要包括税收收入和非税收入,税收收入包括增值税、消费税、企业所得税、个人所得税、关税、资源税、城市维护建设税、房产税、印花税、城镇土地使用税、土地增值税、耕地占用税、契税、环境保护税、车船税和烟叶税等,非税收入包括专项收入、行政事业性收费收入、罚没收入、国有资本经营收入、国有资源(资产)有偿使用收入、政府住房基金收入和其他收入等。

财政支出主要包括一般公共服务支出(人大事务、政协事务、统计信息事务、宣传事务等)、外交支出、国防支出、公共安全支出(武装警察部队、国家安全、强制隔离戒毒等)、教育支出(普通教育、成人教育、特殊教育等)、科学技术支出(科学技术管理事务、基础研究、应用研究、技术研究与开发、科技条件与服务、社会科学、科学技术普及、科技交流与合作、科技重大项目、其他科学技术支出)、文化旅游体育与传媒支出、社会保障和就业支出、卫生健康支出、节能环保支出、城乡市区支出、交通运输支出、资源勘探工业信息等支出、商业服务业等支出、金融支出、自然资源海洋气象等支出、住房保障支出、粮油物资储备支出、灾害防治及应急管理支出、债务利息支出、债务发行费支出等[①]。

(二)财政监督理论的主要目的

在一定时期内,财政收入不是越多越好或者越少越好,太多可能影响企业等市场主体积极性,不利于市场主体发展;太少则无法维持必要公共开支,损害社会公众利益。受到财政收入总额的限制,财政支出的方向、规模和结构也应受到制约。财政监督理论的主要目的是对财政收支的合法性、合理性、公平性、效率性和效果性等进行监督、检查、稽核和评价,以便更好地指导、完善财政政策,优化财政收支结构,发挥财政收支在调节国民收入分配和宏观调控中的职能作用。财政监督的内

---

① 2021 年中央财政预算,财政部网站,http://yss.mof.gov.cn/2021zyys/index.htm。

容范围很广,涉及与财政收支项目有关的所有政府机构、市场主体及个人等。从财政收入的构成内容看,财政监督重点是对税收收入和非税收入的具体构成内容的合法性和合理性进行监督。从财政支出的构成内容看,财政监督重点是对各类财政支出的合法性、合理性、必要性、真实性、公平性、效率性和效果性等的监督。

财政资金是纳税人的钱,是稀缺的、有限的,在使用上应遵循法律法规的规定,并受到一定的制约和监督。比如,从国家层面看,各年度财政预算中国防支出多少合适,对各省(自治区、直辖市)的财政转移支付怎样做到公平合理,每年用于教育、科学、文化、卫生、体育和社会保障的财政资金多少合适,每年应该用多少财政资金资助科学研究才合适,每年用于资助科学研究的资金中不同类型的科研项目怎么安排资金才合适等都应受到一定的制约和监督。

(三)财政性科研项目经费管理和使用应遵循财政监督理论

遵循财政监督理论有利于解决财政性科研项目经费管理和使用中存在的监督不足和监督过度问题。中央及地方各级财政用于资助科研活动的支出仅仅是财政支出众多内容中的一部分而已,同时,由于受到财政收入总额的限制,财政资金资助科研活动虽然有所增加,但是增加幅度依然有限。科研人员申请获得立项的财政性科研项目安排的资助资金,其性质上还是财政资金。所以,要求科研人员对项目科研经费的使用必须精打细算,资金的管理和使用应受到一定的制约和监督,但是,以往的事实证明,监督过度会影响科研人员积极性,最终影响到科研绩效和科研资金使用效益。因此,健全完善有利于调动科研人员积极性的财政性科研项目经费管理和使用制度应遵循财政监督理论,不断创新完善资金监督方式,进行适度、科学合理监督,督促科研人员依法、依规、高效地使用科研经费,既不断提高科研绩效,又不断提高资金使用效益。

反之,若财政性科研项目经费管理和使用不遵循财政监督理论,那么,科研财政资金就会处于"失控"状态,使本来就有限的科研财政资金就会使用效益低下,效率不高。

七、内部控制理论

(一) 内部控制理论的含义

内部控制理论是关于如何实现企业等组织目标的管理方法体系,其产生、发展经历了内部牵制、内部控制制度、内部控制结构、内部控制整体框架和企业全面风险管理整体框架等阶段,适用范围也从企业拓展到政府机构、学校、其他组织、项目管理等方面。

(二) 内部控制应遵循的原则

内部控制应遵循下列原则:第一,合法合规性原则。企业必须以国家法律法规为准绳,在国家规章制度范围内,开展生产经营活动。合法合规既是目标,也是必要原则。第二,全面性原则。内部控制应当覆盖企业及其所属单位的所有业务及所有业务环节,包括供应、生产、销售、事前、事中、事后、决策、执行和监督等,既要符合企业长期规划,又要注重短期目标。内部控制的内容应当全面完整,不应遗漏,否则可能造成"千里之堤,溃于蚁穴",被心术不正的人"乘虚而入"。此外,内部控制的各组成部分内容应当既要有科学合理的分工,又要有必要的协调配合,以便共同形成完整有机的系统。如果内部控制各部分之间存在矛盾,就会使执行的部门和员工无所适从。第三,针对性原则。一般来说,每个企业都会有其特定的弱点和薄弱环节,即所谓"家家都有一本难念的经",因此,企业制定的内部控制措施应能有针对性地解决自身存在的问题,否则,控制措施难以发挥积极作用。第四,制衡性原则。基于人性存在弱点的经济人假设,不应让一个人或一个部门把一件事情全部做完,而应人为地把一件事情划分为若干环节,比如,决策环节、执行环节和监督环节等,并安排不同的部门和人员去做,以便达到相互监督和制约,即相互制衡。一个人即使能力再强、本事再大,也应该受到制衡和监督。第五,适应性原则。内部控制不应照抄照搬其他企业的做法,而应根据企业自身经营规模大小、所在行业业务特点、行业外部竞争情况和风险水平高低等因素来制定，并与时俱进随着内外环境的变化及时加以调整完善。第六，经济性原则。内部控制应当合理考虑预期控制成本与预期收益之间的关系，当预期控制成本大于预期收益时，才会实施某项控制措施，反之，放弃实施某项控制措施，否则，得不偿失。总之，应以适当的成本实现合理的、有效的控制，而不应"不惜一切代价"去实施某项控制。

（三）财政性科研项目经费管理和使用制度应遵循内部控制理论

从项目依托单位（依托单位）而言，财政性科研项目经费管理和使用制度是单位内部控制制度的重要组成部分，是国家层面、部委层面及地区层面财政性科研项目经费管理和使用制度得到落地、落实的根本保证。目前，我国科研经费管理和使用方面存在的诸多问题与高校、科研院所等科研单位落实国家科研经费政策不力有很大关系。现行财政性科研项目使用制度要求项目依托单位制定和完善单位内部控制制度，中共中央办公厅和国务院办公厅联合发布的《关于进一步完善中央财政性科研项目资金管理等政策的若干意见》，即中办发〔2016〕50号文件规定，"项目依托单位要制定或修订科研项目资金内部管理办法和报销规定"。《国务院关于优化科研管理提升科研绩效若干措施的通知》（国发〔2018〕25号）提出，"项目依托单位应完善管理制度，及时为科研人员办理调剂手续"。遵循内部控制理论有利于科研单位提高健全完善财政性科研项目经费管理和使用制度的效率，促使上级制定的科研政策落地，同时，在确保合法合规性原则等前提下，更好地调动科研人员积极性。

八、全面预算管理理论

全面预算管理理论是采用全面预算办法来优化及科学、合理地配置企业内部的人力、财力、物力、时间、信息、技术等各种内部资源，以便更好地应对激烈的外部市场竞争，进而实现未来一定时期企业目标的理论。企业内部各种资源配置手段主要包括科学合理的分工、高效的协调配合、严格的绩效考核考评和适度的控制措施等。

(一) 全面预算管理的主要特点

全面预算管理的主要特点体现在"预算"与"全面"上。"预算"是一种系统方法，用来科学合理分配企业的时间、信息、技术、人力、物力、财力等财务资源和非财务资源，以实现企业在未来一定时期的预定目标。预算有利于监控目标的实施进度，有助于控制开支，优化开支结构，预测未来一定时期的收入、现金流量及利润水平。"全面"有三层主要含义：一是所有的经济业务事项及所有的业务环节，包括决策、执行、监督、事前、事中、事后等都要纳入预算管理过程和预算管理体系；二是所有的部门、单位和岗位都要纳入预算管理体系；三是所有的人员，包括高层、中层和基层人员都要纳入预算管理体系。

(二) 健全完善财政性科研项目经费管理和使用制度应遵循全面预算管理理论

目前，我国财政性科研项目（前补助、竞争性）除了少数项目试点采用"包干制"管理方式外，绝大多数项目采取"预算制"管理方式，即要求事前编制经费预算、事中执行预算、事后进行决算（检查预算执行情况），这些流程与全面预算管理主线相吻合。比如，财政部和科技部联合制定发布的《国家重点研发计划资金管理办法》，即财教〔2021〕178号文件规定，"重点专项实行概预算管理，重点专项项目实行预算管理"。中共中央办公厅和国务院办公厅联合制定发布的《关于进一步完善中央财政性科研项目资金管理等政策的若干意见》即中办发〔2016〕50号文件规定，"根据科研活动规律和特点，改进预算编制方法，实行部门预算批复前项目资金预拨制度，保证科研人员及时使用项目资金"。因此，遵循全面预算管理理论是现行制度的要求。此外，遵循全面预算管理理论才能使得财政性科研项目（特别是重大科研项目）经费预算在编制方法上更为合理、在内容上考虑更为全面、在预算执行与考评上更具有针对性，在尊重科研规律及提高科研人员积极性的基础上，使财政性科研项目经费管理和使用制度更加科学合理。

九、会计信息披露理论

会计信息披露制度起源于企业所有权与经营权相分离和委托代理关系的形成。西方会计信息披露有三个基本理论，包括新古典理论、规范理论和实证理论。新古典理论是一种达到了完全市场竞争均衡状态的理论，规范理论偏向于强调政府对会计信息披露的干预，实证理论偏向于强调市场在会计披露中的作用。随着我国资本市场的建立和发展，会计信息披露理论也得到了进一步发展。

（一）会计信息披露的目的

会计信息披露有三个主要目的。一是为了满足使用者进行相关决策的需要。会计信息的使用者包括政府部门、投资者、潜在投资者、债权人、银行和社会公众等，这些使用者都需要利用会计信息来进行某些方面的决策。比如，政府部门需要使用会计信息制定宏观经济政策、产业政策、税收政策、财政政策、信贷政策等；投资者需要使用会计信息了解企业生产经营活动和财务活动状况，以便做出是否继续持有公司股票的决策；潜在投资者需要使用会计信息分析了解公司是否有发展潜力及发展潜力有多大等，以便做出是否购买公司股票的决策；债权人需要使用会计信息了解企业信用状况，以便制定信用政策，做出信用决策；银行需要使用会计信息了解企业的偿债能力，以便做出是否发放贷及发放贷款额度的决策；社会公众需要使用会计信息了解企业履行社会责任及产品质量状况等，以便做出是否购买其产品的决策。二是为了规范企业行为。"阳光是最好的防腐剂"就是强调公开透明的作用。通过会计信息披露，倒逼企业依法依规开展生产经营活动，不损害其他利益相关方的合法权益。三是为了维护社会主义市场经济秩序。所有的企业等市场主体都能遵纪守法，社会主义市场经济秩序就有可能得到维护。

（二）会计信息披露的质量要求

会计信息披露的质量要求主要包括真实性（客观性）、完整性、及时性、有用性等多个方面。真实性强调会计信息要如实反映企业财务状况、经营成果和现金流量信息。"如实反映"即实际情况怎么样就怎么样反映，不要歪曲客观事实。真实性是会计信息的灵魂，是最基本的质量要求，是其他质量要求的前提。完整性强调披露的会计信息要全面，既凡是影响股票价格波动等使用者决策需要的信息都应该披露，不要刻意隐瞒。及时性是指会计信息应该在规定的时间内披露，不得往后拖延。有用性强调披露的会计信息要满足使用者的需要。

(三) 会计信息失真及原因

会计信息失真是会计信息披露中存在的最主要问题。会计信息失真是指一些上市公司向会计信息使用者提供不真实的会计信息，主要形式有：虚构经济业务，篡改会计数据，高估资产、低估负债、高估收入、低估成本费用、编造假账假表、虚盈实亏、虚亏实盈等。会计信息失真的原因很多，也很复杂，有公司方面的原因，有经理层的原因，也有财务会计人员的原因。比如，公司方面出于提高股价、筹集资金以及并购重组等原因而造假，经理层因为业绩考核没有达到要求而造假，财务会计人员因受到经理层的压力、不遵守职业道德等原因而造假等。诚实守信是市场经济的基石，会计信息失真是不讲诚信的体现，会计信息失真不仅会误导信息使用者的决策，而且会扰乱社会主义市场经济秩序，影响经济高质量发展。

(四) 政府应加大对会计信息披露的干预

会计信息具有公共产品属性，政府应通过健全完善会计准则体系等会计法律法规体系和其他方面的法律法规体系，对会计信息披露的质量要求做出明确规定。对于需要财务会计人员进行专业判断的一些会计处理方法，提供基本的专业判断指引。应加强对财务会计人员的职业道德和法律法规知识教育，促使财务会计人员自觉遵守会计准则等会计处理规范和法律法规规定。同时，应完善审计准则体系等监督体系，建立公众参与监督的机制，加强对会计信息披露的审计监督及相关监督，对于发现的会计信息失真行为进行严肃处理。

（五）健全完善财政性科研项目经费管理和使用制度应遵循会计信息披露理论

目前，我国对财政性科研项目信息公开披露有一定共识，即除了涉及国家机密、国家秘密和国家绝密信息之外，应公开披露相关信息，接受社会各界监督，以便把相关工作做好。比如，财政部与全国哲学社会科学规划领导小组联合制定发布的《国家社会科学基金项目资金管理办法》，财教〔2021〕237号文件规定，"项目资金管理建立信息公开机制。项目责任单位应当在单位内部公开项目预算、预算调剂、决算、项目组人员构成、设备购置、外拨资金、劳务费发放以及间接费用和结余资金使用等情况，自觉接受监督"。

但是，对于财政性科研项目信息披露的内容、质量、范围和时间等都没有明确规定，造成一些相互矛盾的现象，影响到信息披露作用的发挥。比如"在单位内部公开"不利于公众媒体等社会各界获得相关信息，影响到社会监督初衷和效果，也不利于各单位之间相互学习借鉴先进做法。因此，健全完善财政性科研项目经费管理和使用制度应遵循会计信息披露理论，把完善科研项目信息披露作为健全完善制度的一项重要内容，既要调动科研人员积极性，也要接受项目主管部门、有关政府部门及社会各界的监督。

十、其他相关理论

财政性科研项目经费管理和使用除了必须遵循人力资本理论、委托代理理论、公平理论、综合激励理论、财政监督理论、内部控制理论、全面预算管理理论和会计信息披露理论等理论外，还必须遵循其他相关理论，如绩效管理理论、协同理论、项目管理理论、财务共享理论、减税降费理论等，这些理论对完善财政性科研项目管理和使用制度也具有一定的推动和促进作用。比如，运用绩效管理理论有利于解决财政性科研项目经费管理和使用中科研人员科研绩效不高的问题，运用协同理论有利于解决科研项目经费管理和使用中有关部门和人员各自为政导致服务不到位的问题，运用减税降费理论可以为减轻科研人员税收负担提供理论支撑等。

本章主要参考文献

[1] 马克思恩格斯全集第 1 卷［M］. 人民出版社，1956.

[2] 高珊珊等. 科研项目人员经费改革：发达国家的经验与启示［J］. 财政监督，2018（18）：82－89.

[3] 林芬芬等. 美国国立科研院所和高校科研人员薪酬制度现状及启示［J］. 科技管理研究，2017（13）：107－110.

[4] 靳占忠，乾亚东. 高校科研项目人力资本补偿研究［J］. 高等农业教育，2016（2）：3－7.

[5] 李枫等. 基于委托代理理论的高校科研经费管理问题研究［J］. 北京邮电大学学报（社会科学版），2015（3）：106－110.

[6] 武静云. 科研人员激励机制研究综述［J］. 中外企业家，2017（36）：189－190.

[7] 沙磊. 论科研人员的多元化激励［J］. 劳动保障世界，2017（6）：4－7.

[8] 郭佩惠等. 论马克思主义公平正义理论内涵的整体性［J］. 凯里学院学报，2021（4）：1－7.

[9] 陈亮. 公平理论的多维视角分析［J］. 浙江工业大学学报（社会科学版），2012（1）：71－76.

[10] 焦蕊. 我国内部控制理论研究成果的回顾与展望［J］. 中国管理信息化，2020（5）：40－42.

[11] 张月玲等. 我国政府会计信息披露理论体系构建——由"三公经费"引发的思考［J］. 行政事业资产财务，2012（5）：7－10.

[12] 陈慧香. 从理论到实践：探析全面预算管理的核心理念［J］. 航空财会，2020（3）：27－31.

[13] 杨雪婷. 公共产品理论回顾、思考与展望［J］. 中国集体经

济，2020（33）：89-90.

[14] 王同新. 马克思公共产品理论及其现实启示［J］. 闽江学院学报，2014（6）：34-39.

[15] 余斌. 西方公共产品理论的局限与公共产品的定义［J］. 河北经贸大学学报，2014（6）：5-6.

[16] 王锵，马蔚蔚. 新形势下高校科研管理工作探析［J］. 科技与创新，2020（6）：102-103.

[17] 罗宇辰. 浅析高校科研项目资金"放管服"改革难题及对策建议［J］. 山西财税，2021（1）：28-31.

[18] 柯秋胜. 关于科研经费"放管服"措施的若干思考［J］. 行政事业资产与财务，2018（19）：36-38.

[19] 张贻旺、全承相. 新时代财政监督功能定位转型的理论思考［J］. 财政监督，2019（19）：64-67.

[20] 欧阳卫红. 财政监督顶层设计应关注的几个理论问题［J］. 财政研究，2012（8）：9-12.

[21] 柳光强. 公共财政下的财政监督理论研究与实践探索——财政监督理论与实践研讨会综述［J］. 财政研究，2009（9）：78-80.

[22] 蔡灿庭. 推进财政监督机制及理论创新［J］. 财政监督，2011（18）：35.

[23] 刘熙. 试议财政监督制度的理论基础与发展趋向——基于公共部门交易费用视角［J］. 财政监督，2019（19）：66-70.

[24] 谢文华. 财政监督顶层设计理论问题阐述［J］. 财会学习，2018（13）：87.

[25] 丁立芹. 财政监督的理论分析与改革探讨［J］. 财经界，2015（30）：1, 13.

[26] 付晔、孙巧萍. 科研经费使用行为的关键影响因素分析［J］. 科学学研究，2017（5）：729-736.

[27] 李春阳. 协同理论视角下的高校科研经费管理［J］. 教育财会研究，2018，29（3）：57-61.

[28] 祁旭辉、郭长安. 高校科研经费协同监管机制建设的探讨

[J]．中国集体经济，2019（2）：69－70．

［29］霍宇同，徐治立．论科研经费使用问题产生的权利配置结构因素［J］．中国科技论坛，2021（3）：28－35．

［30］孙连刚．科研人员违规套取科研经费行为的司法认定——从法益保护视角切入［J］．北方法学，2021（4）：90－102．

［31］于洋，马琳娜，魏益凡．科研经费使用权限放宽对高校科研工作的促进作用［J］．中国管理信息化，2021（6）：236－237．

［32］傅扬．科研经费"放管服"背景综述和展望［J］．行政事业资产与财务，2021（12）：34－35．

［33］赵永新．让科研经费更好为科研服务［N］．人民日报，2021－08－04．

［34］薛媛．财务共享理论在央企特殊资金管理与控制的应用分析［J］．财政监督，2012（8）：9－10．

［35］蔡立辉．政府绩效管理理论及其实践研究［J］．学术研究，2013（5）：32－40，159．

［36］胡海燕．人力资源的绩效管理理论研究［J］．中外企业家，2014（8）：103－104．

［37］王海燕．人力资源的绩效管理理论探究［J］．管理观察，2014（10）：106－108．

［38］杨华．绩效管理理论在企业当中的应用分析［J］．人力资源，2019（4）：73－74．

［39］尤建新、曹颢、郑海鳌．国内外科技项目绩效管理理论研究述评［J］．科技与管理，2009，11（5）：43－45．

［40］卢黎．基于协同理论的高校科研经费管理探析［J］．会计师，2014（13）：76－77．

［41］齐天、李学伟、李静．协同理论视角下高校科研经费内部控制存在的问题及对策［J］．财务与会计，2020（7）：74－75．

［42］王颖昕、海尔瀚．基于现代项目管理理论的科研项目流程管控［J］．企业改革与管理，2018（9）：16－17．

［43］曹青．基于项目管理理论的高职院校科研经费管理［J］．科

技展望，2016，26（10）：352.

［44］张文泉. 现代项目管理理论及应用［J］. 设备监理，2017（1）：22-26.

［45］袁于飞. 科研经费管理再改革 加大激励力度，扩大项目管理自主权［N］. 光明日报，2021-08-16.

［46］王凯、李亮. 习近平"发展21世纪马克思主义"战略综论［J］. 广西社会科学，2020（9）：1-6.

［47］韩强、王野. 创新完善党的建设学科理论体系研究［J］. 中共宁波市委党校学报，2020（6）：65-71.

［48］何齐宗. 现代外国教育理论（第1版）［M］. 北京：高等教育出版社，2012.

［49］李振福、李诗悦. 新型国家实力观："通实力"的源起、理论框架和核心观点［J］. 创新，2021（6）：45-61.

［50］颉茂华. 管理会计理论框架及其要素的构建［J］. 财会通讯·学术，2005（5）：10-15.

［51］王棣华. 构建三位一体企业财务管理理论框架［J］. 会计之友，2015（7）：8-11.

第三章

发达国家财政性科研项目经费管理和使用经验及借鉴

发达国家之所以发达,从表面上看主要是经济发达和综合实力较强,其背后的深层次原因是科技进步所带来的劳动生产率的提高,导致国家经济竞争力的提高和综合实力的增强。科技进步背后的深层次原因是有比较科学合理的科技政策,其中包括财政性科研项目经费管理和使用政策。

本章分析美国、英国、德国和日本四个发达国家财政性科研项目经费管理和使用的主要经验,为我国完善财政性科研项目经费管理和使用制度提供借鉴。特别需要强调的是,除了美国、英国、德国和日本四个发达国家外,世界上其他国家,包括发达国家和发展中国家,只要有好的经验,我们都应该学习、借鉴,吸收人类文明的一切成果,为我所用。

第一节 发达国家财政性科研项目经费管理和使用经验

一、美国财政性科研项目经费管理和使用经验

(一) 财政性科研经费的二次分配

科研机构一般通过竞争性方式和非竞争方式获得财政性资金资助,

这与美国联邦政府科研经费分配方式有关。吴卫红等（2017）认为，"纵向上看，美国联邦政府科研经费的配置主要分为两个阶段：初次分配和二次分配。"

第一阶段是初次分配。联邦政府通过预算管理这一非竞争性方式，将 R&D 经费分配给各联邦部门的过程称为美国联邦科研经费的初次分配，其在源头上直接决定了美国下一财年科研经费的配置方向和数量。初次分配不涉及外部竞争因素，但要求各部门严格按照美国行政管理和预算局（OMB）发布的通告来编制其科研经费预算，如果预算编制质量不高，预算评价结果较差，那么，未来获得的预算可能会被减少。作为初次分配对象的联邦政府部门包括国立卫生研究院（NIH）、国家科学基金会（NSF）、国防部（DOD）、卫生与公众服务部（HHS）、能源部（DOE）、国家航空航天局（NASA）、教育部（DOED）、农业部（United States Department of Agriculture，USDA）、商务部（Department of Commerce，DOC）以及其他一些联邦部门等，这些部门都拥有一定的科技管理职能。

第二阶段是二次分配。政府各部门对联邦科研经费的执行是二次分配的过程，其通过非竞争性方式和竞争性方式资助科研机构、大学和企业的研发活动。一般来说，对于科研机构和大学承担的基础研究以及国立科研机构承担的项目和计划多以非竞争性资助为主，实行预算管理，政府直接拨款，一般将经费分配到首席研究员所在科研机构，例如，美国对其国家重点实验室的专项拨款（earmarks）就是典型的非竞争性经费，这种拨款包括运行费和科研费的固定项目经费。竞争性资助是政府部门分配其联邦科研预算的主要方式。对于这类经费，政府部门一般会为每个申请机构设立专门的资金账户，然后将经费一次或多次拨付到有关成功申请项目的机构账户中，该机构按预算支配并执行其所获得的科研经费。在竞争性分配过程中，同行评议是政府部门广泛使用的立项方式。NSF 和 NIH 等部门大多通过这一方式分配其所管理的科研经费。一般形成预算法案后，联邦政府各部门会根据本部门科研管理职责和目标制定相应的科技计划或设置科研基金，并根据其需要公布项目指南，包括研究领域、要求及资助额，研究者提交申请方案后，部门项目管理机构会组织相关领域的科学家，以同行评议的方式对项目方案进行评审，然后择优以赠款（grant）、合作协议、合同以及成本分担的方式拨款资助。

（二）财政性科研经费管理和使用规范

除了《联邦采购法》《国家竞争力技术转让法》《技术卓越法》等国家层面的法规之外，OMB 发布了一系列公告，对科研单位承担科研项目时科研经费的管理和使用进行规范。

与非营利组织有关的主要包括《资助高校、医院和其他非营利组织的统一管理要求》（OMB Circular A-110）、《教育机构成本准则》（OMB Circular A-21）、《非营利组织成本准则》（OMB Circular A-122）和《州、地方政府和非营利组织的审计规范》（OMB Circular A-133）4个，这些公告明确说明，除非有联邦法令或美国总统的行政命令，否则任何联邦部门都不允许在经费资助过程中对资助对象附加额外的、与通告不一致的要求。Circular A-110 对资助要求、收益处置、经费调整、资助终止等内容进行规范。Circular A-133 主要面向审计工作。Circular A-21 和 Circular A-122 属于成本通告，对成本列支范围进行了详细规定。在适用范围上，4个通告各不相同。Circular A-110 适用于高校、医院等非营利组织。Circular A-133 适用于非营利组织和政府机构。Circular A-21 仅适用于教育机构。Circular A-122 则适用于教育机构之外的其他非营利组织。

针对州、地方和印第安部落的成本准则是 Circular A-87 通告。此外，OBM 还发布了适用于商业组织的成本准则。除了 OMB 发布的有关科研经费使用的公告外，NSF 等各资助方也制定了一些与其资助项目相关的科研管理和使用政策，承担项目的科研机构也结合自身需要制定了一些科研经费管理和使用政策。

（三）财政性科研项目经费预算编制

财政性科研项目要求编制经费预算，反映项目成本构成情况，包括直接成本（direct cost）和间接成本（indirect cost）。经费预算编制须遵循 OBM 公告、A-21 公告、A-122 公告、资助方的经费管理和使用政策以及项目指南的要求。根据 A-21 公告和 A-122 公告规定，直接成本与间接成本包括下列内容：

直接成本。包括薪酬、设备费、材料及消耗品费、差旅费、计算机服务费、咨询服务费、参与者的支持费用、出版、文件编制及宣传费，其他直接成本。其中，工资薪金与福利费是项目聘用人员及项目研究人员可以开支的部分。设备费是单位成本 5000 美元以上和使用寿命 1 年以上的设备费用。差旅费包括国内出差和国外出差两部分。计算机服务费是因科研工作需要由第三方提供的专业服务。咨询服务费是因科研工作需要由第三方提供的服务，第三方不得包括 NSF 的雇员。其他直接成本都与科研工作直接有关。直接成本中绝大部分会用于项目研究人员及聘用的博士等人员经费，用于"物"的直接成本实际上只占很小一部分。

间接成本。包括设施成本和管理成本。设施成本包括折旧和使用费、利息、运行和维护费用、图书馆支出。管理成本包括一般性行政管理费、院系管理费、项目管理费、学生管理和服务费、其他费用。

二、英国财政性科研项目经费管理和使用经验

（一）双重资助体系及霍尔丹原则

英国政府主要通过三个渠道来分配科研经费，分别是英国研究理事会总会（UK Research Councils，RCUK）、高等教育拨款委员会（HEFCs）和政府各部门。其中，大部分科研经费是由两个"非政府部门的公共机构"（non-departmental public bodies）英国研究理事会总会（RCUK）和高等教育拨款委员会（HEFCs）进行分配，这就是著名的"双重资助体系"（dual support system）。双重资助体系的预算纳入英国商业、创新和技能部（BIS）的年度预算，是英国政府科研经费的核心部分。

BIS 在英国政府科研经费预算的制定和分配中发挥了极其重要的作

用。由 BIS 所控制的双重资助体系有效保障了科研活动投入的持续和高效。其中，英国研究理事会归口管理的科研经费是通过项目的方式进行资助，属于竞争性经费；高等教育拨款委员会掌握的科研经费则属于稳定性支持。

BIS 是国家层面科技事业管理的核心机构，掌管大部分年度财政性科研经费。BIS 科研经费管理的执行机构是 HEFCs 和 RCUK（其成员有7 个，称为 RC）。HEFCs 为大学提供资金，维持基本的科研基础设施和科研能力等，资助大学和其他教育机构开展各种科研活动，这些资助属于稳定性科研资助。RCUK 以计划或项目形式，通过公开竞争方式，确定对高等学校和其他科研机构的资助，这些属于竞争性财政科研经费资助。7 家 RC（研究理事会分会）实际上成了政府职能的"延伸"。目前，英国财政科研经费资助的具体项目遵循"霍尔丹原则"，即资助哪些具体研究项目由业内专家决定。遵循"霍尔丹原则"的主要目的是：一方面要考虑社会公共需求；另一方面要考虑到科研活动的复杂性和专业性。

（二）完全经济成本核算（FEC）

作业成本法（ABC）的基本原理是在确定某一项具体成本费用项目的同时要求明确产生该项成本费用的动因，再按照不同的动因分配各项费用，最后计算产品成本。在工业企业制造费用（多个明细费用项目，如生产车间发生的修理费、折旧费、照明费、差旅费、办公费、水电费等）的分配中，按照成本动因归集和分配各项制造费用，可以提高成本分配的准确性。FEC 引入了企业成本核算中的 ABC 核算原理，对科研机构包括直接成本和间接成本在内的所有成本进行分析，直接发生成本根据实际需要计算，直接分配成本和间接成本则先通过成本动因将成本归集到学术部门，再归集到科研、教学及其他业务活动中。

FEC 是一种精细化的成本核算和管理方法。对于科研项目资助方而言，有利于分析判断项目申报书中成本预算的科学性和准确性，合理确定资助金额，提高财政性资金资助的效率性和公平性。对于承担科研项目的高校等机构而言，有利于获得合理的间接成本补偿，避免因承担科研项目而挤占单位其他资金的现象，减少单位的资金压力，有利于单位科研活动能力的持续化，同时有助于掌握不同科研项目、科研人员科研活动进展及科研经费使用情况。对于承担科研项目的科研人员而言，有利于树立成本意识，科学合理使用科研资助经费，提高科研经费使用效率，避免浪费。

（三）绩效评价机制

为确保财政性科研经费不被低效使用及违法违规使用，进而符合"物有所值"的原则，英国对财政资助科研项目建立了绩效评价机制。主要包括政府管理部门对RC的评估、RC自我评估以及RC对科研项目承担机构和科研项目研究进展、经费使用状况的评估。政府管理部门对RC的评估，即BIS对RC开展不定期的整体性或专项性的工作评估检查，目的是考察有关RC的业务功能、组织结构、法定职责履行、财务管理、行政管理等方面是否履行了国家赋予的职能定位。同时，作为主要依靠国家财政性资金拨款维持运行的公共机构，RC每年必须接受国家审计署或其委派机构的审计。此外，BIS还有权力和责任对RC开展某个方面的专项评估检查。

RC自我评估是RC为了履行好自身职责而建立的一套机制。RC通常通过建立评价体系来对自身工作进行测评。比如，生物技术和生物科学研究理事会（BBSRC）创建了一套评估框架，以指导对所资助的研究活动进行定期或不定期的评估。框架对评估目的、原则、方法和领域进行了总体设计，并对未来2~3年的评估活动进行了安排，评估范围包括资助项目评估、经费评估、科学领域评估、关键领域评估、资助项目后评估，等等。

RC对科研项目承担机构和科研项目的评估机制。按照规定，RC拥有对资助项目进展情况的核查权。RC规定资助经费使用需按直接发生成本、直接分配摊费用、间接费用、例外费用列支，并对每一项费用进行详细规定。

（四）接受公众监督

由于财政性科研项目资金来源于政府财政资金资助，是纳税人的钱，所以，英国规定这些项目的信息，包括经费资助金额、经费使用情况等应接受新闻媒体等公众监督，保证社会公众的知情权。项目主管部门必须通过政府网站公开立项项目的相关信息，科研单位和项目负责人应如实提供项目研究情况和科研经费使用情况的信息，让有希望了解情况的公众能够查询得到。

三、德国财政性科研项目经费管理和使用经验

（一）不断优化财政性科研管理体制

德国联邦政府科研管理部门有联邦教研部（Bundesministeriums für Bildung und Forschung，BMBF）、联邦经济与能源部、联邦农业部、联邦交通部、联邦环境部、联邦卫生部、联邦内政部、外交部等有关政府部门。这些政府部门通过主管的科技计划履行科技管理职能，如BMBF主管的"安全研究计划"、联邦经济与能源部主管的"第6能源研究计划""风险资本补助计划"，联邦农业部主管的"生物经济政治战略"等。

BMBF是主管教育和科学研究的最主要的联邦政府部门，总体负责联邦政府的年度科技教研预算草案的编制、协调与汇总工作，并在联邦议会的审议过程中负责科技教研预算草案的答辩。科研经费预算经内阁讨论通过，提交议会，议会按照严格程序对科研经费财政预算和财务决算进行审议，审议通过后方可实施。经批准的预算一般不再变动。如需变动，也必须经过议会的严格审查和批准。BMBF可以指导专业机构的研究工作，但是无权向专业机构下达科研任务。

德国高度重视科研投入。2019年度为大学以及研究机构下达超过1600亿欧元各类跨年度项目研究资金。BMBF是支配财政性科研经费的主体，2020年的研发预算达183亿欧元，将创历史新高。从研发经费预算执行部门看，BMBF支配联邦政府层面近60%的研发经费，2016年达到94.5亿欧元，其他10余个联邦部门的支配比例约占40%，其中，联邦经济与能源部负责创新政策和产业相关研究，管理能源和航空

领域的科学研究以及面向中小企业的科技计划，约占总经费的20%；联邦农业部、交通部、环境部等管理与本部门职能相关的科技计划，约占总经费的8%。虽然高校和科研机构等对公共财政所拨的科研经费在管理和使用上按照国家和州政府的相关规定以及批准的预算严格执行，教研部不再安排专门的人员和机构进行经费使用上的检查，但是教研部对高校和科研机构的科研经费具有宏观调控和统筹分配决策权。

由联邦政府与州政府通过公约形式共同资助科研活动是德国财政性科研经费配置的重要特征。2005年6月由德国联邦和州两级政府达成的《研究与创新公约》强化了联邦政府和州政府之间的合作，加强大学外科研机构的研究和创新，并为来自全球的最优秀科研人员提供优越的工作条件，增强科技创新国际竞争力。2019年6月，经德国联邦政府和各州共同签署后生效的《研究与创新公约Ⅳ》（Pakt für Forschung und Innovation Ⅳ，PFI Ⅳ），成为影响未来10年（2021~2030年）德国科学研究至关重要的大型资助计划。该公约是联邦和各州政府于2005年缔结《研究与创新公约》以来进行的第四次更新，旨在促进科学研究动态发展、加强科研成果转移转化、深化科研网络体系建设、吸引和留住顶尖科研人才以及加强科研基础设施建设。该公约适用于德国研究基金会（Deutsche Forschungsgemeinschaft，DFG）和四大非高校研究组织：弗劳恩霍夫协会（Fraunhofer - Gesellschaft，FhG）、亥姆霍兹联合会（Helmholtz - Gemeinschaft，HGF）、莱布尼兹联合会（Leibniz - Gemeinschaf，WGL）和马克斯—普朗克学会（Max - Planck - Gesellschaft，MPG）。根据公约内容，2021~2030年，各机构的经费每年将增加3%，涉及总计约1200亿欧元的科研经费支持。

（二）依托科研管理专业机构进行科研项目管理

经过40多年的发展，目前，德国有10多家科研管理专业机构，分别主管不同专业领域的科研项目。例如，德国航空航天研究中心（DLR）主要管理信息、环保、文物保护和健康方面的项目。于利希研究中心（FZJ）主要管理生命科学和生物经济、能源、材料技术、可持续和气候保护、地球系统、航运和海洋技术方面的项目。卡斯鲁厄研究中心（FZK）主要管理先进制造和水处理技术方面的项目。德国电子同步加速器研究所（DESY）主要管理利用大型设备的基础研究项目，如基本粒子、浓缩物质等方面的项目。可再生原料专业管理机构（FNR）主要管理可再生资源方面的项目。德国联邦工业合作研究会（AIF）主要管理光电技术、材料技术和生命IT领域方面的项目。设备和反应堆安全协会（GRS）主要管理核反应堆安全、化学废物安全处理、辐射安全和地热信息系统等方面的项目。VDE技术中心主要管理电气工程、纳米材料和光电方面的项目。VDI/VDE创新技术有限公司主要管理纳米材料和光电技术方面的项目。科研管理专业机构的职能不仅仅是项目过程管理，而且还在项目形成阶段、发布、申报阶段等环节提供其他大量的专业化服务。

（三）基于"零基预算"的财政性科研项目经费预算编制

德国联邦政府的财政性科研项目，由科研管理专业机构及有关政府部门通过公开方式向社会公布，高校、科研院所等各类科研机构可根据自身研究特长自由申请，由相关学科领域专家对项目申请书进行科学评审，对拟资助的领域项目进行社会公示，接受各方反馈意见。科研机构中标后，项目负责人应向专业机构或主管部门提交实施步骤和项目经费预算，经主管部门审查批准后，签署具有法律效力的执行合同。德国财政性科研项目经费预算编制一般采用零基预算法，有自上而下或自下而上两种方式。

四、日本财政性科研项目经费管理和使用经验

（一）日本公共科研机构体系

日本公共科研机构体系主要由公共科研机构和国立、公立大学组成。公共科研机构包括国立、公立科研机构、独立行政法人和特殊行政法人科研机构。这个体系中的大部分是专门从事研发的执行机构。另外一部分机构的工作职能主要是承担管理国家财政性科研经费的任务。独

立行政法人和特殊行政法人是当前日本科研机构中承担国家战略任务的最主要力量。在推动日本成为世界科技上，日本公共科研机构体系发挥了不可替代的作用。

JSPS（日本科学技术振兴会）是日本主要的科研经费拨款机构和执行机构，其定位是由政府提供预算的非政府组织、非营利组织的"特殊法人"，倡导学术导向、学术自由，超越社会、行政、市场的逻辑，保持学术的独立性和权威性，用学术的逻辑进行科研立项、分配、审批、评价。日本政府近年来不断把科研经费的管辖权向JSPS转移，JSPS在资源配置上保证科研资源更多倾向于求知导向型研究，尤其是基础研究、新领域的探索研究等。课题申请主要以自主设计为原则，不规划具体研究方向，充分体现科学发展的不可预测性，重视研究的首创性、自主性。

日本竞争性科研经费的配置采用跨部门研发管理系统完成。该系统由日本文部科学省牵头，内阁府、总务省、文部科学省、厚生劳动省、农林水产省、经济产业省等多部门沟通协作、信息共享。包括拨款部门、政策制定部门、研究机构、研发及管理人员在内的跨部门研发管理系统的使用者，通过该平台实现信息共享，便于政策制定部门统筹全国科研政策，拨款部门实现经费配置效益最大化。跨部门研发管理系统中记录了所有科研数据，包括研究人员姓名、所属部门、研究内容、研究期限、经费预算等，有效避免了经费配置过程中的重复配置或过度集中配置，以及信息不对称和暗箱操作。

（二）科研机构的科研经费分类

日本科研机构的科研经费主要分为3类，即运营交付金（运营补助金）、竞争性研究经费和其他收入（来自企业的横向科研经费、知识产权转让收入、咨询服务收入等）。竞争性研究研究经费一般分为直接经费和间接经费。科研项目经费预算中与"人员费"有关的支出科目是人件费和谢金。谢金相当于我国的专家咨询费和劳务费。

（三）科研经费管理和使用的内部控制制度

21世纪以来，日本连续发生了一些科研不端事件。比如，日本旧石器文化研究所的考古造假事件、小保方晴子STAP细胞事件、东京大学原教授秋山昌范涉嫌骗取约2200万日元（约合143万元人民币）研究经费等。这些科研不端事件促使文部科学省和研究机构制定了一系列规章制度，从法律和政策层面加强科研不端行为治理。大学则根据全国纲要性文件加强科研诚信建设，完善科研经费管理和使用制度。

第二节 发达国家财政性科研项目经费管理和使用经验借鉴

美国、英国、德国、日本等发达国家财政性科研项目经费管理和使用模式各不相同，各有特点，对于推进各自国家成为世界科技强国起到了一定的促进作用。我国应借鉴发达国家在财政性科研经费资助体系建设以及科研经费申请、使用、管理、监督、绩效考核等方面的成功经验。

一、深化改革，优化财政性科研项目经费资助体系

运用国家财政性资金资助科研活动是世界各国的惯例，但是，应该资助哪些科研活动、资助多少、怎样资助等并没有一个通用的标准。美国、英国、德国、日本等发达国家是通过不断的改革探索，才形成相对合理的财政性科研经费资助体系。新发展阶段，我国应继续通过深化改革优化财政性科研经费资助体系，使财政性资金在推动国家科技进步、实现科技自立自强上发挥重大作用。

（一）优化对加快构建关键核心技术攻关新型举国体制的经费资助

所谓举国体制，就是在特定领域实现国家意志的一种特殊制度安排。中华人民共和国成立以来特别是改革开放以来，我国先后在两弹一星、载人航天、高速铁路、探路工程、北斗导航等重大科技创新领域取得了举世瞩目的成果，靠的就是集中力量办大事的举国体制。同计划经

济体制下的举国体制相比，新型举国体制是面向国家重大战略需求，通过政府力量和市场力量协同发力，凝聚和集成国家战略科技力量、社会资源共同攻克重大科技难题的组织模式和运行机制，其特征是充分发挥我国制度优势，并综合运用行政和市场的多种手段，尊重科学规律、经济规律和市场规律。

发达国家在国防安全领域、事关国家发展全局和战略高技术领域，从未中断过举国体制这样的制度安排。比如，美国的曼哈顿计划（Manhattan Project）、国家信息基础设施（National Information Infrastracture）等，日本的超大规模集成电路计划（VLSI）、欧洲的尤里卡计划（Eureca Program）等。

从必要性看，关键核心技术攻关必须通过健全新型举国体制来破解。因为，关键核心技术攻关不仅具有重要性和紧迫性，而且具有复杂性，攻关难度大、周期长、风险高，既存在市场失灵，又存在政府失灵，单独依靠市场或政府力量很难完成任务，必须举全国之力，调动各方面力量集中攻关才能完成。从可行性看，我国具有集中力量办大事的制度优势，通过健全新型举国体制来攻克关键核心技术难题是可行的。从国际惯例看，通过健全新型举国体制来攻克关键核心技术难题符合国际惯例。破解"卡脖子"难题，实现科技自立自强，必须加快构建社会主义市场经济条件下关键核心技术攻关新型举国体制，在国家财政性科研经费资助体系中优化资助力度。

（二）强化对国家战略科技力量的经费资助，更好发挥其在健全新型举国体制中的作用

从实施主体看，新型举国体制的实施主体包括国家战略科技力量和其他科技力量。党的十九届五中全会提出"强化国家战略科技力量"，其目的就是要在健全新型举国体制中更好地发挥国家战略科技力量的作用。国家战略科技力量是在重大创新领域由国家布局支持，具有基础性、战略性使命的科技创新"国家队"，是体现国家意志、服务国家需求、代表国家水平的"科技王牌军"。国家战略科技力量的主体主要包括国家实验室体系、国家重点实验室体系、国家工程研究中心、国家技

术创新中心、国家科学数据中心等承载国家使命的国立科研机构。

从世界科技强国提升科技实力的途径看，国家战略科技力量发挥着重要作用。比如，美国通过组建国家实验室，开展基础性、前沿性和战略性的跨学科研究，并不断完善相关制度，从事武器研发、能源、信息、材料等重大科学研究，产生了互联网、核电、质子加速器等诸多颠覆性技术，引领世界科技发展。日本通过立法形式明确了国立科研机构的独特地位和治理机制，使其成为重大科技创新的主要力量，日本理化实验室完成 AVF 回旋加速器、X 射线激光 60 米样机等。德国组建了以亥姆霍兹国家研究中心为代表的国家战略研究机构，从事国家重大科研任务，推动国家科技发展。

从中华人民共和国成立以来我国在两弹一星、空间站、载人潜水器、射电望远镜、科学实验卫星、大飞机等项目取得的重大成就看，国家战略科技力量发挥了重大作用。但是，与世界科技强国相比，我国在国家战略科技力量的组建、运行、管理、作用发挥等方面还存在差距。

强化国家战略科技力量在健全新型举国体制中的作用就是要在科技供给侧发挥国家战略科技力量的更大作用，以弥补地方科技力量、民间科技力量、企业科技力量等其他科技力量的不足，提供更多其他科技力量无法提供的涉及国家安全、国计民生、构建新发展格局等急需的高质量科技成果。

首先，应做好顶层设计，搞好国家战略科技力量的主体建设。"工欲善其事，必先利其器"。国家战略科技力量通过其主体的作用发挥出来，应按照权责明确、管理科学、运行高效的原则重塑国家战略科技力量的主体。

其次，正确处理国家战略科技力量主体之间的关系及国家战略科技力量的主体与其他科技力量的关系。新型举国体制需要集中攻关的往往是涉及多主体参与的重大科技项目（专项），不仅需要各种国家战略科技力量主体之间协同配合，而且还需要借助其他科技力量协同攻关、扬长避短、优势互补才能完成。基于"国家队"地位，国家战略科技力量应更加主动作为，组织协调好其他科技力量共同完成重大科技攻关任务。我国具有集中力量办大事的制度优越性，这个优越性就是具有党中央的集中统一领导。强化国家战略科技力量在健全新型举国体制中的作用就是在关键核心技术攻关中加强党的集中统一领导的体现。

最后，基于国家战略科技力量的重要性及特殊地位作用，国家在人、财、物、政策等方面应加大对国家战略科技力量主体的支持力度。第四，借鉴世界科技强国在国家战略科技力量的主体组建、完善、职能定位、目标、运行及管理等方面的成功经验，为我所用。

（三）加大对基础研究的经费资助力度

习近平总书记指出："基础研究是科技创新的源头。我国基础研究虽然取得了显著进步，但同国际先进水平的差距还是很明显的。我国面临的很多'卡脖子'技术问题，根子是基础理论研究跟不上，源头和底层的东西没有搞清楚。要加大基础研究投入，首先是国家财政要加大投入力度。"[1] 加大对基础研究的经费资助力度，才有利于实现更多"从0到1"的突破。

过去几年，中央财政及地方各级财政对科技项目投入不断增加，但是仍无法满足科技创新需要。根据2021年度国家自然科学基金项目指南提供的数据，2020年资助面上项目、重点项目、青年科学基金项目、地区科学基金项目、优秀青年科学基金项目和国家杰出青年科学基金项目分别为19357项、737项、18276项、3177项、600项和298项，资助率分别为17.15%、18.95%、16.22%、14.3%、9.47%和7.95%，资助率都不到20%，最低只有7.95%[2]。国家自然科学基金以资助基础研究和科学前沿探索为主，在未被资助的申请项目中也不乏符合国家经济社会发展等各方面需要的科技项目，因没有得到资助而不进行研究对我国科技发展是不利的。目前，我国基础研究投入强度远低于美国、英国、法国、日本等科技强国，因此，新发展阶段应加大对基础研究的资

---

[1] 习近平在科学家座谈会上的讲话，光明网，https://m.gmw.cn/baijia/2020-09/11/34179900.html。
[2] 根据"2021年项目指南"的资料整理计算，国家自然科学基金委员会网站，http://www.nsfc.gov.cn/publish/portal0/tab882/。

助力度。

二、完善科研创新体制机制以提高财政性科研经费使用效率

即使是发达国家，财政性资金对科研活动的资助依然有限。在财政性科研经费有限的情况下，通过完善体制机制来提高科研经费使用效率，进而提高科研创新效率，是发达国家财政性科研经费管理和使用取得成效的重要经验，值得我国借鉴。

（一）完善科研创新体制机制以提高财政性科研经费使用效率的必要性

完善科研创新体制机制的主要目的是通过提供更好的制度供给来提高创新效率，包括科研项目创新效率和国家整体创新效率，前者是针对具体的科研项目而言，后者是针对整个国家而言。改革开放以来，虽然我国综合国力、财政性资金实力等不断增强，但是，民生改善、国家安全、文化教育等方面需要的资金也很多，因此，财政性资金还是很紧张的。根据《中华人民共和国 2021 年国民经济和社会发展统计公报》，2021 年全年全国一般公共预算收入 202539 亿元，一般公共预算支出 246322 亿元，收支缺口为 43783 亿元。资金缺口通过财政赤字、地方政府新增专项债券等来解决。虽然我们强调要增加财政性科研经费投入，但是，实际上投入还是很有限的。因此，必须通过完善科研创新体制机制以提高创新效率，实现少花钱多办事或者花同样的钱办更多的事，使财政科研资金配置更加科学合理、投入产出更有效率。

（二）优化科研经费管理，完善提高科研项目创新效率的体制机制

提高科研项目创新效率主要取决于科研人员的积极性、主动性、创造性，为此应采取下列措施：

一是加大薪酬激励力度。根据《国务院关于优化科研管理提升创新效率若干措施的通知》（国发〔2018〕25 号），应加大对承担国家关键

领域核心技术攻关任务科研人员的薪酬激励。此外，还应加大对其他科研人员的薪酬激励，因为，这些科研人员在国家科技创新中的地位和作用也非常重要。

二是在科研项目经费的绩效支出科目的使用上向贡献突出的科研人员倾斜。

三是深化科研项目经费改革，扩大包干制使用范围、大胆探索采用合同制。包干制是有利于调动科研人员积极性、增强科研人员获得感的一种经费管理和使用制度，目前已经对国家自然科学基金的国家杰出青年科学基金项目进行试点，山东、上海、重庆、广西等地也开展了包干制改革试点，有的省市甚至扩大了试点范围，比如，山东省在省级自然科学基金青年基金、优秀青年基金、杰出青年基金项目试点实行了包干制。从国家层面看，将包干制试点范围扩大到采用"定额补助式"资助方式的其他科研项目是必要的、可行的。《关于实行以增加知识价值为导向分配政策的若干意见》（厅字〔2016〕35号）提出"对目标明确的应用型科研项目逐步实行合同制管理"。实行合同制管理，有利于高校和科研院所的科研人员主动承接企业科研项目，也有利于企业主动承担政府财政性科研项目，促进产学研深度融合。

四是加强对科研人员的保护。科研人员特别是高层次科研人员是国家的宝贵财富，具有稀缺性。过去几年，一些高层次科研人员因违规使用经费而受到处罚，令人痛心。一方面应完善科研经费管理使用的内部控制制度及加强科研伦理及科研诚信教育，使科研人员合法合规使用经费；另一方面，进一步完善容错机制，保护科研人员的合法权益。

（三）优化科研经费管理，完善提高国家整体科研创新效率的体制机制

国家整体科研创新效率是更高层次的创新效率，也可称为国家创新效能，其提高不仅取决于科研项目创新效率的提高，而且还取决于科研计划项目的安排及资金分配是否科学合理、科研资源是否得到更加科学高效的配置、政府的引导作用及市场的主体作用是否得到充分发挥等。完善提高国家整体科研创新效率的体制机制应采取下列措施：

第三章　发达国家财政性科研项目经费管理和使用经验及借鉴

一是根据国家迫切需要和长远需要科学安排科研计划项目及分配资金。经过深化改革，目前我国科研创新计划主要包括科研部的国家科研重大专项、国家重点研发计划、科研创新引导专项、基地和人才专项，国家自然科学基金委员会的国家自然科学基金。此外，还有地方层面、科研院所、高校及企业的科研计划等。在科研经费有限的情况下，应根据国家迫切需要和长远需要科学安排科研计划项目及分配资金。比如，由于抗击新冠疫情的紧急需要而优先安排与其相关的科研项目等。

二是加强科研计划之间的协调衔接，改进科研项目组织管理方式。目前，各种科研计划从不同视角在科研创新中发挥着重要作用，但是，也存在着条块分割、重复立项、协调不畅、效率低下、资源浪费等突出问题。加强科研计划之间的协调衔接，改进科研项目组织管理方式，有利于解决存在的突出问题。

三是进一步理顺中央和地方之间、政府与市场之间在科研创新中的职能定位，做到既科学合理地分工，又高效地合作。四是完善国家科研治理体系。优化国家科研规划体系和运行机制，推动重点领域项目、基地、人才、资金一体化配置，使各主体、各方面、各环节有机互动、协同高效。拿出一批重大科研项目，积极探索实行"揭榜挂帅"等制度，打破论资排辈的顽疾。强化企业创新主体地位，健全以企业为主体、市场为导向、产学研深度融合的技术创新体系，支持鼓励有条件的企业承担国家重大科研项目。

三、与时俱进，完善财政性科研项目经费管理和使用制度

与时俱进，完善财政性科研项目经费管理和使用制度是西方发达国家的通行做法。美国、英国、德国、法国等均出台了相应的法律、法规和标准以形成对科研经费管理和监督的准绳。在美国，与科研经费管理、使用、监督有关的法律法规出台了不少，如《联邦会计和审计法》《单一审计法》《政府公司控制法》，以及美国预算管理局发布的 A-21、A-87、A-102、A-122、A-133 等多个通告。除此之外，在科研经费使用监督过程中，美国联邦政府还执行了美国注册会计师（AICPA）

协会建立的公认审计标准和公认政府审计标准，以此为依据进行科研经费监督管理。在英国，有《大不列颠会计标准》等相关法律和标准约束科研单位的经费管理和使用行为。在日本，国立研究机构等国立科研单位作为独立行政法人要接受《独立行政法人通则法》以及国会为各研究机构制定的相关法律法规关于营运与考核、财务与审计制度、政府预算拨款、人事和薪酬制度的规定。应与时俱进，借鉴发达国家经验，完善我国财政性科研项目经费管理和使用制度。

（一）将"重物轻人"改变为"以人为本"的科研经费管理和使用制度

随着《关于进一步完善中央财政性科研项目资金管理等政策的若干意见》（中办发〔2016〕50号）、《国务院关于优化科研管理提升科研绩效若干措施的通知》（国发〔2018〕25号）和《国务院办公厅关于改革完善中央财政科研经费管理的若干意见》（国办发〔2021〕32号）等重要文件的发布实施，"重物轻人"的科研经费管理和使用制度得到了很大扭转，"以人为本"的科研经费管理和使用制度初步形成。但是，国家政策的落地还不充分，应更加注重发挥科研人员在科学研究中的决定性作用，进一步提高"人员费"在科研经费支出中的比重，使科研人员从科研活动中获得更多的直接利益。赋予科研人员更大的技术路线决定权和科研经费使用自主权，在科研单位内部制定科研管理制度时尊重科研人员的意见和建议。

（二）建立健全适应科研活动规律和特点的财政性科研经费支出绩效评价体系

绩效评价是指挥棒，发达国家在科研经费管理和使用上建立了较好的绩效评价体系，值得我国借鉴。我国应改革完善以结果为导向的科研经费投入绩效评价机制，加强对绩效目标的充分论证与审核。应在尊重科研规律的基础上针对不同类型科研项目特点，分类建立和完善绩效评价体系。应注重对重大科研项目的综合绩效评价，并将评价结果作为改进管理的重要依据。

（三）完善科研经费管理和使用的信息披露制度

目前，一些发达国家（如英国）的科研信息披露相对比较充分，而我国科研信息披露则存在需要改进之处。比如，一些科研单位内部建立了 OA 系统（办公自动化系统），只有单位内部的有关人员通过用户名和密码登录了系统，才能查询到科研经费管理政策文件和科研经费管理信息，而新闻媒体等外界有关各方根本无法登录其 OA 系统，了解有关信息，这不利于新闻媒体等外界有关方面监督，不利于保障公民的科研知情权，对于科研单位完善科研经费管理和使用政策也很不利。

（四）完善多层次的科研经费监督体系

多层次的科研经费监督体系包括外部监督体系和内部监督体系。审计监督（政府审计、会计师事务所审计和内部审计）是科研经费监督体系的重要内容。除此以外，科研经费监督体系还包括财政监督、税务监督、资产监督、金融监督以及社会大众监督等各方面监督，这些监督之间既相互分工，又有紧密联系，应为这些监督的实施创造良好条件。

（五）完善依托科研管理专业机构进行科研项目管理的制度体系

依托科研管理专业机构进行科研项目管理的主要特点是专业性，这样的管理更有效率，可以更好地为科学研究服务，即所谓"让专业的人做专业的事"。目前，我国在国家科技重大专项和国家重点研发计划方面建立了依托科研管理专业机构进行科研项目管理的制度，还应考虑在国家自然科学基金和国家社会科学基金等建立分类依托科研管理专业机构进行科研项目管理的制度。由于涉及的项目众多，可以按照研究的专业特点对科研项目进行分类，分别建立科研管理的专业机构，并逐步进行完善，从而更好地服务于科研活动的需要。

（六）完善中央和地方在科研活动中的分工和协调体系

德国由联邦政府与州政府通过公约的形式共同资助科研活动，是德国财政性科研经费配置的重要特点，这种通过公约的形式明确双方责任的方式值得我国借鉴。因为，在科学研究活动的具体实践中，我们有时会看到一些地方立项的科研项目，在科研项目的"名称"中并没有出现地方的名称，此时，不好判断该科研项目是地方财政科研项目还是中央财政科研项目。但是，有时我们也会看到，在中央财政科研项目立项的项目中包含有地方的名称，但是，该财政科研项目却不是地方财政科研项目。这些说明，目前，我国中央财政和地方财政在科研活动中的分工和协调体系并不明确。

由于分税制财政管理体制的存在，中央事权与地方事权分工不同，在科研活动中需要进一步明确中央事权和地方事权（特别是中央与地方共同财政事权），使中央和地方在科研活动中既要有适当的分工，又要有充分的协调，这样才有利于调动中央和地方两个积极性，促进科研事业的发展。

（七）建立鼓励高层次科研人员申报竞争性财政性科研项目制度

日本通过优化服务等手段鼓励科研人员申报竞争性经费制度，值得我国借鉴。由于国情不同，我国应建立鼓励高层次科研人员申报竞争性财政性科研项目制度。高层次科研人员的职称应定位为"正高级职称"，因为，目前我国的现状是一些已经获得"正高级职称"的科研人员不再热衷于搞科学研究，不愿意申报竞争性科研项目，也不再撰写高水平科研论文，造成我国极为稀缺的高层次科研人才资源的浪费。蒋悟真（2018）研究认为，在严格的行政管控模式下，经费使用的困难与"风险"是广大科研人员的深切体会与真实感受，从而极大地抑制了科研人员的积极性与创新动力；在一定程度上，为晋升职称所需而非真正的科研所需，成为部分科研人员争取科研经费资助的真正目的。科研经费使用困难、违规使用经费的"高风险性"以及科研活动提供给科研人员个人的低收益性，逐渐使部分无职称晋升压力的科研人员失去申报课题、开展学术研究的兴趣与积极性。因此，应从科研经费管理和使用等方面入手，建立鼓励高层次科研人员申报竞争性财政性科研项目的制度。

本章主要参考文献

［1］吴卫红等．美国联邦政府科研经费的二次分配模式及启示［J］．科技管理研究，2017（11）：37－43．

［2］张明喜．美国联邦政府研发预算管理及对我国的启示［J］．科学学研究，2015（1）：83－89．

［3］田华等．竞争性资助与非竞争性资助关系研究：以Y大学国家重点实验室为例［J］．科技进步与对策，2014（15）：19－23．

［4］赵俊杰．美国联邦政府科研项目经费管理概况［J］．全球科技经济瞭望，2011（6）：22－35．

［5］黄劲松等．中美财政科研经费管理规定的对比研究［J］．全球科技经济瞭望，2016（1）：38－45．

［6］孙益等．美国公立研究型大学的科研经费管理［J］．高教探索，2017（9）：67－71．

［7］孙逊．美日科研经费管理和监督机制探析及启示建议［J］．江苏科技信息，2020（32）：32－35．

［8］王敏、张国兵．英国高校科研经费"双重资助体系"研究及思考［J］．科技管理研究，2015，35（24）：29－34．

［9］肖翔等．主要国家人工智能战略研究与启示［J］．高技术通讯，2017（8）：755－762．

［10］姚洁等．英国政府科研经费配置的经验与启示［J］．人民论坛·学术前沿，2015（13）：92－95．

［11］张换兆等．英国研究理事会的特点分析及其对我国科技计划改革的启示［J］．全球科技经济瞭望，2014（11）：66－71．

［12］刘娅．英国非政府部门财政科研经费管理机构运行机制［J］．

中国科技论坛，2015（4）：148－154.

[13] 郭蕾．国际科研项目成本管理模式探析及对我国的启示［J］．财务与会计，2015（6）：51－52.

[14] 刘军民．美英日科技经费管理制度比较［N］．社会科学报，2013－9－12（2）.

[15] 德国政府部门回顾2019年展望2020年工作，德国科技创新简报总第26期（2020/01/21），http：//de.china－embassy.org/chn/kjcx/dgkjcxjb/t1734789.htm.

[16] 德国联邦政府2020年预算将大幅提高研发投入，德国科技创新简报总第25期（2019/12/24），http：//de.china－embassy.org/chn/kjcx/dgkjcxjb/t1727439.htm.

[17] 赵清华等．德国联邦政府科研经费配置和管理的特点［J］．全球科技经济瞭望，2018（4）：40－45.

[18] 丰田．英国公立项目要接受媒体监督［J］．先锋队，2015（2下旬刊）：52.

[19] 周斌等．德国科研项目管理专业机构现状及对我国的启示［J］．科技管理研究，2017（18）：167－172.

[20] 高珊珊等．科研项目人员经费改革：发达国家的经验与启示［J］．财政监督，2018（18）：82－89.

[21] 黄素芳．关于德国科研及科研经费管理体制的思考［J］．经济师，2013（1）：64－65.

[22] 刘嘉等．日本科研机构体系研究及启示［J］．中国高校科技，2012（11）：15－16.

[23] 王丹，张雪娇．日本科研不端行为治理体系探析［J］．重庆高教研究，2016（5）：38－44.

[24] 杨雯雯、丁海忠等．基于"放管服"视角高校科研经费管理优化研究——对日本三所高校调研的启示［J］．科技经济导刊，2020（28）：141－143.

[25] 国家自然科学基金委员会，2021年项目指南，http：//www.nsfc.gov.cn/publish/portal0/tab882/.

［26］辅导读本. 《中共中央关于坚持和完善中国特色社会主义制度、推进国家治理体系和治理能力现代化若干重大问题的决定》［M］. 人民出版社，2019.

［27］本书编写组. 党的十九届五中全会《建议》学习辅导百问［M］. 北京：学习出版社及党建读物出版社，2020.

［28］田倩飞等. 科技强国基础研究投入 – 产出 – 政策分析及其启示［J］. 中国科学院院刊，2019（12）：1406 – 1420.

［29］贺德方. 美国、英国、日本三国政府科研机构经费管理比较研究［J］. 中国软科学，2007（7）：87 – 96.

［30］新华网，（两会受权发布）中华人民共和国国民经济和社会发展第十四个五年规划和 2035 年远景目标纲要，2021 年 3 月 12 日.

［31］李红兵. 构建科技创新攻坚力量体系，加强国家战略科技力量建设［J］. 安徽科技，2021（5）：1.

［32］张媛媛. 践行与弘扬科学家精神着力加强基础研究——学习习近平总书记关于加强基础研究的重要论述［J］. 毛泽东邓小平理论研究，2020（8）：40 – 49.

［33］马洪霞. 英国科技财政治理体系的研究和思考［J］. 中国市场，2018（30）：4 – 6.

［34］梁宇红等. 我国科研经费管理的现状及对策分析——借鉴美国、日本经验［J］. 中国管理信息化，2019（18）：22 – 23.

［35］中国科协创新战略研究院《创新研究报告》第 48 期（总第 380 期），2020 – 08 – 09.

［36］金力. 加强基础研究人才培养［J］. 人才资源开发，2021（2）：1.

［37］蒋悟真. 纵向科研项目经费管理的法律治理［J］. 法商研究，2018（5）：36 – 46.

［38］"中国性学第一人"潘绥铭到底冤不冤［N］. 钱江晚报，2014 – 11 – 7.

［39］中华人民共和国 2020 年国民经济和社会发展统计公报，国家统计局，2021 年 2 月 28 日，http：//www.stats.gov.cn/tjsj/zxfb/202102/

t20210227_1814154. html.

　　[40] 李田霞. 日美科研经费管理经验对我国创新科研管理的启示[J]. 财务与会计, 2019 (5): 72 - 73.

　　[41] 聂常虹. 西方典型发达国家科研经费管理经验借鉴[J]. 人民论坛, 2014 (5): 232 - 234.

第四章

现行财政性科研项目经费管理和使用制度运行分析

分析过去、掌控现在,才能更好地把握未来。首先,本章将我国现行种类较多、层次较多、制定机构较多、适用范围不一、既相互独立又紧密相关的财政性科研项目经费管理和使用制度按照顶层设计理念进行分类(即分为高层制度、中层制度和基层制度三大类)。其次,分别分析顶层设计理念下我国现行财政性科研项目经费管理和使用制度的各层次制度(即高层制度、中层制度和基层制度)存在的主要问题。最后,按照顶层设计理念,提出新发展阶段乃至更长时期我国财政性科研项目经费管理和使用制度的各层次制度的完善思路。

第一节 现行财政性科研项目经费管理和使用制度按照顶层设计理念分类

对于顶层设计(Top - Down Design),人们的理解不尽相同。许耀桐(2012)研究认为,Top - Down Design 是西方国家源于自然科学或大型工程技术领域的一种设计理念,引进中国后被翻译为顶层设计。Top - Down Design 的意思是,站在一个战略的制高点,从最高层开始,弄清楚要实现的目标后,从上到下地把一层一层设计好,使所有的层次和子系统都能围绕总目标,产生预期的整体效应。显然,Top - Down Design 不仅包含着对高层的设计,而且也包含着对中层和基层的设计,并不是如有些学者所理解的，顶层设计就是对顶层的设计，并据此提出，既要进行顶层设计，也要进行基层设计，殊不知，Top – Down Design 本身就包含着基层设计，强调要具体化到细节。牛爽等（2015）研究认为 Top – Down Design 是包括对高层、中层、基层等不同层次的所有设计，而不是我们常常所误解的仅仅是对高层的设计。顶层设计应该具有科学合理性、层次性、顶层决定性、层次完整性、层次协调性等特征。自国家"十二五"规划纲要提出"更加重视改革顶层设计和总体规划"以来，顶层设计理念在政治、经济、文化、社会、生态等各领域的全面深化改革中发挥了重要作用。

我国现行财政性科研项目经费管理和使用制度既有党中央、国务院制定的制度，也有国务院各部委及其直属机构制定的制度，还有地方各级人民政府及其部门制定的制度及高校、科研院所等科研单位制定的制度等，这些制度之间既紧密相关，又相对独立，共同构成我国现行财政性科研项目经费管理和使用制度体系。

我国现行财政性科研项目经费管理和使用制度体系具有明显的层次特征。顶层设计理念下，财政性科研项目经费管理和使用制度体系可按层次分为三大类，即高层制度、中层制度和基层制度。这样的分类不仅是合理的，也是必要的，因为这样的分类为分析我国现行财政性科研项目经费管理和使用制度存在的问题奠定了基础、提供了新视角，为进一步优化、健全和完善我国财政性科研项目经费管理和使用制度提供了新思路。

一、高层制度

（一）高层制度的主要内容

高层制度是由全国人大及其常务委员会、党中央及国务院（含中共中央办公厅及国务院办公厅）制定的有关财政性科研项目经费管理和使用的法律、行政法规、规范性文件等，制定依据是党和国家的大政方针、政策，是"国家作为第一个支配人的意识形态力量"。[①] 制定目的是贯彻落实党和国家的大政方针、政策。例如，《关于进一步完善中央财政性科研项目资金管理等政策的若干意见》（中办发〔2016〕50 号）的制定目的是"贯彻落实中央关于深化改革创新、形成充满活力的科技管理和运行机制的要求，进一步完善中央财政性科研项目资金管理等政策"。《关于实行以增加知识价值为导向分配政策的若干意见》（厅字〔2016〕35 号）制定的目的是"为加快实施创新驱动发展战略，激发科研人员创新创业积极性，在全社会营造尊重劳动、尊重知识、尊重人才、尊重创造的氛围"。《国务院办公厅关于改革完善中央财政科研经费管理的若干意见》（国办发〔2021〕32 号）的制定目的是进一步激励科研人员多出高质量科技成果。

我国部分财政性科研项目经费管理和使用的高层制度如表 4 - 1 所示。

表 4 - 1　我国部分财政性科研项目经费管理和使用的高层制度

制度名称	发文部门、文号
《关于改进加强中央财政性科研项目和资金管理的若干意见》	国务院（国发〔2014〕11 号）
《关于深化中央财政科技计划（专项、基金等）管理改革的方案》	国务院（国发〔2014〕64 号）
《关于进一步完善中央财政性科研项目资金管理等政策的若干意见》	中共中央办公厅、国务院办公厅（中办发〔2016〕50 号）
《关于实行以增加知识价值为导向分配政策的若干意见》	中共中央办公厅、国务院办公厅（厅字〔2016〕35 号）
《国务院关于全面加强基础科学研究的若干意见》	国务院（国发〔2018〕4 号）
《关于进一步加强科研诚信建设的若干意见》	中共中央办公厅、国务院办公厅（厅字〔2018〕23 号）

[①] 马克思，恩格斯. 马克思恩格斯选集（第 4 卷）[M]. 北京：人民出版社，2012.

续表

制度名称	发文部门、文号
《国务院关于优化科研管理提升科研绩效若干措施的通知》	国务院（国发〔2018〕25号）
《中共中央 国务院关于全面实施预算绩效管理的意见》	中共中央、国务院（中发〔2018〕34号）
《中共中央 国务院关于全面实施预算绩效管理的意见》	中共中央、国务院（中发〔2018〕34号）
《关于抓好赋予科研机构和人员更大自主权有关文件贯彻落实工作的通知》	国务院办公厅（国办发〔2018〕127号）
《科技领域中央与地方财政事权和支出责任划分改革方案》	国务院办公厅（国办发〔2019〕26号）
《关于进一步弘扬科学家精神加强作风和学风建设的意见》	中共中央办公厅、国务院办公厅（中办发〔2019〕35号）
《国务院关于进一步深化预算管理制度改革的意见》	国务院（国发〔2021〕5号）
《国务院办公厅关于完善科技成果评价机制的指导意见》	国务院办公厅（国办发〔2021〕26号）
《国务院办公厅关于改革完善中央财政科研经费管理的若干意见》	国务院办公厅（国办发〔2021〕32号）

（二）高层制度的主要特点

高层制度在现行财政性科研项目经费管理和使用制度体系中居于支配地位，具有数量不多、权威性强和指导性强等特点。

1. 数量不多

目前我国在用的财政性科研项目经费管理和使用制度种类较多、层次较多、制定主体较多，数量也较多，可以说"制度供给"比较充分。但是，属于高层制度的并不多。表4-1反映的目前我国在用的一些财政性科研项目经费管理和使用的高层制度只有十余项。

2. 权威性强

从制定依据和制定目的看，高层制度是执行国家意志重要手段。虽然数量不多，但是，在财政性科研项目经费管理和使用制度体系中居于"金字塔塔尖"的最高位置，具有最强的权威性。

3. 指导性强

中层制度、基层制度的制定必须以高层制度为依据，不应违反高层制度的精神。高层制度不是一成不变的，而应随着国家大政方针政策变化进行适当修改完善。随着高层制度的修改完善，中层制度和基层制度也应相应进行修改完善，否则，国家的大政方针、政策无法落地。比如，《国务院办公厅关于改革完善中央财政科研经费管理的若干意见》（国办发〔2021〕32号）发布后，《国家自然科学基金资助项目资金管理办法》（财教〔2021〕177号）、《国家社会科学基金项目资金管理办法》（财教〔2021〕237号）、《国家重点研发计划资金管理办法》（财教〔2021〕178号）和《高等学校哲学社会科学繁荣计划专项资金管理办法》（财教〔2021〕285号）等中层制度均以其为依据进行修改和完善。

（三）高层制度的主要创新点

党的十八大以来，财政性科研项目经费管理和使用的高层制度改革与时俱进，不断深化，"松绑+激励"的创新点主要包括以下几个方面。

1. 与时俱进不断扩大科研项目经费管理及使用自主权

比如，《关于进一步完善中央财政性科研项目资金管理等政策的若干意见》（中办发〔2016〕50号）提出，明确下放预算调剂权限、赋予科研单位更多科研经费管理权限，明确简化预算编制、尊重科研规律，明确了结余经费在2年内的使用规则等。

《国务院关于优化科研管理提升科研绩效若干措施的通知》（国发〔2018〕25号）直面《关于进一步完善中央财政性科研项目资金管理等政策的若干意见》（中办发〔2016〕50号）发布实施以后财政性科研项目经费管理和使用方面取得的成效及存在的问题，提出了很多具有创新精神的有利于提高科研绩效的政策举措。比如，进一步扩大科研单位科研经费使用自主权、赋予科研人员技术路线决策权、开展扩大科研经费使用自主权试点、进一步下放预算调剂权限（从规范项目预算编制，到简化预算编制、下放预算调剂权限，再到推动预算调剂权落实到位，表明科研项目经费预算管理进一步完善）等。

《国务院办公厅关于改革完善中央财政科研经费管理的若干意见》（国办发〔2021〕32号）进一步扩大科研项目经费管理自主权。一是进一步简化预算编制。计算类仪器设备和软件工具可在设备费科目列支。合并项目评审和预算评审，项目管理部门在项目评审时同步开展预算评审。不得将预算编制细致程度作为评审预算的因素。二是进一步下放预算调剂权。设备费预算调剂权全部下放给项目承担单位，不再由项目管理部门审批其预算调增。除设备费外的其他费用调剂权全部由项目承担单位下放给项目负责人，由项目负责人根据科研活动实际需要自主安排。从项目主管部门的角度看，此举把预算调剂权全部下放了，其中，设备费预算调剂权下放给了项目承担单位，其他费用预算调剂权下放给了科研人员。三是扩大经费包干制实施范围。在人才类和基础研究类科研项目中推行经费包干制，不再编制项目预算。鼓励有关部门和地方在从事基础性、前沿性、公益性研究的独立法人科研机构开展经费包干制试点。

2. 与时俱进不断加大科研人员激励力度

中办发〔2016〕50号文件提出，明确规定竞争性科研项目要设置间接费用，扩大对科研人员的绩效支出，明确了劳务费用的开支不受比例限制。国发〔2018〕25号文件提出，加大对承担关键核心技术攻关任务科研人员的薪酬激励。对全时全职承担任务的团队负责人（领衔科学家/首席科学家、技术总师、型号总师、总指挥、总负责人等）以及引进的高端人才，实行一项一策、清单式管理和年薪制。

国办发〔2021〕32 号文件提出，借鉴承担国家关键领域核心技术攻关任务科研人员年薪制的经验，探索对急需紧缺、业内认可、业绩突出的极少数高层次人才实行年薪制。进一步提高间接费用比例。对数学等纯理论基础研究项目，间接费用比例进一步提高到不超过 60%。项目承担单位可将间接费用全部用于绩效支出，并向创新绩效突出的团队和个人倾斜。扩大稳定支持科研经费提取奖励经费试点范围，扩大劳务费开支范围，合理核定绩效工资总量，加大科技成果转化激励力度。

3. 与时俱进不断减轻科研人员事务性负担

中办发〔2016〕50 号文件提出，设置科研财务助理以便更好地服务科研人员。国发〔2018〕25 号文件提出，简化科研项目申报和过程管理。针对关键节点实行"里程碑"式管理，减少科研项目实施周期内的各类评估、检查、抽查、审计等活动，自由探索类基础研究项目和实施周期三年以下的项目以承担单位自我管理为主，一般不开展过程检查。合并财务验收和技术验收。由项目管理专业机构严格依据任务书在项目实施期末进行一次性综合绩效评价，不再分别开展单独的财务验收和技术验收，项目承担单位自主选择具有资质的第三方中介机构进行结题财务审计，利用好单位内外部审计结果。推行"材料一次报送"制度。整合科技管理各项工作和计划管理的材料报送相关环节，实现一表多用。加强数据共享，凡是国家科技管理信息系统已有的材料或已要求提供过的材料，不得要求重复提供。加快建立健全学术助理和财务助理制度，允许通过购买财会等专业服务，把科研人员从报表、报销等具体事务中解脱出来。避免重复多头检查。避免在同一年度对同一项目重复检查、多头检查。探索实行"双随机、一公开"检查方式，充分利用大数据等信息技术提高监督检查效率，实行监督检查结果信息共享和互认，最大限度降低对科研活动的干扰。

国办发〔2021〕32 号文件进一步提出全面落实科研财务助理制度，改进财务报销管理方式，允许项目承担单位对国内差旅费中的伙食补助费、市内交通费和难以取得发票的住宿费实行包干制。推进科研经费无纸化报销试点，简化科研项目验收结题财务管理，优化科研仪器设备采购，改进科研人员因公出国（境）管理方式等。

4. 明确要求增加科研人员知识价值在分配中的份额

厅字〔2016〕35号文件是我国第一次专门发布的、明确要求增加知识价值在分配中所占份额的重要的经典性文件。诸多提法具有创新性，比如，明确提出发挥财政科研项目资金在知识价值分配中的激励作用、明确提出加大对科研人员的绩效激励力度、明确提出形成合理的智力成本补偿激励机制、明确发挥财政科研项目资金的激励引导作用。对不同功能和资金来源的科研项目实行分类管理，在绩效评价基础上，加大对科研人员的绩效激励力度。完善科研项目资金和成果管理制度，对目标明确的应用型科研项目逐步实行合同制管理等。这些为各部门、各地区进一步完善财政性科研项目经费管理和使用制度提供了权威性依据。

5. 全面强化科研诚信管理

科研诚信是科技创新的基石。厅字〔2018〕23号文件第一次提出具有全面性、系统性的指导（此前发布的制度中是有一些关于科研诚信的要求，但是不够全面、不够系统），诸多提法具有创新性。比如，明确全面实施科研诚信承诺制；强化科研诚信审核；建立健全学术论文等科研成果管理制度；着力深化科研评价制度改革。明确对切实加强科研诚信的教育和宣传指导意见，即加强科研诚信教育，充分发挥学会、协会、研究会等社会团体的教育培训作用，加强科研诚信宣传。对严肃查处严重违背科研诚信要求的行为提出指导意见，即切实履行调查处理责任；开展联合惩戒。对加快推进科研诚信信息化建设提出指导意见，即建立完善科研诚信信息系统；规范科研诚信信息管理和加强科研诚信信息共享应用等。该文件对规范全国科研诚信行为必将起到重大推动和促进作用。

比如，根据厅字〔2018〕23号文件精神，《国家社会科学基金项目资金管理办法》（财教〔2016〕304号）明确加强科研诚信管理，把科研诚信要求融入国家社科基金项目管理全过程。继续做好国家社科基金项目负责人和参与者、评审（鉴定）专家的科研诚信记录，对严重违背科研诚信要求的人员记入"黑名单"。强化相关参与人员公正性承诺制度。项目申请人和参与者、责任单位和合作研究单位、评审（鉴定）专家及国家社科基金全体工作人员均需签署相关维护国家社科基金公正性的承诺，杜绝各种干扰评审（鉴定）工作的不端行为。

6. 创新财政科研经费投入与支持方式

国办发〔2021〕32号文件提出，拓展财政科研经费投入渠道，发挥财政经费的杠杆效应和导向作用，引导企业参与，发挥金融资金作用，吸引民间资本支持科技创新创业。开展顶尖领衔科学家支持方式试点，围绕国家重大战略需求和前沿科技领域，遴选全球顶尖的领衔科学家，给予持续稳定的科研经费支持，在确定的重点方向、重点领域、重点任务范围内，由领衔科学家自主确定研究课题，自主选聘科研团队，自主安排科研经费使用。支持新型研发机构实行"预算+负面清单"管理模式，创新财政科研经费支持方式，给予稳定资金支持，探索实行负面清单管理，赋予更大经费使用自主权。

7. 改进科研绩效管理和监督检查

国办发〔2021〕32号文件提出改进科研绩效管理和监督检查。一是健全科研绩效管理机制。项目承担单位要切实加强绩效管理，引导科研资源向优秀人才和团队倾斜，提高科研经费使用效益。二是强化科研项目经费监督检查。增强监督合力，严肃查处违纪违规问题。加强事中事后监管，创新监督检查方式，实行随机抽查、检查，推进监督检查数据汇交共享和结果互认。减少过程检查，充分利用大数据等信息技术手段，提高监督检查效率。强化项目承担单位法人责任，项目承担单位要动态监管经费使用并实时预警提醒，确保经费合理规范使用。

8. 大力弘扬科学家精神

《关于进一步弘扬科学家精神加强作风和学风建设的意见》（中办

发〔2019〕35号）是我国第一次创新性地对科学家精神应该是什么、如何弘扬科学家精神、如何加强作风和学风建设等提出了明确的指导意见。比如，科学家精神应该是爱国精神、创新精神、求实精神、奉献精神、协同精神和育人精神等的综合，具体内涵包括胸怀祖国、服务人民、勇攀高峰、敢为人先、追求真理、严谨治学、淡泊名利、潜心研究、集智攻关、团结协作、甘为人梯、奖掖后学等。对于如何弘扬科学家精神，中办发〔2019〕35号文件提出营造风清气正的科研环境，构建良好科研生态，营造尊重人才、尊崇创新的舆论氛围等。但是，中办发〔2019〕35号文件并没有"一味迁就"科学家，而是明确提出，对违反项目申报实施、经费使用等规定，违背科研诚信、科研伦理要求的，不迁就、不包庇，严肃查处、公开曝光。中办发〔2019〕35号文件体现了激励与约束、规范并重，奖励与惩罚相结合的科研管理理念，对各地区、部门、单位优化、完善科研项目经费管理和使用制度具有重要的现实指导意义。

二、中层制度

（一）中层制度的主要内容

中层制度是介于高层制度和基层制度之间的制度，主要包括国务院各部委及其直属机构根据高层制度制定的部门规章、规范性文件等，以及各地区党委、政府（含有关政府部门）根据高层制度和国务院各部委及直属机构制定的中层制度等制定的有关行政法规、部门规章和规范性文件。可见，中层制度其实不止一个层次，而是包括若干个层次，主要包括国务院各部委及其直属机构层面的中层制度、省级党委政府层面的中层制度和市级、县级党委政府层面的中层制度。例如，《国家重点研发计划资金管理办法》（财科教〔2021〕178号）主要根据《关于改进加强中央财政性科研项目和资金管理的若干意见》（国发〔2014〕11号）、《关于深化中央财政科技计划（专项、基金等）管理改革的方案》（国发〔2014〕64号）、《关于进一步完善中央财政性科研项目资金管

第四章 现行财政性科研项目经费管理和使用制度运行分析

理等政策的若干意见》(中办发〔2016〕50号)、《国务院关于优化科研管理提升科研绩效若干措施的通知》(国发〔2018〕25号)和《国务院办公厅关于改革完善中央财政科研经费管理的若干意见》(国办发〔2021〕32号)等制定。我国部分财政性科研项目经费管理和使用的中层制度如表4-2和表4-3所示。

表4-2 我国部分财政性科研项目经费管理和使用的中层制度(部委层面)

制度名称	发文部门、文号
《国家自然科学基金资助项目资金管理办法》	财政部、国家自然科学基金委员会(财教〔2021〕177号)
《国家重点研发计划资金管理办法》	财政部、科技部(财科教〔2021〕178号)
《高等学校哲学社会科学繁荣计划专项资金管理办法》	财政部、教育部(财教〔2021〕285号)
《国家科技重大专项(民口)资金管理办法》	财政部、科技部、国家发展改革委(财科教〔2017〕74号)
《关于国家科技重大专项(民口)资金管理有关事项的通知》	财政部、国家发展改革委、科技部(财教〔2021〕262号)
《关于进一步做好中央财政性科研项目资金管理等政策贯彻落实工作的通知》	财政部、科技部、教育部、国家发展改革委(财科教〔2017〕6号)
《关于深化高等教育领域简政放权放管结合优化服务改革的若干意见》	教育部、中央编办、国家发展改革委、财政部、人力资源社会保障部(教政法〔2017〕7号)
《中央财政性科研项目专家咨询费管理办法》	财政部、科技部(财科教〔2017〕128号)
《全国教育科学规划课题资金管理办法》	全国教科规划办(教科规办函〔2017〕6号)
《关于高校进一步落实以增加知识价值为导向分配政策有关事项的通知》	教育部办公厅(教技厅函〔2017〕91号)
《贯彻落实习近平总书记在两院院士大会上重要讲话精神开展减轻科研人员负担专项行动方案》	科技部、财政部、教育部、中国科学院(国科发政〔2018〕295号)
《关于开展解决科研经费"报销繁"有关工作的通知》	科技部办公厅、财政部办公厅(国科办资〔2018〕122号)

续表

制度名称	发文部门、文号
《关于进一步完善中央财政科技和教育资金预算执行管理有关事宜的通知》	财政部（财库〔2018〕96号）
印发《关于对科研领域相关失信责任主体实施联合惩戒的合作备忘录》的通知	国家发展改革委、人民银行、科技部、中央组织部等（发改财金〔2018〕1600号）
《进一步深化管理改革激发创新活力确保完成国家科技重大专项既定目标的十项措施》	科技部、国家发展改革委、财政部（国科发重〔2018〕315号）
《关于抓好赋予科研机构和人员更大自主权有关文件贯彻落实的通知》	财政部办公厅（财办发〔2019〕7号）
《关于开展解决科研经费"报销繁"有关工作的通知》	教育部办公厅（教财厅函〔2019〕8号）
《关于进一步完善国家社会科学基金项目管理的有关规定》	财政部、全国哲学社会科学规划领导小组（社科工作领字〔2019〕1号）
《关于抓好赋予科研管理更大自主权有关文件贯彻落实工作的通知》	中共教育部党组（教党函〔2019〕37号）
《关于进一步完善科学基金项目和资金管理的通知》	国家自然科学基金委员会、财政部（国科金发财〔2019〕31号）
《关于进一步优化国家重点研发计划项目和资金管理的通知》	科技部、财政部（国科发资〔2019〕45号）
《哲学社会科学科研诚信建设实施办法》	中宣部、教育部、科技部、中共中央党校（国家行政学院）等（社科办字〔2019〕10号）
《关于扩大高校和科研院所科研相关自主权的若干意见》	科技部、教育部、国家发展改革委、财政部、人力资源社会保障部、中国科学院（国科发政〔2019〕260号）
《关于在国家杰出青年科学基金中试点项目经费使用"包干制"的通知》	国家自然科学基金委员会、科技部、财政部（国科金发计〔2019〕71号）
《关于持续开展减轻科研人员负担 激发创新活力专项行动的通知》	科技部、财政部、教育部、中国科学院（国科发政〔2020〕280号）
《国家社会科学基金项目资金管理办法》	财政部、全国哲学社会科学规划领导小组（财教〔2021〕237号）

第四章 现行财政性科研项目经费管理和使用制度运行分析

表4-3 我国部分财政性科研项目经费管理和使用的中层制度（地区层面）

制度名称	发文部门、文号
《广东省省级财政科研项目资金跨境港澳地区使用管理规程（试行）》	广东省财政厅、广东省科学技术厅（粤财规〔2021〕4号）
《关于改革完善省级财政科研经费管理的若干措施》	安徽省财政厅等（皖财教〔2022〕134号）
《关于完善省级科研项目资金管理激发创新活力的若干政策措施》	中共湖南省委办公厅、省政府办公厅（湘办发〔2017〕9号）
《关于进一步完善省财政科研项目资金管理等政策的实施意见》	中共浙江省委办公厅、省政府办公厅（浙委办发〔2017〕21号）
《关于完善和落实省级财政科研项目资金管理等政策的实施意见》	中共河北省委办公厅、省政府办公厅（冀办发〔2016〕49号）
《关于进一步完善省级财政科研项目资金管理等政策的实施意见》	中共四川省委办公厅、省政府办公厅（川委办〔2017〕2号）
《关于进一步完善省级财政科研项目资金管理等政策的实施意见》	中共湖北省委办公厅、省政府办公厅（鄂办文〔2017〕50号）
《深圳市人民政府关于加强和改进市级财政科研项目资金管理的实施意见（试行）》	深圳市人民政府（深府规〔2018〕9号）
《关于进一步完善市财政科研项目资金管理等政策的实施意见》	中共舟山市委办公室、舟山市人民政府办公室（舟委办发〔2018〕75号）
《关于加强市级财政科研项目资金管理的实施意见》	中共嘉峪关市委办公室、嘉峪关市人民政府办公室（嘉办发〔2018〕12号）
《关于进一步完善杭州市财政科研项目资金管理等政策的实施意见》	中共杭州市委办公厅、杭州市人民政府办公厅（杭委办发〔2017〕85号）
《关于改进完善市级财政科研项目资金管理的实施意见》	中共芜湖市委办公室、芜湖市人民政府办公室（芜市办〔2017〕45号）
《关于印发重庆市渝北区科技计划项目与资金管理办法的通知》	重庆市渝北区科学技术委员会、市渝北区财政局（渝北科委〔2018〕77号）
《天台县县级科技资金使用管理办法》	天台县财政局、县科学技术局
《泰顺县科研资金和项目管理办法》	泰顺县财政局、科学技术局（泰财教〔2020〕970号）

(二) 中层的制度的主要特点

1. 承上启下

中层制度具有明显的"承上启下"特点。"承上"即各部门、各地区在制定中层制度时必须根据高层制度来制定，要落实高层制度精神，且不得与高层制度的规定相抵触。"启下"即中层制度必须对基层制度的制定进行指导，这样才能使中层制度在科研单位得以贯彻落实。比如，表4-2中的财教〔2021〕237号文件其第1条就明确，根据中办发〔2016〕50号文件、国发〔2018〕25号文件和国办发〔2021〕32号文件等要求制定（即承上），这样才能保证中办发〔2016〕50号文件等高层制度精神在哲学社会科学研究项目经费管理和使用中得到落地。财教〔2021〕237号文件第25~31条要求责任单位严格执行国家有关支出管理制度、切实强化法人责任，制定内部管理办法，落实项目预算调剂、间接费用统筹使用、劳务费管理、结余资金使用等管理权限，创新服务方式、全面落实科研财务助理制度等（即启下），目的是确保在责任单位和科研人员层面落实该文件精神。

2. 分类落实高层制度规定

与高层制度相比，中层制度的适用范围要小一些，仅适用于某个地区、某个部门或某些特定学科。从制度制定要求看，中层制度应与本部门、本地区主管的财政性科研项目的特点相适应。从制度内容的详细程度看，中层制度的规定比高层制度相对具体一些。因此，中层制度是分类落实高层制度的中间环节，比如，财教〔2021〕177号文件、财教〔2021〕237号文件、财教〔2021〕178号文件和财教〔2021〕285号文件等都是分类落实中办发〔2016〕50号文件、国发〔2018〕25号文件和国办发〔2021〕32号文件等高层制度的中间环节。与基层制度相比，中层制度的适用范围更大，相关规定更宏观一些。

3. 内部的多层次性

中层制度内部往往包括若干个制度层次，比如，中央部委层面的中层制度和地区层面的中层制度，而地区层面的中层制度又包括省（自治区、直辖市）级层面的中层制度、市级层面的中层制度和县级层面的中层制度。比如，表4-2中，财教〔2021〕237号文件属于部委层面的中层制度，表4-3中的川委办〔2017〕2号文件属于省（自治区、直辖市）级层面的中层制度，深府规〔2018〕9号文件属于市级层面的中层制度，泰财教〔2020〕970号文件属于县级层面的中层制度。从中层制度的内部关系看，中央部委层面的中层制度居于更高的地位，地区层面的中层制度应以其作为制定依据，这就是要坚持党中央权威和集中统一领导的体现。比如，全国各地在制定哲学社会科学类科研项目资金管理办法时都应以财教〔2021〕237号文件、社科工作领字〔2019〕1号文件和社科办字〔2019〕10号文件等中央部委文件作为制定依据。全国各地在制定自然科学类科研项目资金管理办法时都应以财教〔2021〕177号文件等中央部委文件作为制定依据。

三、基层制度

（一）基层制度的主要内容

基层制度是科研单位根据高层制度、中层制度，结合本地区、本部门和本单位实际制定的在本单位适用的内部管理制度。上面千条线，下面一根针，有了基层制度，高层制度和中层制度的规定在基层单位才能得到贯彻落实。我国部分科研单位制定的一些基层制度如表4-4所示。

表4-4　　　　　我国部分科研单位制定的一些基层制度

制度名称	制定单位
《北京大学理工科民口科研项目资金管理办法》（校发〔2021〕268号）、《北京大学人文社科科研经费管理办法（试行）》（校发〔2016〕259号）、《北京大学科研财务助理岗位管理办法》（校发〔2017〕57号）等	北京大学
《南昌大学关于印发〈南昌大学自然科学类纵向科研项目经费管理办法（2020年修订）〉的通知》（南大科字〔2020〕14号）、《南昌大学自然科学类科研项目间接经费管理细则》（2018年制定）等	南昌大学

续表

制度名称	制定单位
《中国社会科学院大学科研项目经费管理办法（试行）》（经 2022 年 1 月 6 日第 1 次校长办公会议审议通过）、《中国社会科学院大学纵向科研项目"包干制"经费管理办法（试行）》（经 2022 年 1 月 6 日第 1 次校长办公会议审议通过）、《中国社会科学院大学（中国社会科学院研究生院）科研项目经费报销细则（试行）》（社科〔2018〕大学教字 28 号）、《中国社会科学院大学（中国社会科学院研究生院）科研项目间接经费管理办法（试行）》（社科〔2018〕大学教字 9 号）等	中国社会科学院大学
《复旦大学科研项目结余经费管理实施细则》（校通字〔2021〕20 号）、《复旦大学国家杰出青年科学基金项目经费使用"包干制"暂行管理办法》（校通字〔2020〕28 号）、《复旦大学人文社科校内经费统筹管理办法（试行）》（校通字〔2020〕34 号）、《复旦大学科研项目间接费用暂行管理办法》（校通字〔2020〕8 号）、《复旦大学科研经费报销管理办法》（校通字〔2019〕23 号）等	复旦大学
《关于印发〈北京化工大学科研经费管理办法（2020 年修订）〉的通知》（北化大校财发〔2020〕5 号）、《关于印发〈北京化工大学纵向科研经费管理实施细则（试行）〉的通知》（北化大校财发〔2020〕7 号）	北京化工大学
《关于修正〈中国传媒大学科研经费管理办法及实施细则〉部分条款的通知》（中传科研字〔2021〕247 号）、《关于印发〈中国传媒大学科研经费管理办法及实施细则〉的通知》（中传科研字〔2019〕298 号）、《关于印发〈中国传媒大学科研经费责任制实施办法（修订）〉的通知》（中传科研字〔2019〕299 号）、《关于印发〈中国传媒大学科研助理聘用管理办法（修订）〉的通知》（科研字〔2020〕115 号）	中国传媒大学
《印发〈南开大学纵向科研项目资金管理办法（人文社会科学类）〉的通知》（南发字〔2019〕103 号）、《关于印发〈南开大学纵向科研经费管理办法（自然科学类）〉的通知》（南发字〔2020〕26 号）、《关于印发〈南开大学国家杰出青年科学基金项目经费使用"包干制"管理办法（试行）〉的通知》（南发字〔2020〕41 号）、《关于修订〈南开大学科研项目经费预算调剂管理办法〉的通知》（南发字〔2019〕54 号）、《关于印发〈南开大学科研项目劳务费发放管理办法（试行）〉的通知》（南发字〔2017〕35 号）、《关于印发〈南开大学财政科研项目信息内部公开管理办法（试行）〉的通知》（南发字〔2017〕60 号）、《关于印发〈南开大学科研项目间接费用及科研绩效发放管理办法（试行）〉的通知》（南发字〔2017〕34 号）	南开大学

(二) 基层制度的主要特点

1. 适用范围最小

与高层制度、中层制度相比，基层制度的适用范围最小，因为其仅在一个科研单位内部适用，而高层制度则在全国范围适用，中层制度一般在一个科研系统或一个地区适用。

2. 制度规定更为详细、具体

与高层制度、中层制度相比，基层制度的规定更为详细、具体。比如表4-4中，南发字〔2017〕34号文件根据中办发〔2016〕50号文件制定，并在中办发〔2016〕50号文件许可范围，对自然科学类课题间接费用和人文社科类项目间接费用的划拨方案做出了更为详细、具体的规定。

其中，自然科学类课题间接费用划拨方案为，课题组间接费用60%部分，按照经费拨付比例分批次拨付。研究过程中若发生违规使用科研经费等行为或未按期提交年度报告、中期检查报告等上级部门要求提交的相关材料，或影响学校信誉的其他事项，剩余的间接费用全部转入学校科研发展基金。课题组间接费用40%部分，在规定时间内一次性通过结题验收后，由课题负责人提出分配方案，报学校审批核拨。学校可根据课题组实际完成情况，过程管理及经费支出过程中的问题，适当调整间接费用的核拨比例。

人文社科类项目间接费用划拨方案则有所不同。根据人文社会科学研究的特点和规律，为了更好体现对科研人员的激励，充分发挥绩效支出的激励和奖优惩怠作用，结合项目研究进度和完成质量，学校将绩效支出资金分阶段拨给项目负责人，绩效支出资金拨付阶段及比例：项目正式开始后，拨付绩效支出总额度的30%；项目按计划执行，通过中期检查或年度检查，拨付绩效支出总额度的30%；项目按期办理结题手续，并通过鉴定验收正式结项，拨付绩效支出总额度的40%。同时，对鉴定等级为"优秀"的项目，从学校科研发展基金中提取该项目绩效支出总额的20%予以额外奖励，对鉴定等级为"良好"的项目，从学校科研发展基金中提取该项目绩效支出总额的10%予以额外奖励。项目按规定延期结题，鉴定等级为"优秀"者，拨付绩效支出总额度的40%；鉴定等级为"良好"者，拨付绩效支出总额度的20%；鉴定等级为"合格"者，拨付绩效支出总额度的10%。

3. 制度规定更具有可操作性

与高层制度、中层制度相比，基层制度的规定更具有可操作性。比如，表4-4中南发字〔2017〕35号文件明确规定"科研项目劳务费的发放期间应在项目研究周期内。项目聘用人员的劳务费开支标准，参照天津市科学研究和技术服务业从业人员平均工资水平，结合在项目研究中承担的工作任务确定，按照多劳多得的原则据实列支，其社会保险补助纳入劳务费科目列支。"显然，这些规定具有很强的可操作性，同时也能较好地贯彻落实中办发〔2016〕50号文件的精神。

四、顶层设计理念下各层次制度的制定主体及相互关系

财政性科研项目按照资助资金来源的财政级次，可分为中央财政性科研项目和地方财政性科研项目两大类，规范这两大类科研项目的高层制度、中层制度与基层制度的制度制定主体及相互关系如表4-5所示。

表4-5　顶层设计理念下各层次制度的制定主体及相互关系

制度层次	中央财政性科研项目	地方财政性科研项目
高层制度	全国人大、党中央、国务院（含中共中央办公厅、国务院办公厅）	全国人大、党中央、国务院（含中共中央办公厅、国务院办公厅）
中层制度	国务院各部委及直属机构	国务院各部委及直属机构，地方人大、党委、政府及各部门
基层制度	中央高校及科研院所、地方高校及科研院所、企业等（科研单位）	地方高校及科研院所、企业等（科研单位）

第二节 顶层设计理念下现行财政性科研项目经费管理和使用制度存在的主要问题

针对我国财政性科研项目经费管理和使用制度存在的问题，国内学者有一些相对较新的研究（即中办发〔2016〕50号文件发布后进行的研究）。比如，刘婉等（2018）研究认为科研项目经费预算编制不科学、项目管理与经费管理脱节、经费使用监管不力、人力资本补偿机制缺失。邓芳杰（2018）研究认为科研经费财务报销严苛、科研经费审批烦琐、科研报销规定不合理、绩效考核指标设置不合理、对科研工作缺乏激励。程琴怡（2016）研究认为科研经费管理和使用违背科研劳动特殊性的客观规律，以行政思维模式来管理科研经费。李明镜等（2018）研究认为科研经费管理和使用制度与科学研究规律不符合、科研经费的财务管理制度、审计监督手段还很滞后。但是，这些研究都是总括性的、概括性的笼统研究，缺乏针对性。

因此，需要从新视角重新审视现行财政性科研项目经费管理和使用制度存在的问题，以便采取针对性措施加以完善。如前所述，运用顶层设计理念将现行财政性科研项目经费管理和使用制度分为高层制度、中层制度和基层制度三大类，为分析存在的问题提供了新视角。

一、高层制度存在的主要问题

（一）法治化程度不高、稳定性不足

现行财政性科研项目经费管理和使用制度中的高层制度具有明显的行政化思维，法治化程度不高。从表4-1可见，目前，高层制度主要是由党中央、国务院（含中共中央办公厅、国务院办公厅）制定的规范性文件，而没有上升到法律法规层面。李海楠（2014）研究认为目前在我国尚没有一部关于科研项目立项、审批、经费使用、监管制度的

系统法律。张怡等（2017）研究认为目前我国尚无专门针对科研经费的立法，科研经费管理在很大程度上是依据财政部、科技部、教育部等部门的规范性文件、科研项目设立机构对经费管理的规定以及科研机构和高等院校内部的财务管理办法等。蒋悟真（2018）研究认为科研主管机关依旧高度管控科研经费的使用与支配。李明镜等（2018）研究认为对国家科研经费的法律性质认识不到位、相关人员的法制意识还不强。行政化思维、法治化程度不高的主要问题是用管理一般行政经费的理念来管理科研经费，使得坚持以人为本、坚持遵循规律、坚持"放管服"结合等先进的科研经费管理理念大打折扣。

从表4-1至表4-4可见，过去几年来，我国在用的一些财政性科研项目经费管理的高层制度、中层制度和基层制度处于较大变动之中，稳定性不足，高层制度变动导致中层制度和基层制度随之变动。比如，中办发〔2016〕50号文件、国发〔2018〕25号文件和国办发〔2021〕32号文件等高层制度的每一次变动，都会引起与其内容相关的所有中层制度和基层制度的变动。虽然高层制度应该与时俱进进行修改和完善，但是，过度频繁的变动容易造成高层制度不稳定，进而造成中层制度和基层制度的不稳定和整个制度的不稳定，影响制度的执行效果。

（二）有的规定不太科学、不太合理

经过过去几年的深入改革，目前，高层制度的规定总体上是比较科学、比较合理的，但是，仍然存在一些不太科学、不太合理的问题。

1. 间接费用比例

中办发〔2016〕50号文件对间接费用比例的规定为："中央财政科技计划（专项、基金等）中实行公开竞争方式的研发类项目，均要设立间接费用，核定比例可以提高到不超过直接费用扣除设备购置费的一定比例：500万元以下的部分为20%，500万元至1000万元的部分为15%，1000万元以上的部分为13%。"这样的核定比例没有考虑到不同学科、不同研究项目的特点，具有计划分配的平均色彩，不太科学、不太合理。徐捷等（2018）研究认为科研活动依照不同的项目类型，对间接费用有着不同的要求,统一的计提标准在一定程度上遏制并打击了科研活动的积极性。

事实上,对于这条不太科学、不太合理的核定比例,国发〔2018〕25号文件进行了一定程度的修正、调整,提出试点单位"对试验设备依赖程度低和实验材料耗费少的基础研究、软件开发、集成电路设计等智力密集型项目,提高间接经费比例,500万元以下的部分为不超过30%,500万元至1000万元的部分为不超过25%,1000万元以上的部分为不超过20%。对数学等纯理论基础研究项目,可进一步根据实际情况适当调整间接经费比例"。值得注意的是,国发〔2018〕25号文件进行的修正、调整只针对试点单位,若不是试点单位,还要按照中办发〔2016〕50号文件来执行。

国办发〔2021〕32号文件进行了进一步的改革,即"对数学等纯理论基础研究项目,间接费用比例进一步提高到不超过60%"。其他则重申国发〔2018〕25号文件做法,并且不再限定其适用范围为试点单位。从上述政策演变看,间接费用计提比例进一步合理化,但是,还有进一步调整提高的空间。

2. 横向经费管理

中办发〔2016〕50号文件规定,"自主规范管理横向经费。科研单位以市场委托方式取得的横向经费,纳入单位财务统一管理,由科研单位按照委托要求或合同约定管理使用"。这条规定的不太科学、不太合理之处在于没有区分横向经费是否来源于财政资金。在科研实践中,高校、科研院所等科研单位的科研人员通过以市场委托方式取得的横向经费有的来源于政府部门(即承接政府购买服务获得的科研项目经费,由财政资金支付),有的来源于企业。如果来源于财政资金,由科研单位按照委托方要求或合同约定管理使用,可能造成财政资金使用效益低下,同时还可能造成纵向经费与横向经费之间管理的制度不公。

3. 结余经费使用

中办发〔2016〕50号文件规定,"项目完成任务目标并通过验收后，结余资金按规定留归科研单位使用，在2年内由科研单位统筹安排用于科研活动的直接支出"。国办发〔2021〕32号文件规定："改进结余资金管理。项目完成任务目标并通过综合绩效评价后，结余资金留归项目承担单位使用。项目承担单位要将结余资金统筹安排用于科研活动直接支出，优先考虑原项目团队科研需求，并加强结余资金管理，健全结余资金盘活机制，加快资金使用进度。""结余资金留归项目承担单位使用"的规定不利于激励科研人员节约使用经费，而尽可能把经费给用完，从而不利于提高财政资金的使用效益。更为科学合理的做法是允许从结余经费中计提一定比例用于激励科研人员。

4. 科研信息公开范围

中办发〔2016〕50号文件要求科研单位"实行内部公开制度，主动公开项目预算、预算调剂、资金使用（重点是间接费用、外拨资金、结余资金使用）、研究成果等情况"。信息公开的目的是方便监督，促使相关制度得到更好的贯彻落实。财政性科研项目信息在不涉及国家机密、不危及国家安全和公共利益的情况下，若仅"实行内部公开制度"将使得信息公开的效果大打折扣，因为新闻媒体等社会公众因不方便获得相关信息而无法进行有效监督，对科研单位完善制度也不利。

（三）一些规定难以操作

比如，中办发〔2016〕50号文件提出"简化预算编制"，而国发〔2018〕25号件文提出"开展简化科研项目经费预算编制试点等"。试点单位为"教育部直属高校和中科院所属科研院所中创新能力和潜力突出、创新绩效显著、科研诚信状况良好的单位""开展简化科研项目经费预算编制试点。项目直接费用中除设备费外，其他费用只提供基本测算说明，不提供明细"。

中办发〔2016〕50号文件发布于2016年7月，而国发〔2018〕25号文件发布于2018年7月，两者发布时间相隔2年。中办发〔2016〕50号文件提出"简化预算编制"等，而2年后国发〔2018〕25号文件才提出"开展简化科研项目经费预算编制试点"，而进行试点的只是符合特定条件的教育部直属高校和中科院所属科研院所。这表明，中办发〔2016〕50号文件提出"简化预算编制"没有办法落地，就算实施了国发〔2018〕25号文件中的试点办法，也只是局部落地而已。

国办发〔2021〕32号文件进一步提出："简化预算编制。进一步精简合并预算编制科目，按设备费、业务费、劳务费三大类编制直接费用预算。直接费用中除50万元以上的设备费外，其他费用只提供基本测算说明，不需要提供明细。计算类仪器设备和软件工具可在设备费科目列支。合并项目评审和预算评审，项目管理部门在项目评审时同步开展预算评审。预算评审工作重点是项目预算的目标相关性、政策相符性、经济合理性，不得将预算编制细致程度作为评审预算的因素。"造成"简化预算编制"难以落地的原因在于实务中难以操作，包括预算编制做到什么程度才算简化、在简化预算编制的情况下如何做到预算数的科学合理、如何预防预算数不科学合理造成财政科研资金浪费、因简化预算编制导致预算数不科学合理应该如何补救等。

二、中层制度存在的主要问题

（一）有的地区、部门制定的中层制度的某些规定不太科学、不太合理、难以操作

由于中层制度主要是根据高层制度制定的，因此，高层制度存在的一些不太科学、不太合理、难以操作的问题是造成一些中层制度存在类似问题的重要原因。比如，财科教〔2016〕19号文件及《国家重点研发计划资金管理办法》（财科教〔2016〕113号）中关于间接费用比例等规定就不太科学合理。

（二）有的地区、部门没有及时制定或修订中层制度，造成中层制度缺失

国办发〔2018〕127号文件指出："有的部门、地方以及科研单位没有及时修订本部门、本地方和本单位的科研管理相关制度规定，仍然

按照老办法来操作。"《国务院办公厅关于改革完善中央财政科研经费管理的若干意见》（国办发〔2021〕32号）也承认在科研经费管理方面仍然存在政策落实不到位的问题。比如，冷静、王海燕（2017）研究认为部分部委动作过慢、效率过低。例如，国办于2018年12月26日发出通知，要求各地区、各部门、各单位于2019年2月底前，就党中央、国务院已经出台的赋与科研单位和科研人员自主权的有关政策，制定具体的实施办法。但直到2019年4月4日，教育部才出台相关文件，其内容也基本为中央或其他部委文件的摘抄，要求各高校完成政策清理、修订与制定工作的期限也推迟到2019年6月30日。

（三）有的地区在落实中层制度时"自我加压"

《国家社会科学基金项目资金管理办法》（财教〔2016〕304号）发布后，同时，编制了《国家社会科学基金项目资金管理办法》具体执行有关事项问答（2016年9月），其中，"问题十"是"其他支出如何列支？"回答是："其他支出一般包括笔墨纸张等办公用品费、通讯费、互联网服务费等支出。"但是，有的地区在落实财教〔2016〕304号文件时"自我加压"，规定不能列支通讯费。例如[①]，《关于加强国家社科基金项目结项管理的通知》（2019年3月22日）强调"根据省委巡视审计相关要求，2018年6月30日之后，科研经费不得报销个人通讯费。"

（四）有的地区、部门在制定中层制度时缺乏创新精神

各地区、各部门在制定中层制度时应以高层制度为主要依据，结合本地区、本部门实际来制定。"所谓结合本地区、本部门实际来制定"就是应该结合所主管的科研项目的特点进行一定程度的创新。但是，有的地区、部门在制定中层制度时缺乏创新精神，主要体现在两个方面：一是在科研项目经费的开支范围、开支标准、诚信建设、绩效提升、扩大自主权、监督管理等方面只是简单照搬了高层制度的规定而已，使得

---

① 来源：http://skc.fjnu.edu.cn/01/91/c711a197009/page.htm.

制定的中层制度不太符合国发〔2014〕11号文件关于"实行科研项目分类管理"的要求，不利于探索符合不同类型科研项目的经费管理规律。二是一些地区制定的中层制度在内容上几乎照搬了其他地区的做法，没有地区特色，没有利用好制度创新为地区科研活动服务。

三、基层制度存在的主要问题

中办发〔2016〕50号文件等相关政策文件发布后，有的科研单位能通过及时修改和完善基层制度加以贯彻落实。比如，中办发〔2016〕50号文件对差旅费、会议费、国际合作与交流费"三费合一"，并规定不超过直接费用10%的不需要提供测算依据。该文件下达后，中科院数学院高度重视，重点优化规范单位内部管理流程，使科研人员普遍感受到较强的获得感。一是提高课题负责人和研究所所长（研究院下属4个研究所）的经费支出审批权限，扩大了科研人员经费使用的自主权，使更多时间可以用于科研。二是针对基础研究中会议费和报告费等学术交流方面的费用开支比较频繁的特征，简化了会议费、报告费的审批流程，表现在梳理了事前针对事项的审批和事后针对报销的审批，将科研管理部门（科技处）的两次审批调整为事前审批，同时，充分运用信息化手段，实现了事前审批的电子化，并严格限制事前申报和审批的时间，保证科研工作及时顺利开展。这一措施使得科研人员跑管理部门的次数和时间都大幅减少了。三是增强服务意识，主动承担事务性工作。根据国家的最新文件精神，科研和财务部门共同编制了科研项目预算编制指南模板，为科研人员提供了极大的便利；在部门预算的编制中，项目的主要信息由以科研人员填写为主，调整为以管理部门人员充分借鉴项目申报材料等填写为主。四是及时解决电子发票、网购等新情况、新问题。但是，基层制度依然存在下列主要问题。

（一）有的科研单位没有及时制定或修订基层制度

过去几年，有的高层制度及中层制度在制定以后，某些条款会随着形势变化进行了修订，以便更符合科研规律。比如，中办发〔2016〕50

号文件规定"下放预算调剂权限，在项目总预算不变的情况下，将直接费用中的材料费、测试化验加工费、燃料动力费、出版/文献/信息传播/知识产权事务费及其他支出预算调剂权下放给科研单位。"而国发〔2018〕25号文件规定"直接费用中除设备费外，其他科目费用调剂权全部下放给科研单位"。可见，国发〔2018〕25号文件实际上是对中办发〔2016〕50号文件关于"科研单位的预算调剂权限"的修订。此外，为贯彻落实国发〔2018〕25号文件等而制定的国科发资〔2019〕45号文件则明确规定"扩大承担单位预算调剂权限"。但是，有的科研单位并没有及时修订内部管理制度，没有及时为科研人员办理调剂手续。汪春娟等研究认为从"包干制"操作政策尚没有具体可执行的规程、落地实施难。

（二）有的科研单位制定的基层制度不太科学、不太合理

高层制度和中层制度的一些规定不太科学、不太合理是造成基层制度的一些规定不太科学、不太合理的主要原因之一。此外，由于科研单位没有领会高层制度和中层制度的精神及不够担当也是造成一些基层制度不太科学合理的重要原因。比如，《教育部办公厅关于开展解决科研经费"报销繁"有关工作的通知》（教财厅函〔2019〕8号）明确要求部属各高等学校及有关直属单位"严格对照（中办发〔2016〕50号和国发〔2018〕25号）等具体要求，对本单位出台的相关制度文件进行全面梳理，认真查找有悖于激励创新的陈规旧章和有碍释放创新活力的繁文缛节，并进行修订完善"。但是，有的部属高等学校及有关直属单位虽然进行了全面梳理，但是进行修订后的报销制度科研人员仍然觉得没有解决好"报销繁"问题。韩凤芹等（2019）研究认为科研单位作为课题及经费管理的责任主体，要接受纪委、审计等相关部门的检查监督，科研单位的底线思维是"不能出事"，"出成果"则是课题负责人的事，因此，在"放"的问题上，科研单位没有积极性，担心问责。

（三）有的科研单位制定的基层制度不够完善

从方便科研人员理解和操作的角度看，构成科研经费开支范围的各

个具体费用项目，都应制定详细的管理制度。目前，对于高层制度和中层制度明确要求科研单位制定配套制度的，科研单位基本能制定出来，比如差旅费管理制度、间接费用管理制度、科研财务助理制度、劳务费管理制度等。但是，对于高层制度和中层制度没有明确要求科研单位制定配套制度的，科研单位则没有主动去制定相应的配套制度，比如，经费开支范围中有"其他支出"项目，则应制定"其他支出"项目经费管理和使用制度，明确其内容（比如办公费、市内交通费、通信费、网络费等）、支出条件、报账依据、报账程序等。

第三节 顶层设计理念下财政性科研项目经费管理和使用制度的完善思路

应针对各层次制度存在的主要问题，按照顶层设计应该具有的科学合理性、层次性、顶层决定性、层次完整性、层次协调性等特征，进一步完善财政性科研项目经费管理和使用制度。

一、进一步完善高层制度的思路

（一）高层制度立法，并保持相对稳定

关于高层制度立法的必要性，国内学者进行了一些研究。比如，谢小丹等研究认为科研经费管理立法迫在眉睫。李宝智（2019）建议提升财政科研经费管理使用政策的层次，推动开展专门立法，明确相关方职责，划定经费管理、使用的"红线"，为构建科研经费治理模式提供法律保障。李明镜等（2018）研究认为若能按照将政府的一般行政管理行为转变为具有法律效力的法律管理的思路来重新设计国家科研经费管理和使用制度和管理手段，在一定程度上可以遏制目前科研经费管理中的混乱和腐败行为。

在依法治国背景下，高层制度立法的必要性也是由其在财政性科研

项目经费管理和使用制度中所处的最高层次地位决定的。只有通过立法的方式才能增强其顶层决定性与权威性，并与其所处的地位相符。此外，高层制度立法有利于保持财政性科研项目经费管理和使用制度的相对稳定和贯彻落实。

(二) 尊重科学研究规律，进一步提高高层制度的科学合理性

高层制度的规定科学、合理是顶层设计的基本特征和基本要求，也是保证其权威性的前提。高层制度的规定应当明确，并能经得起实践的检验。与中层制度、基层制度相比，高层制度的适用范围更广，其有关规定应该相对宏观一些，不应该过细，应给中层制度和基层制度的制定留下适当空间。对于容易引起争议及难以操作的内容不应该在高层制度中进行规定，如果高层制度的规定不科学、不合理，势必造成中层制度和基层制度的不科学、不合理。

针对当前高层制度中存在的一些不太科学、不太合理、难以操作的规定，可以采取两种办法加以解决：一是将容易引起争议及难以操作的规定，比如简化预算编制、间接费用的计提比例等，从高层制度中剔除，授权中层制度进行探索，分类解决。二是对于比较明显的不太科学、不太合理的规定，应尊重科研活动规律等，直接在高层制度中进行修改完善。比如，对于科研信息公开范围，应明确规定，在不涉及国家机密、不危及国家安全和公共利益的情况下，财政性科研项目信息应实行社会公开制度，而不是原来的实行内部公开制度。

(三) 明确对中层制度的制定要求

按照顶层设计理念，高层制度、中层制度和基层制度是一个有机的整体。对于高层制度而言，应明确对中层制度的制定要求。即中层制度制定主体在制定中层制度时，哪些条款可以直接引用高层制度的规定、哪些条款可以进行适度创新应该明确，否则，可能造成中层制度的规定与高层制度的精神相抵触的情况。比如，对于劳务费的开支范围，中办发〔2016〕50号文件规定"参与项目研究的研究生、博士后、访问学者以及项目聘用的研究人员、科研辅助人员等，均可开支劳务费"。这

样的规定意味着课题组成员不能开支劳务费。湖南省 2017 年 3 月发布的《关于完善省级科研项目资金管理激发创新活力的若干政策措施》（湘办发〔2017〕9 号）允许课题组成员（不含参与科研的公务员）有条件列支劳务费，但是，仅 4 个月后的 2017 年 8 月，湖南省又发布了《关于贯彻落实湘办发〔2017〕9 号文件有关事项的补充通知》（湘办〔2017〕50 号），以补充通知的方式对湘办发〔2017〕9 号文件进行了局部修改，其中明确劳务费的开支范围，不允许课题组成员列支劳务费。这说明湖南省在确定课题组成员是否可以列支劳务费问题上曾经是犹豫不决的。《关于进一步完善上海市科研计划项目课题专项经费管理的通知》（沪财教〔2019〕24 号）、河北省委办公厅、省政府办公厅印发《关于落实以增加知识价值为导向分配政策的实施意见》（2017 年 9 月）等允许有条件列支课题组成员劳务费，这与中办发〔2016〕50 号文件的规定相抵触。蒋悟真（2018）研究认为，这说明劳务费开支范围在一定程度上处于不稳定的状态，这就需要中央政策做出及时的调整。

二、进一步完善中层制度的思路

（一）应对学科进行进一步归类，在此基础上制定中层制度

国务院各部委及直属机构制定的中层制度对各地区制定中层制度具有重要指导和参考作用，因此，国务院各部委及直属机构层面的中层制度首先要进一步完善。目前，我国在用的规范国家自然科学基金和国家社会科学基金等科研项目的中层制度是按照学科类别制定的，其优点是较好适应学科特点，提高制度的科学合理性。比如，财政部、全国哲学社会科学规划领导小组制定的《国家社会科学基金项目资金管理办法》（财教〔2021〕237 号）规定，"间接费用基础比例一般按照不超过项目资助总额的一定比例核定，具体如下：50 万元及以下部分为 40%；超过 50 万元至 500 万元的部分为 30%；超过 500 万元的部分为 20%"。其中，间接费用的具体计提比例比国办发〔2021〕32 号文件的规定要

高，这符合哲学社会科学研究项目的特点，具有较好的科学合理性。但是，目前国家社会科学基金项目涉及的学科多达 23 个，包括哲学、理论经济、统计学、文学和体育学等，而财教〔2021〕237 号文件很难兼顾到不同学科所具有的不同研究规律，因此，有必要对学科进行进一步分类或归类，在此基础上制定更具有科学合理性的中层制度。

《国家自然科学基金资助项目资金管理办法》（财教〔2021〕177 号）也存在类似情况。国家自然科学基金委员会作为项目主管部门，其主管的国家自然科学基金项目按照学科分为数理科学、化学科学、生命科学、地球科学、工程与材料科学、信息科学、管理科学和医学科学八大类，而每大类下又分为不同的具体学科，总数达 55 类。财教〔2021〕177 号文件也很难兼顾到不同学科所具有的不同研究规律，因此，有必要对学科进行进一步分类或归类，在此基础上制定更具有科学合理性的中层制度。

（二）各地区在制定中层制度时，应考虑地区实际大胆进行制度创新

以省级财政性科研项目为例，由于其资金来源与中央财政性科研项目不同，因此，各省在制定省级财政性科研项目经费管理和使用制度时有较大创新空间，即可以根据自身实际需要进行创新。从实践看，有的省份创新力度较大。比如，《广东省自主创新促进条例》（2019 年 9 月）规定，"利用本省财政性资金设立的自主创新项目，承担项目人员的人力资源成本费可以从项目经费中支出且比例不受限制，但是不得违反国家和省有关事业单位和国有企业绩效工资管理等规定。人力资源成本费包括科研单位的项目组成员、项目组临时聘用人员的人力资源成本费，以及为提高科研工作绩效而安排的相关支出"。其中，"人力资源成本费包括科研单位的项目组成员"突破了中办发〔2016〕50 号文件的规定。

再如，《云南省哲学社会科学研究项目资金管理办法（试行）》（云财教〔2017〕412 号）规定，"间接费用采用分段超额累退比例法计算，按照不超过项目资助总额的一定比例核定。具体比例如下：20 万元及

以下部分为 50%；超过 20 万元至 50 万元的部分为 40%；超过 50 万元至 500 万元的部分为 20%；超过 500 万元的部分为 13%。对于科研规模较小的项目（经费不超过 5 万元），原则上可采取后补助方式，主管部门验收合格后拨付项目资金，可全部作为间接费用使用"。其中，关于间接费用的具体计提比例，大幅度超过了中办发〔2016〕50 号文件和《国家社会科学基金项目资金管理办法》（财教〔2016〕304 号）的规定，"对于科研规模较小的项目（经费不超过 5 万元），原则上可采取后补助方式"也是制度创新。目前，贵州、湖南、山东等省份哲学社会科学研究项目资金管理制度创新力度也较大。

但是，有的省份却不知道、不愿意或不敢进行制度创新，使得制定的中层制度不科学、不合理，科研人员不满意。姚国芳（2018）研究认为中央出台系列科研管理改革制度政策，在各级地方、科研项目经费管理部门和各科研院所层面，存在政策解读流于形式或解读不及时、改革制度政策贯彻落实行动迟缓或达不到文件核心要求、中央或地方所出台的制度政策措施到达基层不全面或不及时等问题严重。中央的改革精神迟迟得不到真正落实，科研经费改革一度停留在政策层面上，在实际中无法显现。因此，各地区在制定中层制度时，应考虑地区实际大胆进行制度创新。

（三）及时补齐中层制度缺失的短板

一些中层制度的缺失，使得顶层设计理念下财政性科研项目经费管理和使用制度结构不严谨、不完整、不牢固，影响到整个制度的科学性和贯彻落实，因此，应对整个制度进行梳理分析，找到缺失的制度并及时加以补齐。比如，《教育部办公厅关于开展解决科研经费"报销繁"有关工作的通知》（教财厅函〔2019〕8 号）只适用于部属各高等学校及有关直属单位，该文件对于解决这些单位科研经费"报销繁"问题起到了促进作用。从制度完整性的角度看，省一级教育厅也应及时发布相应通知，明确其适用于省级直属高校及有关直属单位，使这些科研单位也能够解决科研经费"报销繁"问题。但是，在实践中一些省级教育厅并没有及时发布相应通知，这就造成中层制度缺失，使得一些省级直属高校和科研单位的科研经费"报销繁"问题没有得到解决，因此，这些省级教育厅应补齐中层制度缺失的短板。

《关于扩大高校和科研院所科研相关自主权的若干意见》（国科发政〔2019〕260号）仅适用于中央部门所属高校和中央级科研院所，而指导地方高校和科研院所扩大科研相关自主权的中层制度在一些省份则存在制度缺失。由于国科发政〔2019〕260号文件由科技部、教育部、国家发展改革委、财政部、人力资源社会保障部、中国科学院联合制定发布，因此，存在制度缺失的省份对应的这六个机构应该联合及时制定发布对应制度，补齐中层制度缺失的短板。

《关于实行以增加知识价值为导向分配政策的若干意见》（厅字〔2016〕35号）规定"本意见适用于国家设立的科研机构、高校和国有独资企业（公司）。其他单位对知识型、技术型、创新型劳动者可参照本意见精神，结合各自实际，制定具体收入分配办法"。对应于厅字〔2016〕35号文件，一些地方专门制定了对应政策文件，使得地方科研机构、高校和国有独资企业能享受到相应的政策。而没有专门制定对应政策文件的地方，则存在中层制度缺失，应该及时补齐制度缺失的短板。

三、进一步完善基层制度的思路

（一）经常关注高层制度和中层制度等政策变化，根据需要及时制定或修订基层制度

最近几年，高层制度和中层制度等政策变化较大，对科研单位制定或修订基层制度提出了新要求，即科研单位应经常关注高层制度和中层制度等政策变化，了解相关规定变化的具体情况，若要求本单位执行的，应及时加以研究，制定或修订现行制度，使高层制度和中层制度在本单位及时得到贯彻落实。比如，《关于在国家杰出青年科学基金中试点项目经费使用"包干制"的通知》（国科金发计〔2019〕71号）规定"自2019年起批准资助的国家杰出青年科学基金项目"为试点范围。

因此，凡是2019年承担国家杰出青年科学基金项目的高校和科研院所等科研单位应及时研究国科金发计〔2019〕71号文件，根据单位实际，制订试点方案，以便本单位及时进行试点。此外，应对目前在用的高层制度和中层制度进行全面梳理，凡是应该在本单位实施但还没有实施的，应及时制定或修订基层制度，以便本单位贯彻落实。

（二）结合单位实际制定或完善基层制度，增强科研人员的获得感

增强科研人员的获得感才能提高他们的科研热情和科研积极性，进而提高科研效率。制定和完善基层制度是增强科研人员获得感的重要途径。关于科研单位（高校、科研院所等）如何制定和完善基层制度，学者们进行了较多研究并提出了诸多有益对策，比如，周柏林等（2019）研究认为，应强化政策落实衔接机制、发挥科研单位的主体作用、进一步提升服务质量、改革科研经费绩效评价制度、强化政策执行情况督查。夏永坤（2020）研究认为应加强科研项目预算管理，加强科研经费管理和使用制度、内控制度建设，建立科研项目财务助理岗位制度，加强科研项目经费绩效管理，建立增加知识价值导向管理制度。

按照顶层设计理念，科研单位应结合单位实际制定或完善基层制度，提高制度的实用性和可操作性，使科研人员通过制度的完善获得实实在在的好处。首先，报销手续要尽可能简化。按照传统报账程序，需要提供一些报销凭证并经过若干部门和若干人员签字才能报销。但是，根据《关于开展解决科研经费"报销繁"有关工作的通知》（教财厅函〔2019〕8号）等新政策，科研单位应主动减少不必要的凭证和环节。其次，办事效率要尽可能提高。比如，在出差调研审批、材料及科研设备采购、科研经费调剂等具体科研事务中要尽可能提高效率。再次，尽可能保护科研人员。科研人员是稀缺资源、宝贵财富。应通过设计科学合理的内部控制制度，既要简化必要手续，又要尽可能保护科研人员，使他们不出现因违法违规使用科研经费而受到处罚的情况。最后，在间接费用分配上尽量提高绩效支出比例。中办发〔2016〕50号文件规定："科研单位在统筹安排间接费用时，要处理好合理分摊间接成本和对科

研人员激励的关系，绩效支出安排与科研人员在项目工作中的实际贡献挂钩。"即根据规定比例计提的间接费用，一部分用于分摊间接成本，另一部分用于绩效支出。这两部分比例的确定权在于科研单位而不是科研人员，如果用于分摊间接成本的比例太高，则相应减少绩效支出。为了增强科研人员的获得感，应尽量提高绩效支出比例。

（三）借鉴其他科研单位制定基层制度的经验，提高制度制定的效率性和科学合理性

申报及承担财政性科研项目的科研单位主要包括中央高校和科研院所、地方高校和科研院所等，这些单位的科研实力相差很大。比如，北京市 2019 年申报国家自然科学基金面上项目的单位有 346 家，申报项目 100084 项。其中，中标单位 214 家，中标（资助）项目 18995 项，中标单位中，中标项目在 100 项以上的有 28 家，10 项以下的有 152 家。此外，132 家单位申报了项目却没有中标。没有中标及中标 10 项以下的单位为 284 家，占申报总数的 82%[①]。由此可见，高校和科研院所之间科研实力相差很大。从历年国家社会科学基金资助项目、国家自然科学基金面上项目、青年科学基金项目申请及资助等都可以看到类似情况。

一般来说，科研实力雄厚的科研单位，由于其承担的财政性科研项目多，资助金额大，科研管理任务重，因此，投入到科研管理中的人力等资源也较多，科研管理水平也较高，制定的基层制度也较为科学合理。比如，落实《关于进一步完善中央财政性科研项目资金管理等政策的若干意见》典型案例，其中提到的高校和科研院所属于科研实力雄厚和管理水平高的科研单位。相反，一些科研单位（部分地方高校及科研院所）科研实力相对较弱，主要承担地方财政性科研项目，而承担的国家财政性科研项目相对较少，项目资助经费较少，投入科研管理中的人力等资源也相对较少，有的单位只有少数几个科研管理人员，科研管理水平相对较低。

---

① 2019 国家自然科学基金资助项目统计，http://www.nsfc.gov.cn/publish/portal0/tab505/.

目前，我国正在财政性科研项目经费管理领域深化"放管服"改革，在此背景下，高层制度和中层制度都要求科研单位根据实际情况制定基层制度，实现政策落地。这对于科研管理水平相对较低的科研单位来说难度是比较大的。有两种相对可行的解决办法：一是应积极主动学习有关科研经费管理政策等相关知识，不断提高科研管理水平；二是应借鉴其他科研单位制定基层制度的经验，这样有利于提高制度制定的效率性和科学合理性。

本章主要参考文献

［1］韦善宁，蒋琳玲．对完善财政科研项目经费管理制度体系的思考［J］．财会月刊，2020（18）：106－114．

［2］刘婉，严金海．我国科研经费管理存在的问题及对策［J］．科技管理研究，2018（2）：23－27．

［3］邓芳杰．"放管服"背景下高校科研经费科学化管理探索［J］．教育财会研究，2018（3）：50－56．

［4］程琴怡．一份政协提案破题：让科研人员拿到该拿的［EB/OL］．（2016－11－01）．http://www.xiangshengbao.com/nd.jsp?id=597．

［5］李明镜，刘凯．对国家科研经费管理的再认识和制度重构［J］．科技管理研究，2018（4）：28－33．

［6］许耀桐．顶层设计内涵解读与首要任务分析［J］．人民论坛，2012（6中）：8－9．

［7］牛爽，朱宇．试论"顶层设计"的几个基本问题［J］．中国报业，2015（12下）：20－21．

［8］马克思，恩格斯．马克思恩格斯选集（第4卷）［M］．北京：人民出版社，2012，09．

［9］李海楠．规范高校科研经费需强化顶层制度设计［N］．中国经济时报，2014－10－22．

［10］张怡，廖呈钱．社会科学科研经费管理法律规制研究［J］．

经济法论坛，2017（12）：203-214.

[11] 蒋悟真. 纵向科研项目经费管理的法律治理［J］. 法商研究，2018（5）：36-46.

[12] 徐捷，王庆琳，龚杰昌. 新形势下高校科研项目间接费用管理探究［J］. 会计之友，2018（9）：143-147.

[13] 汪春娟，赵春晓. 高校科研经费包干制实施探讨［J］. 会计师，2019（10）：61-62.

[14] 韩凤芹，史卫. 推进科研经费"包干制"试点的几点建议［N］. 中国财政科学研究院研究简报，2019-07-30.

[15] 谢小丹，李海洋. 科研经费管理立法迫在眉睫［N］. 中国商报，2019-06-27.

[16] 李宝智. 科研经费管理的困境与出路［J］. 中国注册会计师，2019（2）：103-105.

[17] 2019国家自然科学基金资助项目统计，http：//www.nsfc.gov.cn/publish/portal0/tab505/.

[18] 姚国芳. 社科类科研经费管理模式创新研究［J］. 国际商务财会，2018（8）：68-72.

[19] 周柏林，龙群等. 高校科研经费管理的现状与对策研究［J］. 商业会计，2019（21）：98-100.

[20] 夏永坤. 科研事业单位科研项目经费管理的优化策略［J］. 黑龙江科学，2020（1）：122-123.

[21] 落实《关于进一步完善中央财政性科研项目资金管理等政策的若干意见》典型案例，http：//www.itp.cas.cn/tzgg/201702/t20170227_4751120.html.

[22] 唐福杰. 高校科研经费间接费用管理模式分析与思考［J］. 教育财会研究，2018（12）：11-16.

[23] 江世国，余扬. 我国科研经费的法律特征分析［J］. 科技创业月刊，2016（24）：16-18.

[24] 王锵，党帆，梁伟，等. 地方高校科研项目管理体系浅析［J］. 科技与创新，2020（20）：63-65.

[25] 赵凤华. 略论加强科研诚信建设新规范 [J]. 河北企业, 2018 (8): 125-126.

[26] 周国辉. 科研诚信是科技创新的基石 [J]. 浙江学刊, 2018 (5): 4-6.

[27] 陆道翔. 新形势下基层农业科研单位强化科研项目经费管理的对策思考 [J]. 安徽农业科学, 2018, 46 (29): 95-98.

[28] 李昀励. 关于加强高校课题经费使用与管理的调研和思考 [J]. 社会科学动态, 2017 (10): 53-55.

[29] 何维兴. "放管服"背景下优化高校科研经费管理机制与对策研究 [J]. 齐鲁珠坛, 2019 (4): 20-22.

[30] 沈康成, 刘畅, 陈玮. "放管服"背景下高校科研经费管理的研究与建议——以中国 J 大学为例 [J]. 当代会计, 2020 (24): 128-130.

[31] 何利辉, 贺娅洁. 科研经费管理最新政策实施难点与对策分析 [J]. 财政监督, 2017 (8): 48-52.

[32] 张驰. 财政科研结余经费的类型化治理 [J]. 政法论丛, 2018 (4): 93-102.

[33] 邰双沨. 科技创新背景下高校科研项目及经费管理的创新路径分析——以河南省部分高校调研情况为例 [J]. 科学管理研究, 2017, 35 (5): 71-74.

[34] 冷静, 王海燕. 解读制约科研人员创造力的制度性障碍——基于科技政策落实情况的分析 [J]. 中国软科学, 2017 (7): 187-192.

第五章

调动财政性科研项目科研人员积极性研究

调动财政性科研项目科研人员积极性是提高科研绩效,做好科研工作的基础、核心和关键。调动财政性科研项目科研人员积极性应采取"多管齐下"的措施,主要包括营造良好的科研环境、给予科研人员较高的薪酬水平及职业保障、给予科研人员较高的职业荣誉感、为科研人员开展科研活动提供更为优质的服务、为科研活动提供更好的容错纠错机制和激励约束机制、赋予科研人员更大的科研经费使用自主权等。

从科研经费角度看,调动财政性科研项目科研人员积极性应赋予科研人员更大的科研经费使用自主权,为此,主要从两个方面入手:一是完善方便科研人员报销的经费报销制度;二是完善科研人员绩效支出管理制度。因为,从马斯洛的层次需求理论看,不同的科研人员需要的激励内容不完全一样,比如,有的科研人员需要更多的物质激励,有的科研人员则需要更多的精神激励。应从完善方便科研人员报销的经费报销制度及完善科研人员绩效支出管理制度两个角度入手调动科研人员积极,既考虑科研人员的低层次需求,又考虑科研人员更高层次需求。

第一节 完善方便科研人员报销的经费报销制度

"报销难"是财政性科研项目经费管理和使用中长期存在的突出问题。管明军研究认为,"长江学者能解决世界性难题,解决不了科研经费报销的问题;'报销难,难于上青天'等成了科研人员心头之痛"。

第五章 调动财政性科研项目科研人员积极性研究

"报销难"耗费科研人员不少的时间和精力，使科研人员无法全心全意搞研究，影响科研积极性和科研绩效。党的十八大以来，各级党委、政府不断深化科研领域"放管服"改革，制定发布了一系列关于科研经费使用制度的重要文件，对解决"报销难"起到一定促进作用。但是，"报销难"并没有得到彻底解决。进入新发展阶段，贯彻新发展理念，构建"双循环"新发展格局，有必要深入分析"报销难"的成因，以便采取针对性措施加以解决。

一、财政性科研项目经费管理和使用"报销难"的成因

科研人员办理科研项目经费报销不顺利、不如意，比如，本来可以更快办完报销手续但是却因为某些原因而不得不等待更长时间、本来可以报销的支出因为某些原因而无法报销等，统称为"报销难"，也称"报销繁""报账难"等。"报销难"原因很多，概括起来主要有两个方面。

（一）现行科研经费使用制度存在不完善之处导致"报销难"

1. 预算制度不合理导致"报销难"

我国现行财政性科研项目科研经费管理和使用制度一般执行预算制度。预算制度存在不合理之处，因为编制预算时很难准确预测到未来科研活动发生的实际支出而造成预算不准确不科学，即执行预算时实际发生数与预算数不一致。张明阳（2018）研究认为，在没有财务、财政专业人员指导下申报预算，课题组通常只能根据申报同类课题或过去申报课题的经验大致估计每个开支项目的金额，在执行过程中经费开支还会受到物价水平、通货膨胀指数等各种因素的影响，导致明细预算评估不准确。

实际上，即使有财务、财政专业人员指导，也难以准确编制预算，因为，财务、财政专业人员不是科研人员，他们无法了解未来科研活动的状况。实际数与预算数不一致，按照现行制度规定属于不按预算使用

经费。徐慧晔（2020）研究认为，预算和实际支出的不一致也是造成报销难的原因之一。虽然现行制度允许调整预算，但是，调整预算需要办理审批手续，比较麻烦。而且，预算调整一次以后，在科研活动中随着时间的推移，经费支出环境的变化，预算可能还需要多次调整。这就是预算制度导致的"报销难"。

2. "其他相关支出"的内容不明确导致"报销难"

各类财政性科研项目经费使用制度关于经费开支范围都设置有"其他支出"内容。其他支出是直接费用中已经明确了具体开支科目之外的那些开支。比如，《财政部、国家自然科学基金会关于印发〈国家自然科学基金资助项目资金管理办法〉的通知》（财教〔2015〕15号）已经明确的直接费用具体开支科目有设备费、材料费、测试化验加工费、燃料动力费、差旅费、会议费、国际合作与交流费、出版/文献/信息传播/知识产权事务费、劳务费、专家咨询费。除了这些开支科目之外，还设置了"其他支出"科目。《财政部、国家自然科学基金会关于印发〈国家自然科学基金资助项目资金管理办法〉的通知》（财教〔2021〕177号）明确，直接费用是指在项目实施过程中发生的与之直接相关的费用，主要包括设备费、业务费和劳务费。其中，业务费是指项目实施过程中消耗的各种材料、辅助材料等低值易耗品的采购、运输、装卸、整理等费用，发生的测试化验加工、燃料动力、出版/文献/信息传播/知识产权事务、会议/差旅/国际合作交流等费用，以及其他相关支出。但是，"其他相关支出"是笼统的提法，其内容并不明确，造成制度制定方与科研人员的理解不一样。科研人员在申请预算时可能会漏掉某些内容，但是，当实际发生其他支出时，因预算没有安排而无法报销，从而造成"报销难"。

（二）有的科研单位科研经费管理水平不高导致"报销难"

《科技部办公厅、财政部办公厅关于开展解决科研经费"报销繁"有关工作的通知》（国科办资〔2018〕122号）和《教育部办公厅关于开展解决科研经费"报销繁"有关工作的通知》（教财厅函〔2019〕8

号）均要求科研单位解决"报销难"，但是，有的科研单位的"报销难"问题没有得到彻底解决，主要体现在以下三个方面。

1. 有的科研单位制定的单位内部科研经费管理制度不科学、不合理

现行科研经费使用制度需要通过科研单位制定内部科研经费管理制度来落地，但是，有的科研单位在制定单位内部科研经费管理的具体制度时不敢简政放权，造成国家科研经费使用制度没有得到完全落地。李宝智（2019）研究认为，科研单位在承接下放的经费管理权限时顾虑重重，担心秋后算账，或被审计、纪检等工作找麻烦，仍按"严"口径管理科研经费。落实制度时，照搬照抄国家制度，导致制度在单位无法落地，在利用科研财务助理、信息化、信息公开等手段支撑科研服务工作方面主动作为不够。此外，有的科研单位采用管理行政经费的制度来管理科研经费，由此造成科研经费管理的不科学。陈懿（2016）研究认为，部分行政性制度不适用于科研活动。

一些科研单位制定的内部科研经费管理具体制度不科学、不合理主要体现在以下三个方面：一是要求科研人员提交的证明材料过多，有时科研人员无法提供。比如，到偏远地区开展问卷调查、田野调查需要的交通、住宿、给调查对象的数据采集费方面的证明材料等。二是报销凭证需要签字的环节过多。一般规定是，报销金额越大，越需要更高级别的领导签字。但是，领导公务繁忙，这也给科研人员造成"报销难"。陈晓雯等（2021）研究认为"Y高校财务报销手续繁杂是科研经费报销效率低的制约因素，浪费了科研资源，影响了科研创新能力"。三是有的科研单位安排的报销时间不太合理。比如，有的规定只能在特定的时间段报账，其他时间不行，但是，这却与有的科研人员可以用于报账的时间发生冲突。

2. 有的财务人员不熟悉科研经费使用制度影响报销效率

科研经费报销时，财务人员需要审核原始凭证及其附件来判断科研活动的真实性、合法性、合理性，同时要审核原始凭证的完整性和准确性，这些都需要财务人员具备一定的科研制度水平，特别是对于合法性和合理性的判断，需要财务人员了解科研项目的专业背景和科研制度等。陈菁（2019）研究认为，财务报销是一项制度性很强的工作，报销人对信息的了解，对科研经费报销制度的把握是决定能否加快报销进程、提高报销效率的关键因素。但是，有的科研单位不重视对财务人员进行科研经费使用制度等相关知识的培训，导致一些财务人员不熟悉科研经费使用制度，本来可以更快办完报销手续的一些报销事项却不得不需要更多时间，导致"报销难"。

3. 有的科研单位科研管理信息化水平不高

现在是信息化时代，科研单位普遍建立有科研管理信息系统，用来管理科研项目的相关工作，如科研项目申请、科研经费预算调整、科研项目组成员变更、科研资产采购申请、科研项目的一些材料报送及传递等。建立和使用科研管理信息系统，可以提高科研管理效率，更好地服务科研工作。王海洪（2016）研究认为，财务部门应经常对科研经费的报销进行时间进度监控，促进合理费用的及时报销。但是，科研管理信息化水平有高有低，有的科研单位科研管理信息化水平确实较高，但是，有的科研单位建立的科研管理信息系统没有进行有效的资源整合，缺乏一个统一高效的科研信息共享平台，造成科研管理、财务、资产、审计等相关部门信息不畅通，造成信息孤岛。

贾丽（2019）研究认为，各个信息处理系统间相互割裂，没有关联性，信息不能共享，只能靠科研人员在各个职能部门间人工问询和传递，大大降低了科研人员的科研积极性和报销效率。王阿乐（2021）研究认为，部分高校由于信息化建设进度滞后，仍存在财务系统与其他业务系统信息不共享或共享不充分等问题，财务系统在一定程度上存在信息孤岛的现象。在政府会计制度背景下，业财融合不充分不仅会对高校执行政府会计制度造成影响，也会造成科研人员办理财务相关事项时效率低下，造成不好的报销体验。科研人员与相关部门之间缺乏信息畅通，这是造成"报销难"的重要原因。

（三）科研人员自身原因造成的"报销难"

由于科研人员自身原因造成的"报销难"主要体现在不熟悉科研

经费使用制度，不了解基本财务规范和报销程序、报销规定，造成重复劳动，效率低下。比如，科研人员提交给财务报销的发票如果不完整，即该填的项目没有填完，或者填得不准确，单位名称和纳税人识别号等项目填得不对，财务人员按照规定将发票退回给科研人员，由科研人员去找原开票单位更正，科研人员不得不来回奔波，由此造成"报销难"。有的科研人员在填制报销单时没有填对或粘贴票据不规范，被财务人员要求重新填制或者重新粘贴，这也是一种"报销难"。

科研人员不了解报销时间造成"报销难"。"会计分期"是会计核算的四个基本假设之一，其目的是分期提供会计核算信息。目前，我国会计法规定的会计期间分为年度、半年度、季度和月份。一般情况下，科研单位发生的经济业务事项，都要求有关部门和人员将证明业务发生的原始凭证（发票等）及时送到财务部门报账，"及时"一般是指当月之内，因为，如果不在当月之内报账，则影响到当月的会计核算工作，而当月会计核算信息与实际情况不相符，则造成会计信息失真。在"会计分期"假设之下，有的科研单位财务部门规定了不同费用的不同报销时间，而科研人员事先却不了解财务部门的具体时间安排。有的科研人员为了节约报销时间，通常等发票积累到一定程度才去报销，他们觉得"融三差五"地去财务部门报销太麻烦、太浪费时间，干脆等一两个月，等发票积累多一些再去报销，"一次搞定"。但是，这样做法与"会计分期"假设相背离，可能造成一些费用错过财务部门安排的时间，造成"报销难"。

二、建立方便科研人员报销的经费报销制度以解决经费使用"报销难"

（一）继续深化科研经费"放管服"改革，进一步完善科研经费使用制度

管明军（2018）研究认为，"科研经费使用难、报销难，表面上是经费问题、服务问题，根本原因是科研管理模式和经费使用制度问题"。

科研管理模式和经费使用制度不是表面问题，而是深层次问题、体制性问题。因此，应继续深化科研经费"放管服"改革，进一步完善科研经费使用制度。

1. 进一步完善科研项目经费预算制度

首先，进一步简化科研项目经费预算编制。简化科研项目经费预算编制是 2016 年以来财政科研项目经费使用制度改革的重要内容之一。中办发〔2016〕50 号文件提出"简化预算编制"，国发〔2018〕25 号文件提出"开展简化科研项目经费预算编制试点"。今后应进一步简化预算编制，基本思路是，将项目资助强度（或资助额度）作为项目预算总额，其中的直接费用预算总额和间接费用预算总额按规定比例确定，不再编制直接费用明细预算。因为预算编制不准确，而且目前制度允许进行预算调剂，调剂权限很多下放给了科研单位，科研单位实际上只负责审批，具体怎么调剂则由科研人员决定，这样做的结果是按照科研人员进行科研活动的实际需要使用经费，其结果与不编制明细预算是一样的，编制直接费用明细预算并允许进行调剂只不过是增加了过程的麻烦而已。

其次，淡化科研项目经费预算使用控制。由科研人员根据科研活动的实际需要在直接费用预算总额内使用经费，不受明细预算的约束。这样做可使科研经费使用符合科学研究规律，从而有利于解决"报销难。"同时，因为科研项目资助总额不变，科研人员和科研单位都无权调增预算，因此，不会造成财政资金的浪费。

最后，细化科研项目经费决算。在简化预算编制及淡化预算控制的情况下，项目结项时应细化经费决算，这样才能如实掌握科研项目的实际成本、成本构成及经费结余情况。同时，给科研人员传递明确信号，即前面简化预算编制及淡化预算控制是出于尊重科研规律及对科研人员的信任，但是并不意味着科研人员使用科研经费不受到应有的制约和监督。

2. 通过提高间接费用比例以解决"报销难"

提高间接费用比例有两个主要的好处：一是随着间接费用比例的提

高，可用于激励科研人员的绩效支出随之增加，因为绩效支出是凭绩效报销，而不需要发票，从而避免了粘贴发票的麻烦，有利于解决"报销难"。二是科研人员的智力劳动支出得到更合理补偿后，降低了去开虚假发票报销的冲动，也有利于解决"报销难"。对于智力密集型项目、纯理论基础研究项目，科研经费管理使用改革的方向是提高间接费用比例。因此，相关财政科研项目经费使用制度应尽快做出调整，提高间接费用比例。

3. 进一步明确"其他相关支出"的内容

"其他相关支出"的具体内容应根据合法性、相关性和合理性等原则确定。首先，应制定正面清单，明确可报销的内容，比如笔墨纸张等办公用品、通信等网络服务费、邮电费、培训费、市内交通费等，正面清单应当是开放型的，其好处是可以随着形势的变化而进行补充。制定正面清单的意义在于明确地告诉科研人员有哪些开支是可以报销的，避免让科研人员自己去设想而漏掉一些可能的项目，而一旦漏掉就无法申请预算，造成"报销难"。其次，制定负面清单，明确不能报销的内容，比如吃饭、旅游，以及购买眼镜、耳机、书架等，其意义在于消除"灰色地带"，明确告诉科研人员哪些支出是不能报销的。

（二）提高科研单位科研经费管理水平，为解决"报销难"创造良好条件

为了解决"报销难"，一些科研单位进行了有益探索。比如，中国科学院水生生物研究所在保证真实的前提下，解决无发票报销问题，该所规定，野外租车和租船在无法取得合规和合法的票据情况下，签订协议，提供车船图片、使用时间、地点、目的，车牌号、车船行驶证复印件、司机身份证明、电话及收款证明等相关证明据实报销。另外规定，部分科研工作需要向渔民购买鱼等实验生物，对于无发票的实验生物，采取的措施是经办人须将货物清单、照片和收款证明等交往货检室进行登记签字，并在发票背面加盖物资登记章，在保证真实性的情况下，解决无发票问题。同时针对转账支付执行确有困难，采用经办人银行卡、微信或支付宝转账，收款人、经办人和证明人签字的方式支付。

再如，中国农业科学院通过探索，较好地解决了各类科研人员差旅费报销执行标准的问题、自驾车或者租车报销问题和难以取得住宿费发票的差旅费报销问题。该院规定，在确保真实性的前提下，据实报销城市间交通费，并按规定标准发放伙食补助和市内交通费。

但是，有的科研单位在提高科研经费管理水平，以便解决"报销难"上尚缺乏清晰的思路。科研单位提高科研经费管理水平应从以下几个方面入手。

1. 进一步完善科研单位内部科研经费管理制度

科研单位应切实利用好科研"放管服"制度赋予的权限，制定有利于解决"报销难"的内部管理制度。首先，在科研活动调研及差旅费管理上，制定有别于政务活动和行政经费管理的符合科研规律的管理制度。比如，允许科研人员在不与单位正常工作有冲突的情况下根据自身需要自行安排调研时间，允许科研人员按照地区住宿费上限标准包干使用住宿费而不需要发票报销，允许科研人员开私家车调研而给予报销汽油费和路桥费等。其次，在预算调剂上，将科研单位拥有的调剂权限尽量下放给科研人员，而不需要办理专门审批手续，因为科研人员是科研项目的内行人。再次，在间接费用的分配上尽量提高绩效支出所占的比例，使科研人员能够得到更合理补偿。最后，在报销审批环节和报销材料提供上能减尽减。即优化报销流程，简化报销程序，减少无效审批环节，减少不必要的材料，尽量提高审批效率。

2. 提高财务人员的科研经费使用制度水平

在科研经费报销中，财务人员需要掌握科研经费使用制度的规定，包括国家层面制定发布的有关科研经费使用制度、各部委层面制定发布的科研经费使用制度、地方层面制定发布的科研经费使用制度和单位内部制定发布的科研经费内部管理制度等。加强对财务人员的科研经费使用制度培训是科研单位的重要责任，科研单位应通过聘请专家授课、外出培训、网上授课等方式为财务人员学习科研经费使用制度创造良好条件。只有财务人员制度水平提高了，才能提高工作效率，才能更好地为解决"报销难"创造条件。

3. 提高科研单位科研管理信息化水平

"只需跑一次"是各地政府在优化营商环境中为市场主体提供优质服务的一种做法。科研单位也应按照科研人员"只需跑一次"财务即可完成报销的目标优化科研管理信息系统，提高科研管理信息化水平。首先，网上审核签字。科研人员通过微信、计算机终端等填制报销单，并将原始凭证及其附件扫描上传，提交给财务人员审核签字，财务人员如果发现报销单填制错误或者原始凭证及其附件不符合要求，则要求科研人员按照规定更正后再提交。财务人员审核签字后直接通过科研管理信息系统告知科研人员，由科研人员将报销单及原始凭证等传递给需要审核签字的部门和人员，直到完成审核签字手续。其次，预约报销。科研人员通过科研管理信息系统向财务部门预约报销时间，这样可避免报销时因财务业务繁忙而被迫长时间排队等待的状况。最后，科研人员只跑一次财务即可完成报销工作。科研人员按照预约的报销时间到财务部门，打印出经过有关部门和人员审核签字的报销单，将实际的原始凭证及附件交给财务人员，由财务人员据以同事先网上提交的原始凭证及附件核对，确保两者相符，即完成报销手续。

在整个报销过程中，利用了网络传递凭证等材料的便捷，尽量让科研人员少跑腿，提高效率，解决"报销难"。目前的信息技术水平对于建立这样的信息系统并不复杂，但是，前提是必须把系统的功能需求和思路理顺清楚。

4. 利用互联网、移动互联网及大数据解决"报销难"

加快推动科研经费报销数字化、无纸化，争取报销"一次不用跑"。现在不仅是信息化时代，而且还是互联网、移动互联网、区块链及大数据时代，新一代信息技术手段不断涌现，并在生产、生活及管理等方面得到广泛运用，极大地提高了工作效率和管理效率，极大地方便了人们的生活。比如，在财务报销上，使用"电子发票"代替纸质发票作为报账依据已经变成现实，改变了传统会计核算体系下凭纸质发票报销的硬性要求。但是，目前我们在利用互联网、移动互联网及大数据解决"报销难"方面还做得不够。比如，可以运用利用互联网、移动互联网及大数据等新一代技术手段，提供登机牌、现场照片、现场视频、出行线路等信息，允许在财务报销时替代传统要求提供的一些证明材料，以此解决"报销难"。高振等（2017）研究认为，随着信息化水平的提高，灵活的替代方案设计一定可以实现。

（三）科研人员应主动应对"报销难"

虽然现行科研经费使用制度要求科研单位建立健全科研财务助理制度，利用科研财务助理为科研人员在项目预算编制和调剂、经费支出、财务决算和验收等方面提供专业化服务，以解决"报销难"等问题。但是，科研人员（特别是项目负责人）不应把解决"报销难"问题的希望全部寄托在科研财务助理身上。首先，科研人员（特别是项目负责人）是科研活动的主体，应该主动把握科研经费使用的全局和动态。其次，科研财务助理从科研人员处拿到发票等原始凭证再向财务报销，若发票等原始凭证不符合要求，则须返还给科研人员，由科研人员去跟开票单位沟通解决，即在科研报销中科研财务助理不能完全替代科研人员。最后，有的科研项目资助经费很少（如社科类科研项目及层次较低的科技类科研项目），课题组没有能力从科研经费中给科研财务助理支付费用。因此，科研人员自身应做出必要的努力，主动应对"报销难"。

1. 主动学习掌握科研经费使用制度

科研人员虽然很繁忙，但是主动学习掌握科研经费使用制度是必要的、可行的。

首先，科研人员通过学习，掌握科研经费使用制度是怎样规定的，应该怎么做、可以怎么做、不能怎么做等，从而主动遵守相关规定，避免出现违规违法行为。

其次，科研人员通过学习，有利于从国家视角理解科研经费使用制度制定的真实意图。即国家从有限的财政资金中拿出一部分资助科研项目研究是为了促进科学研究事业的发展，再通过科研事业的发展来促进经济社会文化生态文明发展和人民生活改善等，国家希望通过"放管服"改革调动科研人员的积极性，提升科研绩效。同时，国家也要合理保证资助的经费不被浪费，因而还是要进行适度的管控。科研人员只有理解科研经费使用制度制定的真实意图，才能保持良好的科研心态，接受科研经费使用制度的制约。

再次，科研人员通过学习，了解科研经费使用制度存在的问题，向制度制定部门提出修改完善的意见和建议，推动制度制定部门修改完善科研经费使用制度。因为科研人员比其他人更了解特定科研项目的科研活动状况、经费使用状况及科研经费使用制度存在的问题，科研人员向制度制定部门提出的意见和建议"最接地气"。

最后，科研人员是智商相对高、学习能力相对强的一个群体，只要怀着积极主动学习的态度，投入一定的时间精力，掌握一定的科研经费使用制度并不困难。

2. 主动熟悉科研经费报销手续

科研经费报销手续主要包括按照财务制度规范要求填制报销单、粘贴需要的原始凭证及其附件、找有关部门和人员签字等，这些手续虽然并不复杂，但是，科研人员若不熟悉，则可能会填错报销单等，轻则需要重新填制，浪费时间，重则可能造成无法报销的严重后果。因此，科研人员应主动熟悉科研经费报销手续。在获得科研项目立项后，应积极主动向财务部门或者承担过科研项目研究的科研人员咨询、了解报销手续，事先做到心中有底，这样报销起来就不会出现低级错误。

3. 正确收集报销材料

办理科研经费报销必须依据一定的报销材料。比如，报销绩效支出，虽然没有外来原始凭证，但是，科研人员应编制绩效支出报销单（自制原始凭证），列示发放绩效的科研人员姓名、身份证号、银行卡号、手机号等信息，经科研人员及有关部门人员签字后作为报销依据。

专家咨询费、劳务费的发放手续与绩效支出一样。如果要报销文印费、办公用品费，则需要刷公务卡，由对方单位开具发票并提供刷卡小票。对方单位开具发票应列示明细信息，比如，购买办公用品应分别品名、规格、型号列示数量、单价、金额等信息，购买图书应分别书名列示数量、单价、金额等信息，而不能笼统地列示办公用品、图书及金额。科研人员在对方单位开具发票时应提示按照规范要求开具，否则无法报销。总之，科研人员应当正确收集报销材料，包括车票、飞机票、住宿票、出差审批单等信息，并整理好、保管好，报销时才不会因缺失报销材料而造成"报销难"。

第二节 完善科研人员绩效支出管理制度

从财政性科研项目经费使用的角度看，绩效支出是一个支出科目，是科研经费使用中允许开支的一项内容，其目的是激励科研人员，提高科研人员的科研工作效率。现行财政性科研项目经费管理和使用制度规定，绩效支出来源于科研项目经费中的间接费用部分。从科研人员的角度看，绩效支出是科研人员从事科研活动而获得的绩效收入或智力劳动收入、奖励收入，是由项目依托单位在绩效考核的基础上支配使用，用于支付给项目负责人和其他项目组成员的智力成本补偿费用，是对科研人员的绩效激励。目前，我国已经初步建立了科研人员绩效支出管理制度，但是，还存在一定问题，需要进一步完善。

一、科研人员绩效支出管理制度现状

（一）从不允许列支绩效支出到允许少量列支绩效支出

在2006年修订的《国家科技计划等专项资金管理办法》，针对当时科研项目立项中的不正当竞争、立项异化、科研经费使用不规范等诸多问题，明确规定科研人员不允许从科研项目经费中列支人员性费用，但是，

对于第三方参与人员，允许在科研项目经费中以"劳务费"和"专家咨询费"的名义开支，但是，这两项开支有明确的数额限制，比如，在国家重大科技项目中，劳务费的支出总额不得超过项目资助额的5%。

财教〔2015〕15号文件规定："结合不同学科特点，间接费用一般按照不超过项目直接费用扣除设备购置费后的一定比例核定，并实行总额控制，具体比例如下：500万元及以下部分为20%；超过500万元至1000万元的部分为13%；超过1000万元的部分为10%。绩效支出不超过直接费用扣除设备购置费后的5%。"与此前发布的相关制度相比，该文件将科研经费划分为直接费用和间接费用两大类，并允许从间接费用中拿出一部分来激励科研人员，虽然数额不大，即"绩效支出不超过直接费用扣除设备购置费后的5%"，但是，与之前相比已经有了明显变化，说明财政性科研项目经费管理和使用制度对科研人员地位作用的认识得到了一定程度的提高。

（二）与时俱进逐步提高绩效支出比例

中办发〔2016〕50号文件规定："中央财政科技计划（专项、基金等）中实行公开竞争方式的研发类项目，均要设立间接费用，核定比例可以提高到不超过直接费用扣除设备购置费的一定比例：500万元以下的部分为20%，500万元至1000万元的部分为15%，1000万元以上的部分为13%。加大对科研人员的激励力度，取消绩效支出比例限制。项目依托单位在统筹安排间接费用时，要处理好合理分摊间接成本和对科研人员激励的关系，绩效支出安排与科研人员在项目工作中的实际贡献挂钩。"

中办发〔2016〕50号文件是财政性科研项目经费和使用制度改革的经典文件和重要文件，与之前发布的财政性科研项目经费管理和使用制度相比，该文件在人员费用及绩效支出方面出现了下列重大变化：一是中央财政科技计划（专项、基金等）中实行公开竞争方式的研发类项目，均要设立间接费用。同时，明确规定了间接费用的计提比例。二是加大对科研人员的激励力度，取消绩效支出比例限制，这意味着对科研人员在科学研究中的地位作用的认识有了进一步的提高。三是绩效支出的多少与科研人员在项目工作中的实际贡献相挂钩,这意味着给予科研人员更大的激励是有条件的,即要有实际的贡献。四是直接费用中的人员费用（劳务费和专家咨询费）没有比例限制,但是,并不意味着劳务费和专家咨询费可以随便开支,而是受到相关制度的制约。总之,在坚持"放管服"改革、坚持以人为本、尊重科研规律上,中办发〔2016〕50号文件取得了显著成效。根据该文件,科研项目经费中的人员费用包括劳务费、专家咨询费和绩效支出（绩效激励支出）三个部分。

中办发〔2016〕50号文件发布后,中央及地方财政性科研项目经费管理和使用制度均以该文件为依据,重新制定或完善相关科研项目经费管理和使用制度,对人员费用和绩效支出进行调整或完善。

一是对国家自然科学基金的经费管理和使用制度进行调整。《关于国家自然科学基金资助项目资金管理有关问题的补充通知》（财科教〔2016〕19号）以"补充通知"的方式,对财教〔2015〕15号文件作了补充规定,即"间接费用核定比例上限调整为:500万元以下的部分为20%,500万元至1000万元的部分为15%,1000万元以上的部分为13%。加大对科研人员的激励力度,取消绩效支出比例限制。依托单位在统筹安排间接费用时,要处理好合理分摊间接成本和对科研人员激励的关系,绩效支出安排与科研人员在项目工作中的实际贡献挂钩"。这是回应经典文件中办发〔2016〕50号文件的需要,是经典文件中办发〔2016〕50号文件在国家自然科学基金相关经费管理和使用的具体体现。

二是对国家科技重大专项和国家重点研发计划经费管理和使用制度进行调整。由财政部、科技部和国家发展改革委联合制定发布的《国家科技重大专项（民口）资金管理办法》（国科发专〔2017〕145号）,由财政部和科技部联合制定发布的《国家重点研发计划资金管理办法》（财科教〔2016〕113号）在间接费用的计提比例、管理及使用要求等与中办发〔2016〕50号文件。

三是对地方财政性科研项目经费管理和使用制度进行调整。中办发〔2016〕50号文件对人员费用和绩效支出的调整,为地方财政性科研项目中人员费用和绩效支出的调整提供了顶层制度依据。中办发〔2016〕50号文件明确"各地区要参照本意见精神,结合实际,加快推进科研项目资金管理改革等各项工作"。各地方在根据中办发〔2016〕50号文件调整和完善地方制度上有两种做法：一种是直接转换为地方制度。比如，贵州省政府办公厅印发《关于进一步改进完善省级财政科研项目资金管理等制度的实施意见》（黔府办发〔2017〕26号）。另外一种做法是结合自身需要进行一定程度调整，比如，河南省委办省政府办印发《关于进一步完善省级财政科研项目资金管理等制度的若干意见》（豫办〔2017〕7号）。

（三）允许哲学社会科学研究项目根据学科特点提高绩效支出比例

一是对国家社会科学基金项目经费管理和使用制度进行调整。财政部与全国哲学社会科学规划领导小组联合制定发布的《国家社会科学基金项目资金管理办法》（财教〔2016〕304号）规定："间接费用一般按照不超过项目资助总额的一定比例核定。具体比例如下：50万元及以下部分为30%；超过50万元至500万元的部分为20%；超过500万元的部分为13%。间接费用核定应当与责任单位信用等级挂钩。间接费用由责任单位统筹管理使用。责任单位应当处理好合理分摊间接成本和对科研人员激励的关系，根据科研人员在项目工作中的实际贡献，结合项目研究进度和完成质量，在核定的间接费用范围内，公开公正安排绩效支出，充分发挥绩效支出的激励作用。责任单位不得在核定的间接费用以外再以任何名义在项目资金中重复提取、列支相关费用。"值得注意的是，财教〔2016〕304号文件关于间接费用的计提比例与中办发〔2016〕50号文件相比有所提高，这是中办发〔2016〕50号文件允许的，即该文件明确规定："财政部、中央级社科类科研项目主管部门要结合社会科学研究的规律和特点，参照本意见尽快修订中央级社科类科研项目资金管理办法。"这显然是尊重哲学社会科研研究项目研究规律的需要。

二是对地区哲学社会科学研究项目经费管理和使用制度进行调整。部分地区在《国家社会科学基金项目资金管理办法》（财教〔2016〕304号）的基础上，较大幅度地提高了间接费用比例，比如，《贵州省哲学社会科学规划课题经费管理办法（试行）》（黔财教〔2019〕104号）、《云南省哲学社会科学研究项目资金管理办法（试行）》（云财教〔2017〕412号）、《湖南省哲学社会科学科研项目资金管理办法》（湘财教〔2018〕33号）、《山东省哲学社会科学类项目资金管理办法》（鲁财教〔2016〕82号）和《江苏省社会科学基金项目资金使用管理办法》（苏财规〔2017〕3号）等。

（四）国办发〔2021〕32号文件允许再一次提高绩效支出比例

国办发〔2021〕32号文件《国务院办公厅关于改革完善中央财政科研经费管理的若干意见》在中办发〔2016〕50号文件的基础上，进一步提高间接费用比例，调整的力度很大，达到10%，即"间接费用按照直接费用扣除设备购置费后的一定比例核定，由项目承担单位统筹安排使用。其中，500万元以下的部分，间接费用比例为不超过30%，500万元至1000万元的部分为不超过25%，1000万元以上的部分为不超过20%；对数学等纯理论基础研究项目，间接费用比例进一步提高到不超过60%"。允许提高间接费用比例，本质上就是允许提高绩效支出比例。

随着国办发〔2021〕32号文件的发布，《国家自然科学基金资助项目资金管理办法》（财教〔2021〕177号）、《国家重点研发计划资金管理办法》（财教〔2021〕178号）、《国家社会科学基金项目资金管理办法》（财教〔2021〕237号）和《高等学校哲学社会科学繁荣计划专项资金管理办法》（财教〔2021〕285号）等均以该文为依据，调整（即提高）间接费用比例。

二、现行财政性科研项目经费管理和使用制度对科研人员绩效支出不足

（一）对科研人员绩效支出多少为合适的比较标杆

西奥多·威廉·舒尔茨（Theodore W. Schuhz）说过，人力资本是

蕴含于劳动者身上的智力、知识和技能的综合,是资本的价值形态,是推动经济社会发展和科技进步的决定性因素。我国科研经费的大部分投入到科研活动所需要的设备、材料、会议、差旅等方面,虽然这类投资与科研成果的取得有很大关联,但并不造成直接性影响,要获得高质量的科研成果,更关键的是增加对科研活动最关键的主体即科研人员的资金激励和物质激励。但是,目前我国对科研人员的物质激励不足,一个主要的体现是对科研人员绩效支出不足。

虽然较难认定给予科研人员的绩效支出多少为合适,但是,有两个重要文件可为合理确定科研人员绩效支出提供标杆。一个是《中央财政科研项目专家咨询费管理办法》(财科教〔2017〕128号)关于专家咨询费标准的规定。另外一个是《中央和国家机关培训费管理办法》(财行〔2016〕540号)关于讲课费(税后)的规定。

以财科教〔2017〕128号文件和财行〔2016〕540号文件作为衡量科研人员绩效标杆是合理的有三个主要原因:一是这两个文件的级别及权威性。财科教〔2017〕128号文件由财政部制定发布,财行〔2016〕540号文件则由财政部、中共中央组织部和国家公务员局联合制定发布。二是财政性科研项目的项目负责人及项目组成员大多数具有高级专业技术职称,是所在领域的专家,符合财科教〔2017〕128号文件中关于专家的要求,也符合财行〔2016〕540号文件中关于授课教师的要求。按照这两个文件标准确定其年收入标准(即一年的全部收入)是必要的、应该的、公平的。三是目前我国没有类似的文件可供参考。

(二) 对科研人员绩效支出不足的基本测算

1. 按照财科教〔2017〕128号文件关于专家咨询费的标准计算,现行财政性科研项目经费管理和使用制度对科研人员绩效支出明显不足

财科教〔2017〕128号文件明确规定:"高级专业技术职称人员的专家咨询费标准为1500~2400元/人天(税后);其他专业人员的专家咨询费标准为900~1500元/人天(税后)。院士、全国知名专家,可按照高级专业技术职称人员的专家咨询费标准上浮50%执行。"假如，项目负责人或项目组成员具有正高级职称或副高级职称，则按照一年有效工作时间250天、每天8小时计算，其年收入最低标准（税后）应为37.5万元，没有高级专业技术职称的项目组成员年收入最低标准（税后）应为22.5万元。实际上，承担财政性科研项目的科研人员一年有效工作时间远不止250天，每天也不仅仅是工作8小时，而是经常加班加点工作，所以，前面计算的是年收入最低标准（税后）。按照目前我国薪酬水平及科研经费绩效支出标准计算，承担财政性科研项目研究的科研人员的年实际全部收入却远低于前面计算的年收入最低标准（税后），因此，可以说现行财政性科研项目经费管理和使用制度对科研人员绩效支出明显不足。举例说明如下。

2020年度国家自然科学基金资助面上项目19357项，直接费用1112994万元，平均资助强度为57.5万元/项。根据国办发〔2021〕32号文件，间接费用最高为21.56万元/项（假设设备购置费为0，否则每个项目的间接费用更少）。按照财教〔2015〕15号文件的规定，每项21.56万元的间接费用是用于补偿依托单位的必要支出、关管理费用以及绩效支出等。也就是说，绩效支出只占间接费用的一部分。由于国办发〔2021〕32号文件对绩效支出没有比例限制，所以，可以合理假定每项21.56万元的间接费用全部作为绩效支出，用于激励科研人员。即便这样，用于激励科研人员的绩效支出还是少了，因为，一项科研项目往往由一位项目负责人和若干位项目组成员共同完成，而研究周期为若干年，则分配到每年每人的绩效支出是很少的。在本例中，假定每个项目的科研人员为6名副教授以上职称专业技术人员，研究周期为3年，则每年每人最多可获得的绩效报酬不到1.2万元（税前，还需要按照个人所得税法并入综合所得缴纳个人所得税）。这还是高估的结果，所以，科研人员绩效报酬是很少的。再加上正常的薪酬收入，其总额远低于根据财科教〔2017〕128号文件计算的年收入最低标准（税后）。所以说现行财政性科研项目经费管理和使用制度对科研人员绩效支出明显不足。

再如，一位项目负责人申报国家哲学社会科学研究一般项目获得立项一项，财政资助经费 20 万元，课题组成员 6 人（含项目负责人），研究周期 3 年。按照财教〔2021〕237 号文件，间接费用总额为 8 万元（假设结项等级为"合格"，或以"免于鉴定"结项，间接费用比例为 40%）。假设全部作为绩效支出，则平均到每人每年的绩效支出（即平均每人每年可获得绩效报酬）为 4444 元（80000/6/3）。假设结项等级为"优秀"，则间接费用总额为 12 万元，假设全部作为绩效支出，则平均到每人每年的绩效支出（即平均每人每年可获得绩效报酬）为 6667 元（120000/6/3）。蒋悟真（2018）研究认为，近年来我国各级政府科研经费投入逐渐增加，但非国家级科研项目尤其是社会科学类项目经费总体偏低，2~3 年的科研时间与精力的投入能获得的绩效奖励可能仅有数千元之多，难以有效吸引科研人员的参与。

2. 按照财行〔2016〕540 号文件关于讲课费（税后）的标准计算，现行财政性科研项目经费管理和使用制度对科研人员绩效支出更低，更加明显不足

财行〔2016〕540 号文件规定："讲课费（税后）执行以下标准：副高级技术职称专业人员每学时最高不超过 500 元，正高级技术职称专业人员每学时最高不超过 1000 元，院士、全国知名专家每学时一般不超过 1500 元。讲课费按实际发生的学时计算，每半天最多按 4 学时计算。其他人员讲课费参照上述标准执行。同时为多班次一并授课的，不重复计算讲课费。"

按照财行〔2016〕540 号文件规定，副高职称、正高级职称和知名专家讲课半天（4 小时）收入分别为 2000 元、4000 元和 6000 元，一天收入分别为 4000 元、8000 元和 12000 元。如果按照这个标准计算，科研人员做科研项目研究获得的绩效报酬则非常低。有的课题研究做一年获得的绩效报酬比不过讲一天课获得的讲课费收入，这是一些拥有副高职称、正高级职称和知名专家称号的科研人员宁愿到社会上讲课而不愿意申请做竞争性财政性科研项目的重要原因。

三、进一步提高间接费用比例，为加大绩效支出提供基础

（一）进一步提高间接费用比例的政策要求

由于绩效支出来源于间接费用，因此，提高间接费用比例才能为加大绩效支出提供基础。自从中办发〔2016〕50号文件以来，提高间接费用比例，以便加大对科研人员绩效支出是科研经费管理和使用制度改革的重要方向。比如，国发〔2018〕25号文件明确"对试验设备依赖程度低和实验材料耗费少的基础研究、软件开发、集成电路设计等智力密集型项目，提高间接经费比例，500万元以下的部分为不超过30%，500万元至1000万元的部分为不超过25%，1000万元以上的部分为不超过20%。对数学等纯理论基础研究项目，可进一步根据实际情况适当调整间接经费比例"。其中，"对数学等纯理论基础研究项目，可进一步根据实际情况适当调整间接经费比例"表明，进一步提高间接费用比例，从而进一步加大对科研人员的绩效激励是合理的、必要的。

2021年7月，时任中共中央政治局常委、国务院总理李克强到国家自然科学基金委员会考察，并主持召开座谈会，强调指出"提高间接费用和绩效支出比例，特别是理论数学和物理等纯理论基础研究项目要有明显提高"。[①]

与中办发〔2016〕50号文件相比，国办发〔2021〕32号文件《国务院办公厅关于改革完善中央财政科研经费管理的若干意见》（2021年8月份发布）明显提高了间接费用的计提比例，即一般项目在原来基础上提高幅度最少达到7%（即原来规定可计提20%的提高到30%，原来规定可以计提15%的提高到25%，原来规定可以计提13%的提高到20%）。同时，国办发〔2021〕32号文件第一次明确提出数学等纯理论基础研究项目计提比例不超过60%。国办发〔2021〕32号文件关于间接费用计提比例的规定表明，提高间接费用比例以便为加大对科研人员的绩效支出

---

① 李克强考察国家自然科学基金委员会并主持召开座谈会，https://www.gov.cn/xinwen/2021-07/20/content_5626185.htm。

是调动科研人员积极性的需要，是尊重科研规律的需要，是大势所趋。

（二）进一步提高间接费用比例应根据科学研究规律和特点来确定

进一步提高间接费用比例应根据不同科研项目研究的规律和特点来确定。除了数学等纯理论基础研究项目外，哲学社会科学类研究项目很适合提高间接费用比例，因为，这类科研项目的核心工作、主要工作必须依赖科研人员的智力劳动来完成。提高间接费用比例到多少合适应根据科研项目研究规律，可参考财科教〔2017〕128号文件关于专家咨询费的标准和财行〔2016〕540号文件关于讲课费（税后）的标准来确定。间接费用比例的上限为100%，即项目资助经费全部作为间接费用，不设直接费用，比如，贵州省哲学社会科学规划课题经费管理办法（试行）（黔宣发〔2018〕6号）明确"对于科研规模较小省课题的经费（不超过5万元），原则上可采取后补助方式，主管部门验收合格后，可全部作为间接费用使用"。云南省哲学社会科学研究项目资金管理办法（试行）（云财教〔2017〕412号）明确"对于科研规模较小的项目（经费不超过5万元），原则上可采取后补助方式，主管部门验收合格后拨付项目资金，可全部作为间接费用使用"。山东省哲学社会科学类项目资金管理办法（鲁财教〔2016〕82号）明确"对于科研规模较小的项目（经费不超过2万元），原则上可采取后补助方式，主管部门验收合格后拨付项目资金，全部作为间接费用使用"。贵州省、云南省和山东省的做法是对于财政资金资助资金较少的哲学社会科学研究项目，将全部资助费用作为间接费用，这种做法实际上是"抓大放小"，是深化"放管服"改革的需要，符合科学研究规律。

四、试点允许科研人员有条件从直接费用中列支绩效支出

（一）试点允许科研人员有条件从直接费用中列支绩效支出的原因

现行财政性科研项目经费管理和使用制度允许从直接费用中列支临

时聘用的研究生等临时聘用人员的劳务费及列支专家咨询费，但是，不允许列支编制内项目组成员的绩效支出，绩效支出只能从间接费用中列支。但是，间接费用受制于计提比例过低而数额太少。在不提高间接费用比例的情况下，可以试点允许科研人员有条件从直接费用中列支绩效支出，以弥补因间接费用数额太少而无法补偿科研人员智力劳动的支出。

（二）试点允许科研人员有条件从直接费用中列支绩效支出应注意的问题

试点允许科研人员有条件从直接费用中列支绩效支出应明确以下几个问题：一是明确试点的条件及程序。不能因为试点而造成绩效支出及科研经费管理和使用的混乱。二是科研人员要取得明确的科研绩效。所谓明显的科研绩效应根据科研项目的研究特点确定。三是直接费用因为科研人员科研绩效的提高而出现结余。直接费用按照现行政策规定使用，假如出现结余，才能允许用于列支绩效支出，否则，不允许列出。四是不能因此增加科研项目的财政资金资助总额（即项目财政资金资助总额不变），不能增加财政资金负担。五是应按照客观公正、科学合理的原则确定科研人员的科研工作量（时间），包括专职人员的加班工作量、兼职人员利用额外（业余）时间从事的科研工作量，以便为确定科研人员绩效支出提供科学依据。六是明确试点的科研项目范围和时间范围。通过在一定范围科研项目和一定时间内试点，总结经验教训，以决定是否推广实施。这种试点做法不会造成科研经费管理的混乱和科研财政资金使用的浪费，但是，对促使科研人员提高科研绩效却起到推动和促进作用。

五、建立允许科研人员获得绩效报酬免交个人所得税制度

（一）政府减税降费的主要目的

减税降费是政府为了实现一定的宏观调控目标，主动对企业等被征

第五章　调动财政性科研项目科研人员积极性研究

税及缴费对象做出的减让税费行为。比如，由于受到新冠疫情带来的产业链、供应链中断、贸易投资萎缩、就业及民生受损等重大不利影响，有的企业不得不停工、减产而受到重大损失，为了做好"六稳"（稳就业、稳金融、稳外贸、稳外资、稳投资、稳预期）工作，落实"六保"（保居民就业、保基本民生、保市场主体、保粮食能源安全、保产业链供应链稳定、保基层运转）任务，国家实施了一系列减税降费措施。比如，为了鼓励企业加大研发投入，实现产业转型升级，《中华人民共和国企业所得税法实施条例》（中华人民共和国国务院令第512号）对企业进行研发投入采取了所得税税收优惠措施，即"企业为开发新技术、新产品、新工艺发生的研究开发费用，未形成无形资产计入当期损益的，在按照规定据实扣除的基础上，按照研究开发费用的50%加计扣除；形成无形资产的，按照无形资产成本的150%摊销"。假设，西部地区某企业（符合国家产业政策）的企业所得税税率为15%，该企业某年度发生研发支出1亿元，按照企业会计准则规定未形成无形资产而计入当期损益。在计算该年度应交企业所得税时，除了实际支出的1亿元可先在税前扣除外，还允许加计扣除50%，即0.5亿元，由此导致纳税费用增加0.5亿元，应纳税所得额减少0.5亿元，为此，可以少交企业所得税0.075亿元（0.5×15%）。

为了促进我国集成电路产业和软件产业高质量发展，更好地解决"卡脖子"问题，国家对集成电路产业和软件产业采取了一系列税收优惠。《财政部、税务总局、发展改革委、工业和信息化部关于促进集成电路产业和软件产业高质量发展企业所得税政策的公告》（2020年第45号）指出："国家鼓励的集成电路线宽小于28纳米（含），且经营期在15年以上的集成电路生产企业或项目，第一年至第十年免征企业所得税；国家鼓励的集成电路线宽小于65纳米（含），且经营期在15年以上的集成电路生产企业或项目，第一年至第五年免征企业所得税，第六年至第十年按照25%的法定税率减半征收企业所得税；国家鼓励的集成电路线宽小于130纳米（含），且经营期在10年以上的集成电路生产企业或项目，第一年至第二年免征企业所得税，第三年至第五年按照25%的法定税率减半征收企业所得税。"

《关于进一步提高科技型中小企业研发费用税前加计扣除比例的公告》(财政部、税务总局、科技部公告2022年第16号)明确规定:"科技型中小企业开展研发活动中实际发生的研发费用,未形成无形资产计入当期损益的,在按规定据实扣除的基础上,自2022年1月1日起,再按照实际发生额的100%在税前加计扣除;形成无形资产的,自2022年1月1日起,按照无形资产成本的200%在税前摊销。"这个公告的根本目的是通过税收优惠手段鼓励科技型中小企业加大研发投入,推动技术创新。

减税降费本质上是政府处理短期税费收入与长期税费收入关系采取的"放水养鱼"的行为,是一种"聪明"的行为,也是不得不采取的行为。减税降费虽然减少了政府眼前的税费收入,但是,却有利于增加未来的税费收入。因为,税费是企业等市场主体缴纳的,企业等市场主体遇到了难以克服的困难,如果政府不采取减税降费等手段加以解决,则企业等市场主体就无法生存,就被迫破产倒闭,如此一来,政府就失去了获得税费收入的可靠来源。"聪明"的做法就是减税降费,帮助企业等市场主体解决困难,与市场主体共渡难关。

(二)建立允许科研人员获得绩效报酬免交个人所得税制度的目的

1. 减轻科研人员负担,增加科研人员获得感

建立允许科研人员获得绩效报酬免交个人所得税制度遵循了政府减税降费的主要目的,即通过减少可获得的个人所得税收入,让科研人员增加收入,调动科研人员积极性,取得更多更好的科研创新成果,以推动科技进步,促进经济社会发展等。

科研人员获得绩效报酬是指科研人员从科研经费绩效支出中获得的报酬,是科研人员的一项收入。根据前面的综合分析,科研人员的整体收入水平偏低,科研人员所获得的收入与其付出(高人力资本投资)不相称,应通过各种渠道提高科研人员的收入水平。允许科研人员获得绩效报酬免交个人所得税是其中的一个渠道,免交个人所得税本质上就是增加科研人员收入，无疑有利于增加科研人员获得感。

2. 现行个人所得税制度对于科研人员获得绩效报酬缴纳个人所得税存在不公

根据《中华人民共和国个人所得税法》（中华人民共和国主席令第48号）的规定，科研人员获得绩效报酬应该缴纳个人所得税。根据《中华人民共和国个人所得税法实施条例》（国令第707号）的规定，科研人员所在科研单位为项目依托单位（科研财政资助资金划转到该单位账户上）的，此时，科研人员所获得的绩效报酬属于"工资、薪金所得"，按照100%并入"综合所得"，计算应纳税所得额，计算应交的个人所得税。但是，如果科研人员不属于项目依托单位，则科研人员所获得的绩效报酬属于"劳务报酬所得"，按照80%（中华人民共和国主席令第48号第六条规定"劳务报酬所得、稿酬所得、特许权使用费所得以收入减除百分之二十的费用后的余额为收入额。"）并入"综合所得"，计算应纳税所得额，计算应交的个人所得税。比如，张三、李四同属于一个课题组成员，张三属于项目依托单位职工，而李四不是，则张三所获得的绩效报酬属于"工资、薪金所得"，按照"工资、薪金所得"缴纳个人所得税，而李四获得的绩效报酬属于"劳务报酬所得"，按照"劳务报酬所得"缴纳个人所得税。都属于获得绩效报酬，但是，分别按照"工资、薪金所得""劳务报酬所得"两个税目缴纳个人所得税，这就是现行个人所得税制度对于科研人员获得绩效报酬缴纳个人所得税存在的不公。

（三）建立允许科研人员获得绩效报酬免交个人所得税制度的做法

要建立允许科研人员获得绩效报酬免交个人所得税制度，财税部门应主动制定补充规定，明确科研人员从竞争性科研项目经费中获得的绩效报酬免交个人所得税，即获得的绩效报酬既不作为"工资、薪金所得"缴纳个人所得税，也不作为"劳务报酬所得"缴纳个人所得税。这样处理，不仅有利于达到减轻科研人员负担、增加科研人员收入、调动科研人员积极性的目的，而且还有利于改变现行个人所得税制度对于科研人员获得绩效报酬缴纳个人所得税存在不公的现象。

六、建立允许将部分科研结余经费用于科研人员绩效支出制度

（一）建立允许将部分科研结余经费用于科研人员绩效支出制度的原因分析

科研经费结余是指科研项目研究完成，经过验收达到合格以上，而尚未使用的科研经费。建立允许将部分科研结余经费用于科研人员绩效支出制度有利于达到"双赢"的效果，即对科研人员有利，对科研财政资金的高效使用也有利。主要原因分析如下：一是激励科研人员高效、节约使用科研经费。当科研经费拨到课题组之后，由科研人员按照"政策规定"用于科研活动的支出，但是，"政策规定"是有弹性的，比如，科研人员到某城市出差调研，政策规定住宿费每天最高可以报销360元，科研人员可以在该规定范围内住好一些的宾馆，也可以住差一些的宾馆，如果住好一些的宾馆（比如，每天360元），此时，科研经费使用上很难做到节约；如果住差一些的宾馆（比如，每天250元），此时，每天可节约科研经费110元。如果建立有允许将部分科研结余经费用于科研人员绩效支出制度，有的科研人员乐于住差一些的宾馆以便节约科研经费。科研人员高效、节约使用科研经费是有一定空间的，除了出差调研住宿费之外，出差时间的长短也有一定空间，此外，其他科研经费支出（如复印费、办公用品费等）也有一定的节约空间。二是有利于弥补科研人员获得绩效报酬的不足。现行财政性科研项目经费管理和使用制度对科研人员绩效支出不足，建立允许将部分科研结余经费用于科研人员绩效支出制度在一定程度上有利于弥补绩效支出的不足。三是有利于其他科研工作的开展。建立允许将部分科研结余经费用于科研人员绩效支出制度强调，只是将"部分科研结余经费"用于科研人员绩效支出，那么，其余科研结余经费则可用于其他科研活动的开展了。

现行科研政策即国办发〔2021〕32号文件强调："改进结余资金管理。项目完成任务目标并通过综合绩效评价后，结余资金留归项目承担单位使用。项目承担单位要将结余资金统筹安排用于科研活动直接支出，优先考虑原项目团队科研需求，并加强结余资金管理，健全结余资金盘活机制，加快资金使用进度。"可见，现行科研政策并不允许将部分科研结余经费用于科研人员绩效支出，因此，有必要进行改革，建立允许将部分科研结余经费用于科研人员绩效支出制度。

（二）建立允许将部分科研结余经费用于科研人员绩效支出制度的思路

由于我国财政性科研项目经费有国家科技重大专项经费、国家重点研发计划经费、国家自然科学基金相关项目经费、哲学社会科学研究项目经费、地区自然科学基金有关项目经费、地区科技重大专项有关项目经费、地区重点研发计划有关项目经费、地区创新驱动的有关项目经费、高校及科研院所等单位立项的科技项目经费、跨区域合作的科研项目经费等不同的类型，为了使得建立的允许将部分科研结余经费用于科研人员绩效支出制度更加科学、合理，应分别不同的经费类型来建立，即允许将多少比例的科研结余经费用于科研人员绩效支出应与科研经费的类型相适应，既要有利于调动科研人员积极性，又要有利于财政科研经费的高效使用。

七、完善绩效支出的支付机制

（一）进一步明确绩效支出的对象范围

绩效支出的对象应该是为完成科研项目目标任务做出实际贡献的项目组成员。其他相关人员，比如临时聘请的专家、助理人员及其他服务人员等，因为另外有经费开支渠道，所以，不应在绩效支出中列支。进一步明确绩效支出的对象范围才能更好地发挥绩效支出的激励作用。

（二） 应进一步明确绩效支出的支出条件

绩效支出应以完成特定"绩效"作为支出的条件，因为，设置绩效支出的目的就是激励科研人员提高科研绩效，尽快完成科研目标任务。假如，没有完成特定"绩效"就发生绩效支出，则明显有违绩效支出设置的初衷。绩效支出的支出条件设置，不应以是否发表科研论文作为单一的条件，因为，科研论文是否发表不仅取决于科研人员能否写出论文，还取决于学术期刊编辑的态度及能力、版面安排、收费高低等多重因素。绩效支出的支出条件设置应尊重科研人员的意见，一般应以科研进度作为支出条件，但是，有的科研项目由于科学研究的复杂性，即使科研人员已经投入了大量的时间和精力进行研究，但是依然无法取得一定进展，此时应尊重科研规律，给予科研人员一定的绩效支出，而不单单是看研究进度而已。

（三） 完善绩效支出的支付机制应注意的其他问题

科研人员应获得绩效报酬多少应与其实际贡献相挂钩，而不应采取平均主义，具体应由项目负责人确定。应进一步明确绩效支出的具体方式，即一般应采取转账方式，而不是现金方式，要确保绩效支出的可核查性，避免绩效支出成为套现的手段。

本章主要参考文献

［1］管明军. 从源头治理科研经费报销难［N］. 中国社会科学报，2018 – 12 – 25.

［2］张明阳. 我国财政科研经费管理的问题与对策分析［J］. 学术评论，2018（6）：83 – 90.

［3］徐慧晔. "放管服"背景下的高校科研经费管理与财务风险管控问题探讨［J］. 经济师，2020（2）：186 – 188.

［4］佘佐明，周长敏，吴健. 高校科研经费管理中科研人员智力

成本补偿问题思考［J］．科技经济导刊，2018（8）：131－132．

［5］李宝智．科研经费管理的困境与出路［J］．中国注册会计师，2019（2）：103－105．

［6］陈懿．关于当前高校科研经费报销管理的认识与思考［J］．教育财会研究，2016（8）：58－62．

［7］陈晓雯，方宝才．"放管服"背景下高校科研经费管理存在的问题及创新路径研究——以Y高校为例［J］．财务管理研究，2021（5）：51－56．

［8］陈菁．高校科研经费"报销难"的成因及对策研究［J］．商业会计，2019（7）：80－83．

［9］王海洪．科研经费报销抑制科研积极性的治理研究［J］．商业会计，2016（12）：99－100．

［10］贾丽．我国高校科研经费报销存在的问题及其对策［J］．科技经济导刊，2019（18）：173－174．

［11］王阿乐．利用信息化手段解决高校科研经费"报销繁"问题的探讨［J］．财会通讯，2021（1）：158－162．

［12］高振等．科研经费管理对创新积极性的影响［J］．中国高校科技，2017（10）：22－24．

［13］国家自然科学基金委员会，2021项目指南［EB/OL］．http：//www．nsfc．gov．cn/publish/portal0/tab945/．

［14］落实《关于进一步完善中央财政性科研项目资金管理等政策的若干意见》典型案例［EB/OL］．http：//www．itp．cas．cn/tzgg/201702/t20170227_4751120．html．

［15］王军等．高校科研项目间接费用管理探究［J］．教育财会研究，2016（12）：51－54．

［16］卞亚琴．高校教师的科研人力资本探析［J］．教育财会研究，2021（2）：33－38．

［17］胡凌添骄．高校教学科研人员因公临时出国经费管理探讨［J］．行政事业资产与财务，2021（6）：47－48．

［18］董婷梅，李柳杰．基于过程视角下广西科研院所与科研人员

激励机制研究[J].内蒙古科技与经济,2021(7):22-24.

[19] 谢颖珺.所得税优惠政策对江苏省企业创新绩效的影响——以制造业企业为例[J].中国商论,2020(19):146-148.

[20] 冷静,王海燕.解读制约科研人员创造力的制度性障碍——基于科技政策落实情况的分析[J].中国软科学,2020(7):187-192.

[21] 王晓慧,王召卿,刘超凡.个人所得税的减税策略及其效应研究[J].现代财经(天津财经大学学报),2021,41(8):18-33.

[22] 李旭红,方超.促进创新的个人所得税政策研究[J].税务研究,2019(10):36-39.

[23] 吴寿仁,吴静以.科技成果转化若干热点问题解析(二十六)——基于个人所得税政策对科技成果产权激励改革的思考[J].科技中国,2019(7):73-77.

[24] 孙健夫,贺佳.企业所得税优惠政策对提升高新技术企业科技竞争力的效应分析[J].当代财经,2020(3):26-37.

[25] 王军.激励创新的企业所得税优惠政策导向与趋势——基于研发费用加计扣除政策修订的视角[J].国际经济合作,2018(9):11-15.

[26] 魏道新.关于激发科研人员创新活力的思考[J].交通运输部管理干部学院学报,2021,31(1):40-42.

[27] 蒋悟真.纵向科研项目经费管理的法律治理[J].法商研究,2018(5):36-46.

[28] 丁玉洁.从国家重大科技专项财务验收看事业单位科研经费管理[J].中国集体经济,2017(33):112-113.

[29] 王育贵.国家科技重大专项的财务管理问题及对策[J].财经界,2019(11):130.

[30] 付瑶丹.国家科技重大专项项目财务验收问题探讨[J].行政事业资产与财务,2018(15):77-78.

[31] 齐艳平.规范使用国家科技重大专项财政资金[J].中国国情国力,2019(12):46-49.

第五章　调动财政性科研项目科研人员积极性研究

[32] 李洪祥,孟璐,冯洁等.国家科技重大专项科研人员激励机制分析和建议[J].科技管理研究,2020(9):120-125.

[33] 王晓.科研经费易发多发问题审计剖析[J].审计月刊,2017(2):40-41.

[34] 帅振威.电子发票报销的无纸化探讨——数字化转型助力解决高校科研经费"报销繁"[J].财会通讯,2021(7):148-151.

[35] 王平,赵毅.电子发票对高校军工科研经费管理的影响研究[J].经济师,2021(7):79-81.

[36] 雷婷."互联网+"时代科研经费管理流程优化[J].中国总会计师,2021(5):66-67.

[37] 张秀红,王杨,李金爽,等.科研项目经费管理及研发费用加计扣除方面的探讨[J].纳税,2021(12):189-190.

[38] 刘垠.扩大科研经费管理自主权 加大科研人员激励力度[N].科技日报,2021-08-16.

[39] 夏德玲,刘殿红.智慧校园下高校科研经费生态型监管模式研究[J].中国管理信息化,2021(15):206-210.

[40] 张雪兰.财务共享理论视角下高校科研经费报销难的破解[J].内蒙古煤炭经济,2019(24):93-94.

[41] 孙克雨,张雪梅.财务共享理论下高校科研经费报销模型构建[J].商业会计,2019(17):36-41.

第六章

财政性科研项目经费分类管理和使用改革研究

我国财政性科研项目经费管理和使用采用分类管理法。在国家财政性科研项目层面，有国家自然科学基金资助项目资金管理办法、国家科技重大专项（民口）资金管理办法、国家重点研发计划资金管理办法和国家社会科学基金项目资金管理办法等。在地方财政性科研项目层面，也有类似于国家层面的不同经费管理和使用政策。现行分类管理办法虽然具有一定作用，但是分类还不够精细化。目前，我国财政性科研项目的资助项目数量和资助金额也具有类似 ABC 存货分类的特征，其经费管理和使用采取类似存货 ABC 分类管理法具有一定的可行性。当然，如何进行分类管理并没有绝对的标准。

本章把财政性科研项目分为定额补助式科学基金项目、重大科学研究项目和哲学社会科学研究项目三大类，研究不同类型科研项目应该采取的科研经费管理和使用制度。

第一节 定额补助式科学基金项目经费管理和使用实施"包干制"研究

"包干制"是国家自然科学基金项目和地区自然科学基金项目（简称"科学基金项目"，下同）经费管理和使用制度改革的一项重要内容。2020 年 1 月，在国家科学技术奖励大会上的讲话中，李克强总理强调："要持续深化科技领域'放管服'改革，进一步为科研人员放权松绑，拓展科研管理'绿色通道'和项目经费使用'包干制'试点。"这些讲话反映了国务院对"包干制"改革的重视。随后，国家层面在国家自然科学基金资助的国家杰出青年科学基金中试点项目经费使用"包干制"，山东、上海、重庆、广西、陕西、云南、贵州、四川、黑龙江、辽宁、江苏、浙江等地区也开展了"包干制"改革试点。

《国家自然科学基金资助项目资金管理办法》（财教〔2021〕177号）指出，根据预算管理方式不同，自然科学基金项目资金管理分为包干制和预算制。包干制项目申请人应当本着科学、合理、规范、有效的原则申请资助额度，无须编制项目预算。包干制项目资金由项目负责人自主决定使用，按照规定的开支范围列支，无须履行调剂程序。

但是，哪些科学基金项目资金管理可以采用包干制？采用包干制具体应该如何实施？财教〔2021〕177号文件并没有明确规定，而是授权给项目依托单位探索实施。目前，我国科学基金项目一般实行定额补助资助方式。因此，研究定额补助科学基金项目资金如何实施包干制管理很有必要。

一、"包干制"与"预算制"的联系与区别

对于什么叫"包干制"，目前并没有统一的定义。财政部、国家自然科学基金委员会和科学技术部联合制定发布的《关于在国家杰出青年科学基金中试点项目经费使用"包干制"的通知》，即国科金发计〔2019〕71号文件第一次提出试点项目经费管理和使用"包干制"。该文件具有权威性，对其他财政科研项目实行"包干制"及各地区实行"包干制"具有指导和参考作用。因此，全国一些地区在试点"包干制"时，均以国科金发计〔2019〕71号文件规定为基础来界定"包干制"的内容。

"包干制"是指允许科研项目负责人对于获得资助的财政科研项目无须编制项目经费预算、承诺依法依规使用资助费用、按照规定自主确定绩效支出、按照科研活动需要自主使用经费而不受科目比例限制、依

托单位对经费管理和使用情况进行监督、按照规定进行结题决算的财政科研项目经费管理和使用制度。

（一）"包干制"与"预算制"的联系

与"包干制"相对应的财政性科研项目经费管理和使用制度称为"预算制"。"预算制"是指科研项目负责人申请财政性科研项目时需提交项目经费概算，获得资助的项目要求编制经费预算，按照预算安排使用经费、依托单位对经费管理和使用情况进行监督、按照规定进行结题决算的财政科研项目经费管理和使用制度。"预算制"的主要内容反映在党中央、国务院、国务院各部委及直属机构、地方各级党委、政府及机构等制定发布的有关财政性科研项目经费管理和使用的政策文件中。"包干制"与"预算制"都属于财政性科研项目经费管理和使用制度，两者具有密切关系，但是，也有一定的区别。"包干制"与"预算制"具有密切关系。

1. 两者实施原则与目的本质上相同

无论是"包干制"还是"预算制"，实施原则都是坚持以人为本、坚持遵循规律、坚持"放管服"结合，坚持政策落实落地等；目的都是解决科研经费管理和使用中存在的突出问题，进一步优化、规范和完善科研的管理和使用，营造良好的科研经费使用环境，使科研经费的管理和使用成为调动科研人员积极性的关键因素。

2. 两者经费使用范围相同

无论是"包干制"还是"预算制"，项目经费使用范围都是与科研活动相关的、合理的支出。"包干制"下项目资助经费不需要分为直接费用和间接费用，但是，其经费使用范围的具体科目与"预算制"相同。

3. 两者都强调实行项目负责人承诺制

"实行项目负责人承诺制"是实施"包干制"的重要条件。在"预算制"下,《中共中央办公厅、国务院办公厅关于关于进一步加强科研诚信建设的若干意见》(厅字〔2016〕35号)规定"全面实施科研诚信承诺制",也就是说,在"预算制"下也要"实行项目负责人承诺制"。

4. 两者都强调对违规违法行为依法严肃处理

财教〔2021〕177号文件规定:"依托单位及其相关工作人员、项目负责人及其团队成员对于资金管理使用过程中,不按规定管理和使用项目资金、不按时编报项目决算、不按规定进行会计核算,存在截留、挪用、侵占项目资金等违法违规行为的,按照《中华人民共和国预算法》及其实施条例、《中华人民共和国会计法》、《国家自然科学基金条例》、《财政违法行为处罚处分条例》等国家有关规定追究相应责任。涉嫌犯罪的,依法移送有关机关处理。"这条规定对于"包干制"和"预算制"都适用。

(二)"包干制"与"预算制"的区别

1. 两者对项目资助经费分类不同

在"包干制"下,项目资助资金不要求分为直接费用和间接费用两大类,而是直接按照使用内容和范围分为不同的支出科目,如设备费、业务费、劳务费、绩效支出、依托单位管理费等。在"预算制"下,项目资助资金首先要求分为直接费用和间接费用两大类,然后每一大类再按照具体内容和用途进一步分类。

2. 两者预算编制不同

在"包干制"下,无须编制项目经费预算。但是,"包干制"有"项目资助强度",《关于在国家杰出青年科学基金中试点项目经费使用"包干制"的通知》(国科金发计〔2019〕71号)规定"项目资助强度为原直接费用强度和间接费用强度之和"。"项目资助强度"实际上就是预算总额,"无须编制项目经费预算"是指无须编制明细预算。财教

〔2021〕177号文件强调，自然科学基金委组织专家对包干制项目和申请资助额度进行评审，根据专家评审意见并参考同类项目平均资助强度确定项目资助额度。

在"预算制"下，需要编制项目经费预算，但是，不是编制详细的项目经费预算，而是简化的项目经费预算。《中共中央办公厅、国务院办公厅关于进一步完善中央财政科研项目资金管理等政策的若干意见》（中办发〔2016〕50号）规定："简化预算编制科目，合并会议费、差旅费、国际合作与交流费科目，由科研人员结合科研活动实际需要编制预算并按规定统筹安排使用，其中不超过直接费用10%的，不需要提供预算测算依据。"《国务院关于优化科研管理提升科研绩效若干措施的通知》（国发〔2018〕25号）明确规定："开展简化科研项目经费预算编制试点。项目直接费用中除设备费外，其他费用只提供基本测算说明，不提供明细。进一步精简合并其他直接费用科目。各项目管理专业机构要简化相关科研项目预算编制要求，精简说明和报表。"财教〔2021〕177号文件进一步强调简化预算编制，精简合并预算编制科目，按设备费、业务费、劳务费三大类编制直接费用预算。

3. 两者项目经费使用标准不同

在"包干制"下，项目经费使用"不设科目比例限制"，即除了项目依托单位管理费用和绩效支出外，其余费用科目（即设备费、业务费、劳务费等资金使用范围内的各项具体开支科目）的用途无比例限制和额度限制，由项目负责人根据实际需要自主决定使用。

在"预算制"下，项目经费使用有科目比例限制，即经费使用比例受到预算约束。其中，直接费用与间接费用的比例按照预算的规定执行，不得调整。直接费用各科目之间可以按照规定程序进行调剂。

4. 两者依托单位管理费用和绩效支出数确定方法不同

无论是"包干制"还是"预算制"均需设置依托单位管理费用和绩效支出科目。在"包干制"下，"依托单位管理费用由依托单位根据实际管理支出情况与项目负责人协商确定。绩效支出由项目负责人根据实际科研需要和相关薪酬标准自主确定,依托单位按照现行工资制度进行管理"。在"预算制"下,需要按照核定比例确定间接费用,然后将一部分作为依托单位管理费用,另一部分作为绩效支出。

二、定额补助式科学基金项目经费管理和使用实施"包干制"的必要性和可行性

(一) 定额补助式科学基金项目经费管理和使用实施"包干制"的必要性

党的十八大以来,特别是2014年以来,我国财政科研项目经费管理和使用制度的改革其实都属于"预算制"改革的范畴。改革力度很大,从中央到地方发布了一系列改革的政策文件,取得了一定成效,但是还存在一些不容忽视的问题。比如,预算约束过于刚性,不符合科学研究规律,科研人员的智力成本得不到合理补偿等。张培民(2019)研究认为,多年来,我国科研项目经费使用采取预算制,即科研经费要严格按照预算要求来使用。佘惠敏等(2019)研究认为,现行科研经费预算制有两大问题,一是对人员的经费投入在项目经费中所占比例太小;二是经费严格按预算使用,不符合科研工作不断变化、探索未知的特点,缺乏灵活性。李柏红等(2016)研究认为,现行科研项目经费预算制违背科研活动不确定性原则、凭票报销制无法实现科研经费全覆盖、逐级签字制造成科研人员精力的无端内耗、物质保障制忽视科研活动的智力性。汪春娟等(2019)研究认为,科研人员的智力成本难以充分补偿、预算执行的确定性要求与科研项目实施的不确定性矛盾突出、基层单位的政策迟滞、报账审批难。刘婉等(2018)研究认为科研项目经费预算编制不科学、项目管理与经费管理脱节、经费使用监管不力、人力资本补偿机制缺失、绩效考核体系存在缺陷。

实施"包干制"有利于解决"预算制"存在的突出问题。实施"包干制",事先不编制项目经费预算,这就避免预算编制不科学、不准确的问题。除了依托单位管理费用和绩效支出需要专门确定外,"不

设科目比例限制",那么经费使用时就不存在预算约束过紧的问题了。"包干制"下绩效支出数是由项目负责人确定的。国科金发计〔2019〕71号文件规定:"绩效支出由项目负责人根据实际科研需要和相关薪酬标准自主确定,依托单位按照现行工资制度进行管理。"虽然项目负责人在确定绩效支出数时要考虑到"实际科研需要、相关薪酬标准和现行工资制度"等因素,但是,项目负责人可以利用对"科研实际需要"的更深入了解,通过自己的"确定权",确定一个合理的绩效支出数,来合理补偿智力资本的支出。

实施"包干制"有利于在科研经费管理和使用领域落实"放管服"政策。"包干制"是落实"放管服"的重要手段,必须与"放管服"改革结合起来。"包干制"是一种放,但放不是不管,只是管的方式、管的理念会发生变化,"服"是服务科研人员更好地开展科研活动,"放管"的最根本目的是"服",要让服务对象(科研人员)增强获得感。

实施"包干制"有利于落实"赋予科研人员更大经费使用自主权"。"赋予科研人员更大经费使用自主权"是尊重科学研究规律、深化"放管服"改革和调动科研人员积极性的需要。李克强总理在2018年7月4日的国务院常务会议上强调"要充分相信和尊重科研人员,赋予他们更大经费使用自主权,进一步调动广大科研人员的积极性"。但是,"赋予科研人员更大经费使用自主权"是有边界的,这个边界到底应该如何界定此前并没有明确。"包干制"第一次明确了"赋予科研人员更大经费使用自主权"的边界,是落实"赋予科研人员更大经费使用自主权"的很好的财政性科研项目经费管理和使用的制度设计。

(二)定额补助式科学基金项目经费管理和使用实施"包干制"的可行性

从资助项目数量看,定额补助式是目前我国科学基金项目经费资助的一种主要方式。目前,我国自然科学基金项目一般实行定额补助资助方式。对于重大项目、国家重大科研仪器研制项目等研究目标明确,资金需求量较大,资金应当按项目实际需要予以保障的项目,实行成本补偿资助方式。2020年国家自然科学基金面上项目;青年科学基金项目;

地区科学基金项目、重点项目；国家杰出青年科学基金项目；海外及港澳台学者合作研究基金项目；优秀青年基金项目总共资助 42583 项，均采用定额补助资助方式。同年，国家自然科学基金国家重大科研仪器研制项目资助 85 项，采用成本补偿资助方式[①]。

定额补助式科学基金项目经费管理和使用实施"包干制"的可行性在于有一个相对合理的包干基数，即定额补助的项目资助强度。既然采用定额补助式资助方式的国家杰出青年科学基金可以试点"包干制"，那么，其他采用定额补助式科学基金项目实施"包干制"也是可行的。此外，从经费资助强度看，国家杰出青年科学基金项目的资助强度远大于其他采用定额补助式科学基金项目的资助强度。根据"抓大放小"的原则，除了国家杰出青年科学基金项目实施"包干制"管理外，其他实行定额补助式的科学基金项目更应该实施"包干制"管理。

国办发〔2021〕32 号文件提出："扩大经费包干制实施范围。在人才类和基础研究类科研项目中推行经费包干制，不再编制项目预算。鼓励有关部门和地方在从事基础性、前沿性、公益性研究的独立法人科研机构开展经费包干制试点。"从财政资金资助科研活动的方式看，国办发〔2021〕32 号文件中要求或鼓励实施"包干制"管理的财政性科研项目应该是有合理的包干基数，否则，不适合采用"包干制"管理。采用成本补偿资助式的财政性科研项目由于没有合理的包干基数而难以采用"包干制"管理。

三、定额补助式科学基金项目经费管理和使用实施"包干制"的关键

实施"包干制"必须注重可操作性。从路径上看，可以采取自上而下、自下而上及上下结合三种办法。自上而下，是指由科研项目的立项单位制定具有可操作性的"包干制"管理办法，由项目承担单位及科研人员实施。自下而上，是指由项目承担单位制定具有可操作性的

[①] 根据"2021 年项目指南"的资料整理计算，国家自然科学基金委员会网站，http://www.nsfc.gov.cn/publish/portal0/tab882/.

"包干制"管理办法，经由科研项目的立项单位同意后，再由项目承担单位及科研人员实施。上下结合，是指将自上而下与自下而上两种办法结合起来，最后由项目主管部门充分参考有关科研单位的做法后，统一制定具有可操作性的"包干制"管理办法或指导办法。国办发〔2021〕32号文件明确"依托单位应当制定项目经费包干制管理规定，管理规定应当包括经费使用范围和标准、各方责任、违规惩戒措施等内容，报自然科学基金委备案"。该规定表明，目前，我国尚没有出台适用于科学基金的统一的包干制经费管理办法，但是，随着项目依托单位的探索实施和经验积累，项目主管部门应该制定统一的管理办法或指导意见。无论采取哪种办法，都必须做好以下三个方面的关键工作。

（一）科学合理确定绩效支出数和依托单位管理费用

实施"包干制"，科学合理确定绩效支出数至关重要。绩效支出是指依托单位为了提高科研工作的绩效安排的相关支出。绩效支出本质上是用于科研人员的奖励支出，事关科研人员的切身利益。一般情况下，绩效支出数增加就会相应增加科研人员的获得感。张颖萍等（2017）研究认为，"科研绩效支出是实现科研人员智力补偿、调动科研积极性的重要驱动力"。但是，若绩效支出太多，则会影响到科研活动其他科目的开支，甚至造成"中饱私囊"，浪费财政资金。

然而，绩效支出数却很难合理确定。虽然按照制度规定"绩效支出由项目负责人根据实际科研需要和相关薪酬标准自主确定，依托单位按照现行工资制度进行管理"。但是，由于"实际科研需要"和"相关薪酬标准"这两个因素本身就很难合理确定，因此，项目负责人确定的绩效支出数也难以做到科学合理。由于"预算制"下按照核定比例确定的绩效支出数被认为太低，不能合理补偿科研人员的智力资本支出，因此，"包干制"下的绩效支出数应提高一些，因为实施"包干制"的初衷之一是增强科研人员的获得感。但是，绩效支出数多少为科学合理，应由项目依托单位指导项目负责人来具体确定。

另外，应科学合理确定依托单位管理费用。依托单位管理费用于补偿间接成本，涉及到单位利益。在项目资助强度一定的情况下，若管理费用过多，则可用于项目研究的其他支出必然相应减少。"依托单位管理费用由依托单位根据实际管理支出情况与项目负责人协商确定"虽然理论上可行，但是实际上可能存在难以协商的情况。由于依托单位处于强势地位，最后的确定数可能对科研人员不利。因此，应从增强科研人员获得感的角度考虑，"包干制"下依托单位管理费用不高于"预算制"下依托单位管理费用。

（二）建立和完善与"包干制"配套的管理制度

"包干制"是在财政科研项目经费管理和使用领域落实国家"放管服"政策的重要举措，具有符合科研规律、调动科研人员积极性、提升科研绩效等作用，但是，"包干制"也蕴含着滋生新的腐败风险，需要进行科学防范。因此，何星辉等研究认为应制定好"游戏规则"，即应建立和完善与"包干制"配套的管理制度，一方面保证"包干制"规范实施、高效运行；另一方面防范出现违规违法使用科研资金的风险，保护科研人员。

1. 完善绩效支出制度

从项目主管部门的角度看，经费使用实施"包干制"的最大风险是科研经费被使用完了，但却没有产生合格的科研成果，造成财政资金的低效使用甚至浪费。为了防范这样的风险，应进一步完善绩效支出制度，将科研人员领取绩效与研究进度挂钩。这样做有利于督促科研人员潜心投入研究，争取早日完成研究任务，早出成果。

2. 完善个人所得税制度

科研经费使用实施"包干制"将使科研人员的绩效报酬有所增加，按照《中华人民共和国个人所得税法》的规定应该缴纳个人所得税，由此将导致科研人员从科研经费使用实施"包干制"中得到的补偿随之降低，进而降低科研人员的获得感。与重大科学研究项目相比，定额补助式财政性科研项目经费资助金额相对较少，在这个前提下，科研人员预计获得的绩效收入很少。如前所示，为了增加科研人员收入，鼓励科研人员从事研究，财税部门应制定补充规定，允许科研人员获得的绩效报酬免征个人所得税。

3. 完善监督制度

研究项目经费使用实施"包干制"不是不需要监督，而是改变监督的方式方法，由刚性监督变为柔性监督，由侧重过程监督变为侧重结果监督，由侧重他人监督变为侧重自我监督。因此，需要完善监督制度，使其能够适应"包干制"的需要。比如，在科研经费使用实施"包干制"的情况下，明确科研人员自主监督、自我约束的职责，同时明确科研机构柔性监督的职责。柔性监督主要是在关键节点上（每季度末等）通过科研信息系统平台、微信、QQ等发布信息，提醒科研人员注意抓紧做好研究、注重自我监督等，这样的柔性监督对一些自律性不强的科研人员极为重要。

4. 完善审计监督制度

对于科研经费已经使用完毕而且研究周期已经结束，但是没有产生合格科研成果的科研项目，对其科研经费使用情况必要审计，如果发现违法违规使用经费行为，应予以追回。

5. 完善其他相关制度

对现行相关制度进行梳理，比如差旅费管理制度、科研采购管理制度、诚信管理制度、报销管理制度、结余经费管理制度、结题决算制度、容错纠错制度等，分析相关规定对于"包干制"是否适用，若不适用，就应加以修改和完善，使其适应"包干制"的需要。

（三）加强对科研人员和科研相关服务人员的"包干制"知识培训

"包干制"主要是用于规范科研人员使用财政资金开展科研活动的行为，因此，应加强对科研人员的"包干制"知识培训，使科研人员对"包干制"是什么、不是什么、有什么作用、对自己有什么要求等有透彻的理解和深刻的认识。比如，"包干制"是我国财政科研项目经费使用的制度创新，目的是增强科研人员的获得感，提高科研人员的创新活力和科研绩效；韩凤芹等研究认为，"包干制"不是不需要科研主管部门和项目依托单位的管理，而是改变管理的方式，"变微观管理为宏观管理、变刚性管理为柔性管理，做到刚柔相济"；王仕涛等研究认为，"包干制"照样要求科研人员依法使用经费，受到制约监督，即"以信任为前提不能没有监督，以激励为前提不能没有约束"；"包干制"要求科研人员更自觉更高效地完成科研任务等。此外，应加强对科研相关服务人员的"包干制"知识培训，包括科研管理人员、科研财务助理、财务人员、资产管理人员、审计人员等，使他们更好地了解"包干制"的相关知识，从而更好地为科研人员服务。

定额补助式科学基金项目由于具有相对合理的包干基数，因而其经费管理和使用实施"包干制"具有可行性。从项目资助数量看，目前我国绝大多数科学基金项目采用定额补助式资助方式，科研经费管理和使用实施"包干制"有利于优化我国财政科研项目经费管理和使用，深化科研领域"放管服"改革。

由于"包干制"是新鲜事物，在试点实施过程中难免出现对政策理解不到位而致使一些做法出现偏差及不太科学的情况，因此，科研项目主管部门应进行更进一步的指导。特别是对于不太好衡量多少为宜的"绩效支出"及其确定过程中需要考虑的"科研实际需要"，科研项目主管部门应制定更具体的指导意见。此外，科研项目主管部门应利用自身处于管理地位上的优势，把相关试点单位的试点经验进行对比分析，总结出好的经验做法，以便推广实施。

第二节 重大科学研究项目经费管理和使用审计研究

重大科学研究项目是我国财政性科研项目中的"关键少数"，在这里，"关键"是强调重要性，"少数"是强调立项数量不多（与其他科研项目立项数量相比）。重大科学研究项目主要包括国家科技重大专项、国家重点研发计划和国家自然科学基金中的国家重大科研仪器研制项目；重大研究计划项目；创新研究群体项目、重点项目；优秀青年科学基金和地区重大科学研究项目等。与其他财政性科研项目相比，历年来我国重大科学研究项目的立项数量不多，但是，财政性资金资助金额大，资助金额达到多少应认定为"金额大"并没有绝对标准，在此假设为100万元人民币以上。此外，"金额大"不是一个绝对不变的数，而是应随着时间的推移而调整。

重大科学研究项目对于维护我国的国家安全、国民经济和社会发展、人民生命健康等具有巨大的重要性和意义。比如，核心电子器件、高端通用芯片及基础软件产品专项，极大规模集成电路制造装备与成套工艺专项，新一代宽带无线移动通信网专项，高档数控机床与基础制造装备专项，大型油气田及煤层气开发专项，水体污染控制与治理专项，转基因生物新品种培育专项，重大新药创制专项，艾滋病和病毒性肝炎等重大传染病防治专项，大型飞机专项，高分辨率对地观测系统专项，载人航天工程，探月工程，北斗卫星导航系统。其中，每一个重大专项都具有巨大的重要性和意义。

进入新时代新发展阶段后，我国支持重大科学研究项目的理念是打破国外对关键核心技术的垄断，解决"卡脖子"问题，维护我国国家安全、国民经济和社会发展、人民生命健康等。比如，《国家科技重大专项（民口）管理规定》（国科发专〔2017〕145号）强调，重大专项是为了实现国家目标，通过核心技术突破和资源集成，在一定时限内完成的重大战略产品、关键共性技术和重大工程，是我国科技发展的重中之重，对提高我国自主创新能力、建设创新型国家具有重要意义。《国家重点研发计划管理暂行办法》（国科发资〔2017〕152号）明确规定，国家重点研发计划由中央财政资金设立，面向世界科技前沿、面向经济主战场、面向国家重大需求，重点资助事关国计民生的农业、能源资源、生态环境、健康等领域中需要长期演进的重大社会公益性研究，事关产业核心竞争力、整体自主创新能力和国家安全的战略性、基础性、前瞻性重大科学问题、重大共性关键技术和产品研发，以及重大国际科技合作等，加强跨部门、跨行业、跨区域研发布局和协同创新，为

第六章 财政性科研项目经费分类管理和使用改革研究

国民经济和社会发展主要领域提供持续性的支撑和引领。

由于重大科学研究项目非常重要、研究难度大、风险高、周期长，而且财政资金资助金额大，除了采用其他财政性科研项目常规采用的管理和使用办法之外，应加强对重大科学研究项目经费管理和使用的审计。

一、加强对重大科学研究项目经费管理和使用审计的必要性和重要性

（一）重大科学研究项目财政性资金资助金额大，加强其经费管理和使用审计是审计重要性原则的要求

审计重要性原则是审计工作的一项重要原则，该原则要求对于重要性水平不同的审计对象或内容，在审计力量投入、审计方法运用和关注度上有所不同，审计对象或内容越重要，则审计力量投入越多、审计方法运用越精细、关注度越高；反之，则相反。

设定重要性水平是现代审计学的一个重大创新，在具体审计工作中具有重大意义。一是提高审计效率。随着被审单位经济业务规模不断扩大，被审单位组织结构越来越复杂，经济业务活动越来越频繁，审计人员无法实施全面审计，而不得不实施抽样审计，重要性水平这一定义为解决审计人员的抽样决策问题提供了极大的帮助，从而极大提高审计效率。二是降低审计风险。审计风险是指被审计对象存在重大差错或舞弊行为但是经过审计却没有被发现的风险。一旦发生审计风险，就说明审计目标没有实现，审计工作是失败的，因为重大差错或舞弊行为继续存在并将产生巨大危害。在审计工作实践中，只要不是实施了全面审计，审计人员就会面临审计风险。但是，对于一些被审计对象来说，实施全面审计是不可能的，因为所需要的时间太长、成本太大，审计委托方无法承受。通过对具有重要性水平内容、关键环节或关键业务等进行审计虽然无法消除审计风险，但是，却有利于降低审计风险、提高审计质量。三是节约审计成本。基于审计费用与审计时间方面的考虑，审计人员必须在审计成本与预期效益（即发现存在问题的可能性）之间进行

权衡。运用好审计重要性原则，可以适当减少一些不太重要的审计程序，缩小存货监盘、往来款项函证等测试范围，使审计人员把审计力量重点放在那些可能影响审计质量和审计目标的方面。

不同的财政性科研项目，财政性资金资助额度具有巨大差别，有的项目可能资助额度亿元以上，有的项目资助额度可能只有几千元。与其他财政性科研项目财政资金资助金额相比，重大科学研究项目财政性资金资助金额要大得多。国家重点研发计划2021年度拟启动的一些项目及资助金额如表6-1所示。国家自然科学基金2020~2021年度一些项目的资助金额如表6-2所示。国家社会科学基金2020年度一些项目的资助金额如表6-3所示。

表6-1　　国家重点研发计划2021年度拟启动的一些项目及资助金额

重点专项名称	拟启动项目及资助金额
农业生物重要性状形成与环境适应性基础研究	拟启动9个项目方向，拟安排国拨经费概算6.7亿元，平均资助额度约为7400多万元
氢能技术	拟启动18个项目，拟安排国拨经费7.95亿元，平均资助额度约为4000多万元
信息光子技术	拟启动23项任务，拟安排国拨经费3.5亿元，平均资助额度约为1500多万元
新型显示与战略性电子材料	拟启动25个项目，拟安排国拨经费3.79亿元，平均资助额度约为1500多万元
多模态网络与通信	拟启动10项任务，拟安排国拨经费2.64亿元，平均资助额度约为4300多万元
工业软件	拟启动17个项目，拟安排国拨经费1.92亿元，平均资助额度约为1100多万元
高性能制造技术与重大装备	拟启动18个项目，拟安排国拨经费2.83亿元，平均资助额度约为1500多万元
生物与信息融合（BT与IT融合）	拟启动16个方向，拟安排国拨经费概算6.7亿元，平均资助额度约为4100多万元
纳米前沿	拟支持23个项目，拟安排国拨经费概算4.5亿元，平均资助额度约为1900多万元

第六章　财政性科研项目经费分类管理和使用改革研究

续表

重点专项名称	拟启动项目及资助金额
智能传感器	拟启动 27 个项目，拟安排国拨经费 3.985 亿元，平均资助额度约为 1400 多万元
网络空间安全治理	拟启动 15 个项目，拟安排国拨经费 2.55 亿元，平均资助额度约为 1700 万元
高端功能与智能材料	拟启动 35 个项目，拟安排国拨经费 6.59 亿元，平均资助额度约为 1800 多万元
先进结构与复合材料	拟启动 37 个项目，拟安排国拨经费 6.32 亿元，平均资助额度约为 1700 多万元
新能源汽车	拟启动 18 个项目，拟安排国拨经费 8.6 亿元，平均资助额度约为 4700 多万元
稀土新材料	拟启动 33 个项目，拟安排国拨经费 3.47 亿元，平均资助额度约为 1000 多万元
重大病虫害防控综合技术研发与示范	拟启动 4 个项目方向，拟安排国拨经费概算 1.75 亿元，平均资助额度约为 4300 多万元
长江黄河等重点流域水资源与水环境综合治理	拟启动 15 个项目，拟安排国拨经费概算 6 亿元，平均资助额度为 4000 万元
食品制造与农产品物流科技支撑	拟启动 6 个项目方向，拟安排国拨经费概算 2.1 亿元，平均资助额度为 3500 万元
农业生物种质资源挖掘与创新利用	拟启动 12 个项目方向，拟安排国拨经费概算 6.8 亿元，平均资助额度约为 5600 多万元
农业面源、重金属污染防控和绿色投入品研发	拟启动 4 个项目方向，拟安排国拨经费概算 2 亿元，平均资助额度为 5000 万元
林业种质资源培育与质量提升	拟启动 7 个项目方向，拟安排国拨经费概算 3.4 亿元，平均资助额度约为 4800 多万元
黑土地保护与利用科技创新	拟启动 3 个项目方向，拟安排国拨经费概算 1.2 亿元，平均资助额度为 4000 万元

资料来源：国家科技管理信息系统公共服务平台"申报指南"，https://service.most.gov.cn/index/。

表6-2　国家自然科学基金2020~2021年度一些项目的资助金额

项目名称	财政资金资助情况
国家重大科研仪器研制项目	2020年资助部门推荐项目4项，资助直接费用34862.2万元，平均资助强度为每项8715.55万元。资助自由申请项目84项，资助直接费用59632.58万元，平均资助强度为每项709.91万元
重点项目	2020年度共资助737项，资助直接费用216527万元，平均资助强度为每项293.8万元
重大研究计划项目	"湍流结构的生成演化及作用机理"重大研究计划项目2021年拟资助重点支持项目4项左右，直接费用平均资助强度约为每项400万元，拟资助集成项目1项左右，直接费用平均资助强度为每项600万~800万元
创新研究群体项目	2020年度资助37项，资助直接费用36010万元，平均资助强度为每项973万元
优秀青年科学基金	2020年度资助项目600项，资助直接费用72000万元，平均资助强度为每项120万元
面上项目	2020年度共资助19357项，直接费用1112994万元，平均资助强度每项57.5万元，平均资助率17.15%，2021年度资助强度与2020年度基本持平
青年科学基金	资助期限不超过3年，2021年度按照固定额度资助，每项资助直接费用24万元，间接费用为6万元（资助期限为1年的，直接费用为8万元，间接费用为2万元；资助期限为2年的，直接费用为16万元，间接费用为4万元）
地区科学基金项目	2020年度共资助3177项，资助直接费用110738万元，平均资助强度为每项34.86万元

资料来源：国家自然科学基金委员会网站"2021年项目指南"，http://www.nsfc.gov.cn/publish/portal0/tab882/。

表6-3　国家社会科学基金2020年度一些项目的资助金额

项目名称	财政资金资助情况
重点项目	资助363项，每项资助35万元
一般项目及青年项目	一般项目资助3184项，资助青年项目1078项，资助强度均为20万元
西部项目	资助496项，每项资助强度为20万元

第六章　财政性科研项目经费分类管理和使用改革研究

续表

项目名称	财政资金资助情况
重大项目	资助338项，每项资助强度为60万~80万元
冷门绝学研究专项学术团队项目	资助20项，一般为每项60万~80万元
冷门绝学研究专项学者个人项目	资助46项，一般为每项35万元
高校思政课研究专项	资助151项，每项资助20万元
应急管理体系建设研究专项	资助74项，每项资助20万元
后期资助项目立项名单（重点项目、一般项目）	资助954项，每项25万元
优秀博士论文出版项目	资助67项，每项20万元
中华学术外译项目	资助195项。学术著作类项目，一般项目为1000~1200元/千字，重点项目为1300~1500元/千字，单项成果资助额度一般不超过50万元。外文学术期刊项目，资助额度为每年40万~60万元，每三年为一个资助周期

资料来源：http://www.nopss.gov.cn/GB/219469/index.html，全国哲学社会科学工作办公室网站，根据"通知公告"栏的公开资料整理。

从表6-1~表6-3可见，重大科学研究项目财政性资金单项资助金额在100万元以上，与小额资助项目（有的地方财政性科研项目财政资金单项资助金额只有几千元，甚至有的地方设置自筹经费项目，项目主管部门不安排财政资金资助，只承认研究成果）相比"不可同日而语"。对于财政性资金资助金额相差巨大的财政性科研项目的经费管理和使用审计，如果采用同样的策略方法，不仅不科学、不合理，而且没有必要。从审计重要性原则的角度看，审计应更关注财政性资金资助金额大的重大科学研究项目。

（二）重大科学研究项目对国民经济和社会发展影响巨大，加强其经费管理和使用审计是保证国家重大科研活动正常开展的需要

重大科学研究项目事关国家科技安全、人民生命健康、产业安全、

国家安全和国防安全等，对国民经济和社会发展影响巨大，具有极端重要性。能否解决"卡脖子"问题，在一定程度上取决于重大科学研究是否顺利进行。反过来说，如果重大科学研究项目停滞不前或研究失败，对我国实现科技自立自强极为不利，将给我国造成"难以承受之重"。

例如，目前，我国工业软件技术水平与西方发达国家相比还存在一定差距，国家重点研发计划"工业软件"重点专项①针对我国工业软件受制于人的重大问题以及制造强国建设的重大需求，系统布局产品生命周期核心软件、智能工厂技术与系统、产业协同技术与平台，贯通基础前沿、共性关键、平台系统及生态示范等环节。

"纳米前沿""信息光子技术"及"高性能计算"重点专项②。"纳米前沿"重点专项围绕物质在纳米尺度（1~100纳米）上呈现出的新奇物理、化学和生物特性，开展单纳米尺度效应和机理、新型纳米材料和器件制备方法、纳米尺度表征新技术等方面的基础前沿探索和关键技术研究，催生更多新思想、新理论、新方法和新技术等重大原创成果。同时，开展纳米科技与信息、能源、生物、医药、环境等领域的交叉研究，提升纳米科技对经济社会发展重点领域的支撑作用。"信息光子技术"重点专项积极抢抓新型光通信、光计算与存储、光显示与交互等信息光子技术发展的机遇，重点研发相关核心芯片与器件，支撑通信网络、高性能计算、物联网等应用领域的快速发展，满足国家战略需求。"高性能计算"重点专项总体目标是围绕促进重大科学发现、促进传统产业转型升级、提高人民生活水平等各领域重大挑战性问题，持续推动高性能计算技术创新与应用，带动自主可控基础软硬件技术与产业的跨越式发展，为建设科技强国奠定坚实基础。

"多模态网络与通信"重点专项③总体目标是持续推动新型网络与

---

① 国家科技管理信息系统公共服务平台"公开公示 - 计划专项公示 - 工业软件"，https://service.most.gov.cn/jhzxgs/.
② 国家科技管理信息系统公共服务平台"公开公示 - 计划专项公示 - 纳米前沿（信息光子技术、高性能计算）"，https://service.most.gov.cn/jhzxgs/.
③ 国家科技管理信息系统公共服务平台"公开公示 - 计划专项公示 - 多模态网络与通信"，https://service.most.gov.cn/jhzxgs/.

第六章　财政性科研项目经费分类管理和使用改革研究

通信技术演进和创新，重点开展多模态网络、新一代无线通信和超宽带光通信技术研究，为建设网络强国奠定坚实基础。

"大科学装置前沿研究"重点专项[①]是实现重大科学发现的独特研究平台，为探索从微观到宏观世界物质的多层次结构、寻求重大科学问题的答案提供极端条件和特殊研究手段，促进了科学研究在微观、宏观、复杂化等方面的不断深入和交叉；在这个过程中衍生出来的尖端技术和方法也为破解人类发展所面临的环境、资源、能源、健康等方面的问题提供了独特的研究工具和手段。

"稀土新材料"重点专项[②]面向新一代信息技术、航空航天、先进轨道交通、节能与新能源汽车、高端医疗器械、先进制造等高技术领域对稀土新材料的迫切需求，发展具有我国资源特色和技术急需且不可或缺的稀土新材料，以稀土新材料战略化、高质化、前沿化、平衡化应用为重点，通过加强稀土新材料前沿技术基础、工程化与应用技术创新，提升稀土新材料原始创新能力和高端应用水平，推动我国稀土资源优势向技术和战略优势转变。

上述每一个重大科学研究项目都是事关国家民族前途命运的重大问题，科研经费是重大科学研究项目研究活动得以开展的必要条件和基础保证，加强对重大科学研究项目经费管理和使用审计是促进研究活动正常开展的需要。通过审计有利于发现经费管理和使用中存在的问题，并及时加以协调解决，使得科研活动不因为经费管理和使用存在的问题没有得到解决而受到不利影响。

（三）加大对重大科学研究项目经费管理和使用审计是规范科研经费使用，提高财政科研资金使用效益的需要

无论是重大科学研究项目还是小额财政性资金资助科研项目，其经费使用都存在不规范及低效问题。但是，只有重大科学研究项目经费管

[①] 国家科技管理信息系统公共服务平台"公开公示－计划专项公示－大科学装置前沿研究"，https://service.most.gov.cn/jhzxgs/。

[②] 国家科技管理信息系统公共服务平台"公开公示－计划专项公示－稀土新材料"，https://service.most.gov.cn/jhzxgs/。

理和使用才会发生重大科研经费舞弊案并造成严重的后果。比如，"汉芯造假案"不仅骗取了高达上亿元的国家科研资金，给国家年直接造成重大损失，还极大推迟了我国芯片实现自主可控的时间，给国家科技安全、经济安全和国防安全造成不可估量的间接重大损失，目前我国高端芯片被"卡脖子"与"汉芯造假案"具有很大关系（朱敏，2016）。

2012年，审计署审计发现，5所大学的7名教授弄虚作假、套取国家科技重大专项资金2500多万元。由于涉及的都是相关领域的顶尖人才，这引发了舆论对于科研经费管理的高度关注。在此，特别强调的是，这些教授套现的科研项目是国家重大科研项目（即国家重大科学研究项目）。假如是小额财政性资金资助项目，无论如何也无法弄虚作假套取出2500多万元（贺鹏皓、方平，2019）。

加大对重大科学研究项目经费管理和使用审计对于规范科研经费使用，提高科研财政科研资金使用效益的作用主要体现在以下三个方面。

一是查处已经发生的科研经费使用中的不规范行为。科研经费的管理和使用是否规范，是否符合相关性、合理性、合法性等要求，只要审计人员具备较高的审计专业素质，经过实施必要的审计程序，一般能够得到科学合理的结论。查处已经发生的不规范行为的主要意义在于纠错，通过纠错，使得经费管理和使用回到正常的轨道上来。

二是起到警示作用。审计具有防患于未然的警示作用，审计就像是"达摩克利斯之剑"高悬头上，时刻督促、提醒科研人员要依法依规使用科研经费，有效减少或避免科研经费在后续使用过程中出现更严重的违法违规问题，对科研人员起到了很好的警示作用。

三是避免给科研财政资金造成重大损失。由于重大科学研究项目财政资金资助额度较大，其造成损失和低效使用的风险也较大，通过加强审计，降低造成重大损失的风险。

（四）加大对重大科学研究项目经费管理和使用审计是落实对科研人员进行激励的基础

加大对承担国家关键领域核心技术攻关任务科研人员的薪酬激励是国发〔2018〕25号文件的重要内容之一，对调动科研人员积极性，攻克"卡脖子"难题无疑起到推动和促进作用。加大对重大科学研究项目科研人员的激励，说明国家对重大科学研究项目的更大程度的重视。加大对重大科学研究项目科研人员的薪酬激励不仅是应该的，而且是必需的，但是，薪酬激励应以科研人员的绩效考核为基础，审计是确认绩效考核是否公允的重要手段。

二、加强对重大科学研究项目经费管理和使用审计的对策

目前，对重大科学研究项目经费管理和使用审计存在下列主要问题：一是对其审计的必要性和重要性的认识不足。把小额财政性资金资助科研项目经费管理和使用审计与重大科学研究项目同等看，一些学者在研究科研项目经费审计时并没有将两者区分开来进行研究。比如，谢天撰写的"基于审计视角下加强科研经费管理的路径探索"、叶远康撰写的"基于审计视角的事业单位科研经费管理的路径探索"、刘婉等撰写的"我国科研经费管理存在的问题及对策"、吴银珠撰写的"'放管服'改革中科研项目审计探究"、齐艳平撰写的"基于审计视角的国家财政科研经费管理与会计核算研究"等。没有分开进行研究造成对重大科学研究项目经费管理和使用审计的研究针对性不足，研究不够深入。二是没有构建针对重大科学研究项目经费管理和使用的审计体系。比如内部审计、注册会计师审计和政府审计应该如何充分协调、如何发挥各自应有的作用等。三是审计程序的运用存在局限性。没有运用好追踪审计、函证、监盘等实质性审计程序。四是审计人员综合素质跟不上审计需要。对重大科学研究项目经费管理和使用实施审计的审计人员应该具备较高的综合素质，熟悉审计、财会、法律和科技等方面的知识，但是，一些审计人员综合素质达不到要求，不利于提高审计质量。

加强对重大科学研究项目经费管理和使用审计必须以不影响科研人员开展活动、更有利于科研人员开展科研活动、尊重科研活动规律及深化"放管服"改革为基本遵循，在充分认识开展审计必要性和重要性的基础上，采取下列对策。

（一）构建针对重大科学研究项目经费管理和使用的审计体系

目前，我国针对重大科学研究项目经费管理和使用的审计体系不完善。构建针对重大科学研究项目经费管理和使用的审计体系就是要构建由科研单位内部审计、注册会计师科研审计和政府科研审计相互协调配合的审计体系。

1. 完善科研单位内部审计制度

科研单位内部审计是由内部审计人员对重大科研项目经费管理和使用情况实施的审计。科研单位内部审计是其日常管理工作的重要组成部分，其主要优点是常规性，审计工作分散到平时来做，避免科研项目完成时一次性审计工作量过度集中的状况。另外，内部审计人员熟悉内部环境，熟悉科研单位自身情况甚至是科研人员的情况，有利于采用具有针对性的审计程序来获得需要的审计证据。此外，内部审计人员对科研单位内部管理制度的审计是注册会计师审计和政府审计的重要基础。因为，如果不相信内部审计工作是有效的，那么，无论是注册会计师审计还是政府审计，都必须实施诸多额外审计程序，这将极大地增加审计时间和审计成本。科研单位内部审计的主要缺陷是其独立性不足。毕竟内部审计人员与科研人员"同在一个屋檐下"，其审计独立性受到质疑是正常的。此外，还有单位利益的存在，即内部审计人员可能因为单位利益而影响到审计独立性。一些科研单位内部审计人员综合业务素质不足是内部审计质量受到诟病的原因之一。目前，我国财政性科研项目结题验收环节的财务审计不是以内部审计人员的审计作为通过验收条件，就是因为内部审计的独立性不足及内部审计质量受到质疑。

2. 完善注册会计师科研审计制度

注册会计师科研审计是由注册会计师对重大科学研究项目科研经费管理和使用进行审计。其审计的主要优点是专业性、独立性和公允许。从专业性角度看，注册会计师是经过专门的、难度较大的职业资格考试合格，并具有一定专业审计经历的专门人员，综合素质较高；而且注册会计师科研审计具有较为严格规范的审计程序指引，即《中央财政科技计划项目（课题）结题审计指引》（会协〔2018〕57号），从而较好地保证审计质量。从独立性角度看，注册会计师既不隶属于被审计的科研单位，也不隶属于项目主管部门及政府审计部门，从而较好地保证审计的独立性。从公允性角度看，公允性是注册会计师职业的生命线，会计师事务所及注册会计师签字后提交的审计报告具有法律效力，审计报告以相关法律法规、政策及职业道德规范为依据、站在公允立场提供的，对各利益相关方一视同仁，各方容易接受。注册会计师科研审计的主要缺陷是科研项目完成时才进行审计，审计工作任务集中在结题验收阶段，此时审计工作任务较为繁重。受到审计时间和审计成本的影响，注册会计师必须合理利用内部科研审计结果，以提高审计效率。所以，并不是说有注册会计师审计就不需要内部审计了。

3. 完善政府科研审计抽查制度

注册会计师科研审计实质上是政府通过购买第三方服务的方式，购买具备专业审计资格的会计师事务所的审计服务，对重大科学研究项目经费管理和使用情况进行审计。政府审计机关对会计师事务所的审计质量具有监管职责，假如政府审计机关发现会计师事务所没有按照《中央财政科技计划项目（课题）结题审计指引》（会协〔2018〕57号）及相关法律法规、政策规定履行必要审计程序，导致应该发现的重大差错或重大舞弊没有被发现，审计报告出现结论性错误，政府审计机关有权追究会计师事务所及主审注册会计师的法律责任。政府审计机关对会计师执业质量的监管具有极强的权威性。

另外，根据审计法及相关法律法规的规定，政府审计机关代表的是政府，履行的是政府职能，政府审计机关往往比民间审计机构（即会计师事务所）及内部审计机构需要履行更多的职责，按照权责对应原则，其往往也拥有更多法律法规所赋予的权限。比如，有权要求被审单位开立银行账户的金融机构协调配合其资金流动情况、有权要求税务机构提供被审单位详细纳税情况、有权查询被审单位详细工商信息等。通过这些权限的履行，可以更好地监督检查会计师事务及其注册师是否履行了必要的审计程度,进行了必要的专业判断以及是否遵循职业道德规范等。完善政府科研审计抽查制度的目的是更好发挥政府审计机关的作用,促使会计师事务所及注册会计师依法依规进行审计,不断提高审计质量。

(二) 完善针对重大科学研究项目经费管理和使用的审计程序

审计程序一般可分为形式性审计程序和实质性审计程序。形式性审计程序主要通过检查各类交易、账户余额、财务会计报告、经济合同等书面记录并进行分析性复核等以获得所需审计证据。形式性审计程序是最基本的审计程序,对一些被审单位的审计通过形式性审计程序就能发现存在一定的差错及舞弊行为,比如,财务指标异常,财务会计报告的数据勾稽关系对不上,甚至出现小计数汇总不等于合计数等。实质性审计程序主要是指用于发现重大差错及舞弊行为的审计程序,包括对各类交易、账户余额和披露经济业务事项进行实质性测试以及实质性分析程序,如监盘(监督盘点)有利于确认所监盘的现金、存在和固定资产等实有数的真实性,通过对大额往来款项的函证有利于确认往来款项数据的真实性及背后有关经济合同的真实性,通过对银行对账单上大额收支款项向银行确认有利于保证银行对账单上数据不是伪造的,通过追踪审计、延伸审计等有利于挖掘一些数据背后的真相。

目前,对重大科学研究项目经费管理和使用的审计主要采用形式性审计程序,这种做法简单、便捷,也能发现一些简单的差错和舞弊问题。但是,对于一些刻意伪装造假的重大差错和舞弊则很难发现,此时,必须采用实质性审计程序。在完善针对重大科学研究项目经费管理和使用的审计程序时,应特别强调实质性审计程序的运用。比如,追踪审计、延伸审计、存货监盘和大额往来款项函证等。只有运用好实质性审计程序,才有利于发现一些科研项目负责人将大额科研经费转移到自己的关联公司,然后套现出来据为已有或私分的违法行为。

(三) 完善审计结果公示制度

按照目前我国制度规定,会计师事务所及其注册会计师在对上市公司的年度财务会计报告进行审计之后,应当在一定期限内在上海证券交易所及深圳证券交易所网站等媒体发布公开的审计报告,做出审计结论。发布公开的审计报告的目的是接受广大股东、政府机构、债权人、社会公众和新闻媒体等社会各界的监督,督促被审单位及时整改审计发现的问题。重大科学研究项目经费管理和使用审计结果公示的目的也是为了更好地接受各方面监督,特别是新闻媒体监督和社会大众监督。但是,考虑到有的重大科学研究项目涉及国家机密,此时不宜公示具体信息。只有不涉及国家机密的重大科学研究项目信息,才应将审计结果公开公示。

第三节 哲学社会科学研究项目经费管理和使用实施"包干制"研究

一、哲学社会科学研究的重要性

(一)哲学社会科学研究成果对于我国经济社会发展起到了重要推动和促进作用

邓小平同志指出:"科学当然包括社会科学。""政治学、法学、社会学以及世界政治的研究,我们过去多年忽视了,现在也需要赶快补课。"[1] 2016年5月17日,习近平总书记在哲学社会科学工作座谈会上的讲话中指出:"坚持和发展中国特色社会主义,需要不断在实践和理论上进行探索、用发展着的理论指导发展着的实践。在这个过程中,哲学社会科学具有不可替代的重要地位,哲学社会科学工作者具有不可替代的重要作用。"[2]

---

[1] 邓小平. 邓小平文选第二卷 [M]. 北京:人民出版社,1994:48,180,181.
[2] 习近平. 在哲学社会科学工作座谈会上的讲话,http://www.xinhuanet.com/politics/2016-5/18/c_1118891128.htm.

改革开放以来,特别是党的十八大以来,我国哲学社会科学研究取得了一系列重大成果,在深入实施改革开放、建立和完善社会主义市场经济体制、构建新发展格局、实现共同富裕等方面提出了一系列新观点、新方法,有效地推进经济社会发展、反腐倡廉、生态文明建设、民族团结进步、民生改善和科技创新等。比如,在国有企业改革方面,我国坚持理直气壮地做强做优做大国有企业,不断推动国有经济布局优化和结构调整,不断完善中国特色现代企业制度,把党的领导贯穿公司治理全过程,不断完善劳动用工、人事和分配制度等三项制度改革,开展国有重点企业对标世界一流管理提升行动等。在民营经济发展方面,我国坚持"两个毫不动摇",承认"民营企业和民营企业家是我们自己人","我国民营经济只能壮大、不能弱化,不仅不能'离场',而且要走向更加广阔的舞台"。[①] 在社会保障体系建设方面,我国坚持共享发展理念,随着经济发展不断提高保障水平,不断增加国民福利。

(二)全面建设社会主义现代化国家需要更多的哲学社会科学研究成果支撑

进入新时代的新发展阶段后,我国开启了全面建设社会主义现代化国家新征程,在很多领域需要哲学社会科学研究成果的支撑。比如,在构建"双循环"新发展格局上,国内大循环、国内国际双循环是怎样的关系、如何高效合理地构建、各地区如何融入、具体产业发展上如何构建(钢铁、石油、半导体、服装、家具、化工等)均需要理论支撑。在扩大对外开放上,如何坚持以"一带一路"建设为重点,引进来和走出去并重,使对外开放的大门越开越大等,需要理论支撑。在推动经济高质量发展的过程中,如何做到既要保护生态环境,又要加快经济发展,既要效率优先,又要兼顾公平等需要理论支撑。在推动乡村振兴的伟大实践中具体应该怎么做,需要理论支撑。在推动创新、协调、绿色、开放和共享的新发展理念如何落地上,需要理论支撑等。

---

① 习近平. 在民营企业座谈会上的讲话,中国政府网,https://www.gov.cn/gongbao/content/2018/content_5341047.htm.

（三）加快构建中国特色哲学社会科学需要更多的哲学社会科学研究成果支撑

《关于加快构建中国特色哲学社会科学的意见》提出加快构建中国特色哲学社会科学学科体系、学术体系、话语体系，这些都需要更多的哲学社会科学研究成果支撑。比如，在构建人类命运共同体的伟大理念中，如何打破西方的恶意抹黑、造谣惹事，构建具有中国特色又被世界各国普遍认可的话语体系上需要理论支撑。

二、现行哲学社会科学研究项目经费使用制度存在的突出问题

现行哲学社会科学研究项目经费管理和使用制度存在不尊重研究规律、不重视对科研人员进行智力资本补偿等不容忽视的突出问题，在一定程度上制约着哲学社会科学事业的发展。

现行哲学社会科学研究项目经费使用制度称为"预算制"，预算贯穿项目研究的整个过程，即开始是预算编制，中间是预算执行，最后是检查预算执行情况（决算）。以国家社会科学基金项目为例，申报项目时须编制和提交经费概算，否则，无法获得立项。项目申报获得立项后，需要编制"项目资金预算表"，经批准后生效。项目研究过程中须按照预算使用经费，结项申请时需要编制"项目研究经费决算表"。表6-4反映的是哲学社会科学研究项目经费使用的一些制度，包括一些省级、市级发布的制度。目前，市级发布的哲学社会科学研究项目资金管理制度不多。尚未发现有县级发布的哲学社会科学研究项目资金管理制度。

表6-4　　哲学社会科学研究项目经费使用的一些制度

制度名称	发文部门、文号
国家社会科学基金项目资金管理办法	财政部、全国哲学社会科学规划领导小组（财教〔2021〕237号）

续表

制度名称	发文部门、文号
高等学校哲学社会科学繁荣计划专项资金管理办法	财政部、教育部（财教〔2021〕285号）
全国教育科学规划课题资金管理办法	全国教育科学规划领导小组办公室（教科规办函〔2017〕6号）
关于进一步完善国家社会科学基金项目管理的有关规定	财政部、全国哲学社会科学规划领导小组（社科工作领字〔2019〕1号）
哲学社会科学科研诚信建设实施办法	中宣部、教育部、科技部、中共中央党校（国家行政学院）、中国社会科学院、国务院发展研究中心等（社科办字〔2019〕10号）
贵州省哲学社会科学规划课题经费管理办法（试行）	贵州省财政厅、中共贵州省委宣传部（黔财教〔2019〕104号）
湖南省哲学社会科学科研项目资金管理办法	湖南省财政厅（湘财教〔2018〕33号）
广东省财政厅关于省级财政社会科学研究项目资金的管理办法	广东省财政厅（粤财规〔2018〕1号）
安徽省哲学社会科学规划项目资金管理办法	安徽省财政厅、省委宣传部（财教〔2017〕1082号）
宁夏回族自治区哲学社会科学规划项目资金管理办法	宁夏财政厅、党委宣传部（宁财规发〔2019〕3号）
河南省省级哲学社会科学规划项目资金管理办法	河南省财政厅、省委宣传部（豫财科〔2017〕81号）
浙江省哲学社会科学专项资金管理办法	浙江省财政厅、社科联（浙财科教〔2019〕9号）
河北省社会科学基金项目资金管理办法	河北省财政厅、省委宣传部（冀财规〔2018〕22号）
海南省哲学社会科学规划课题资金管理办法	海南省财政厅、社科联（琼财教〔2017〕1664号）
北京市社会科学基金项目资金管理办法	北京市财政局、社科规划办（京财科文〔2016〕2879号）

第六章 财政性科研项目经费分类管理和使用改革研究

续表

制度名称	发文部门、文号
天津市哲学社会科学规划专项资金管理办法	天津市财政局、社科规划办（津财规〔2017〕2号）
福建省社会科学规划项目资金管理办法	福建省财政厅、社科规划办（闽财科教〔2017〕32号）
江苏省社会科学基金项目资金使用管理办法	江苏省财政厅、省委宣传部（苏财规〔2017〕3号）
山东省哲学社会科学类项目资金管理办法	山东省财政厅（鲁财教〔2016〕82号）
广州市财政局关于市级财政社会科学研究项目资金管理暂行办法	广州市财政局（穗财规字〔2018〕2号）
盐城市哲学社会科学建设专项资金管理办法	盐城市财政局、盐城市哲学社会科学联合会（盐财规〔2020〕4号）
青岛市哲学社会科学类项目资金管理办法	中共青岛市委宣传部、青岛市财政局（青财规〔2018〕7号）
合肥市哲学社会科学规划项目资金管理办法	中共合肥市委宣传部、合肥市财政局（合宣字〔2018〕27号）

表6-4反映的现行哲学社会科学研究项目经费使用制度主要是2016年9月份以来通过不断深化改革形成的。经过深化改革，哲学社会科学研究项目经费使用制度不断完善。但是，现行哲学社会科学研究项目经费使用制度依然存在下列突出问题。

（一）限制对科研人员的绩效支出，不符合项目研究的客观实际

现行哲学社会科学研究项目经费使用制度的一个突出特点是限制对科研人员的绩效支出。科研人员可以从科研经费中获得的人力资本补偿小于第三方参与人员，不符合项目研究的客观实际。科研人员的人力资本支出无法得到合理补偿。

1. 现行制度设计的一个突出特点是限制对科研人员的绩效支出

现行哲学社会科学研究项目经费使用制度设置有绩效支出科目，用以激励科研人员、补偿科研人员的人力资本支出。比如，财教〔2021〕237号文件规定："间接费用是指项目责任单位在组织实施项目过程中发生的无法在直接费用中列支的相关费用。主要包括：项目责任单位为项目研究提供的房屋占用，日常水、电、气、暖等消耗，有关管理费用的补助支出，以及激励科研人员的绩效支出等。"

但是，按照现行制度规定的核定比例确定的绩效支出较少，即现行制度限制了对科研人员的绩效支出。有两个体现：一是项目资助经费分为直接费用和间接费用，间接费用所占比例较低。二是绩效支出只占间接费用的一部分。财教〔2021〕237号文件规定："间接费用基础比例一般按照不超过项目资助总额的一定比例核定，具体如下：50万元及以下部分为40%；超过50万元至500万元的部分为30%；超过500万元的部分为20%。"（结项等级为"合格"，或以"免于鉴定"方式结项未分等级的）在这种情况下，根据现行制度规定的核定比例计算，"可以用于科研人员的绩效支出"占项目资助经费总额的比例肯定小于40%。

2. 科研人员可以从项目资助经费中获得的人力资本补偿小于第三方参与人员，不符合科研项目研究的客观实际

哲学社会科学研究项目的参与人员可以分为科研人员和第三方参与人员。科研人员是指编制内的项目组成员。第三方参与人员通常包括在项目研究过程中临时聘请的咨询专家，临时聘请参与项目研究的研究生、博士后、访问学者以及项目聘用的研究人员、科研辅助人员。在项目研究中，科研人员通过绩效支出获得人力资本补偿，第三方参与人员通过劳务费获得人力资本补偿。

按照现行制度规定，劳务费来源于项目资助经费中的直接费用，而直接费用中的各支出科目并没有比例限制。《国家社会科学基金项目资金管理办法》具体执行有关事项问答（2016年9月）第二问，即"直接费用包括哪些开支科目，如何管理和使用？"中，明确回答是"直接费用所有开支科目均不设比例限制，由项目负责人按照项目研究实际需要编制，并按照国家有关规定开支"。因此，直接费用可以合法地全部用于支付劳务费。特别强调的是，虽然在科研活动中不一定将全部直接费用用于支付劳务费，但是，现行制度设计的结果是可以将全部直接费用用于支付劳务费，从而使得"可以用于第三方参与人员的支出"占项目经费资助总额的比例最多可以达到60%。以2021年度国家社会科学基金一般项目资助经费20万元为例，分析过程如表6-5所示。

表6-5 "可以用于科研人员的绩效支出"与"可以用于第三方参与人员的支出"对比（假设结项等级为"合格"）

资助经费分类	直接费用（12万元）	间接费用（8万元）
科研项目经费使用范围	设备费、业务费、劳务费	用于补偿责任单位的间接成本、有关管理费用，激励科研人员的绩效支出
科研项目经费使用要求	各支出科目没有比例限制	绩效支出不设比例限制
最多可以用于支付的人员费	可以按照规定将各科目支出调剂到劳务费科目，即"可以用于第三方参与人员的支出"为12万元（占60%）	可以按照规定将全部间接费用作为绩效支出，即"可以用于科研人员的绩效支出"为8万元（占40%）

与财教〔2016〕304号文件相比，财教〔2021〕237号文件提高了间接费用计提比例，并且在科研经费使用上并没有限制人员费的支付比例，这是改革的进步，但是却限制对科研人员的绩效支出，这是改革不完善之处，尚未真正做到以人为本。从表6-5可见，项目资助经费为20万元的国家社会科学基金一般项目，"可以用于科研人员的绩效支出"最多为8万元（占40%），小于"可以用于第三方参与人员的支出"12万元（占60%），即科研人员可以从项目资助经费中获得的人力资本补偿小于第三方参与人员，不符合项目研究的客观实际。因为，事实上科研人员才是项目研究的主体、主要力量，要承担主要责任，而

第三方参与人员只是起到辅助作用，经费支出的绝大部分应该用在科研人员身上。

3. 科研人员的人力资本支出无法得到合理补偿

由于现行哲学社会科学研究项目经费使用制度限制对科研人员的绩效支出，使科研人员的人力资本支出无法得到合理补偿。哲学社会科学研究科研人员获得的人力资本补偿少主要体现在以下三个方面。

第一，与自然科学研究的科研人员对比获得补偿要少。因为在自然科学项目研究中，科研人员的人力资本支出一般可以通过两种方式得到补偿：一是从绩效支出中得到补偿，二是从科研成果的转移转化产生的收益中得到补偿；而哲学社会科学研究项目的科研人员的人力资本支出没有第二种补偿方式（因为哲学社会科学研究成果主要体现为对策建议等文字材料，无法像一些自然科学研究成果那样通过转移转化而产生收益），只有第一种补偿方式。

第二，平均到每人每年的人力资本补偿很少。从表6-5中可见，科研人员的人力资本补偿最多为8万元，假如科研人员为6人，研究周期为3年，则平均到每人每年的人力资本补偿只有4400多元。

第三，与到机关、事业、企业等单位授课获得的讲课费收入对比要少很多。《中央和国家机关培训费管理办法》（财行〔2016〕540号）规定："讲课费（税后）执行以下标准：副高级技术职称专业人员每学时最高不超过500元，正高级技术职称专业人员每学时最高不超过1000元，院士、全国知名专家每学时一般不超过1500元。讲课费按实际发生的学时计算，每半天最多按4学时计算。"目前，各单位培训聘请副教授职称以上的教师授课一般是按照最高标准给予课酬的，这样算下来，副教授每半天讲课费收入2000元，教授4000元，院士、全国知名专家6000元。有的专家教授应邀到社会上授课，一天的讲课费收入就超过了做科研项目研究一年可获得的绩效收入。

汪春娟等（2019）研究认为"限于科研绩效额度，科研人员的智力劳动无法充分补偿，与'多劳多得、优劳优酬'的劳动制度不符，也与国家'加大科研人员的薪酬激励'的精神不符。"徐捷等（2018）

研究认为，现有绩效支出受制于间接费用的比例，导致与实际情况相比还是偏低，无法完全体现智力和体力成本。对于这类需要大量耗费人力成本的项目，应合理提高绩效支出比例，充分体现人力成本，实现对于科研人员的激励。

（二）预算编制不准确、不科学

按照现行哲学社会科学研究项目经费使用制度的规定，在进行项目研究之前就要求编制经费预算。比如，财教〔2021〕237号文件规定"项目负责人应当按照目标相关性、政策相符性和经济合理性原则，根据项目研究需要和资金开支范围，科学合理、实事求是地编制项目预算。直接费用只提供基本测算说明，不需要提供明细。项目负责人应当在收到立项通知之日起30日内完成预算编制。无特殊情况，逾期不提交的，视为自动放弃资助。"财教〔2021〕285号文件规定"预算制项目负责人在申请繁荣计划项目资金时，按照研究实际需要和资金开支范围，科学合理、实事求是地按年度编制项目预算、设定项目绩效目标。直接费用中除50万元以上的设备费外，其他费用只提供基本测算说明，不需要提供明细。"

可见，财教〔2021〕237号文件和财教〔2021〕285号文件都强调"科学合理、实事求是地编制项目预算"，所谓科学合理，是指编制的预算准确，与实际情况相符；所谓实事求是，是指该怎么样就怎么样。可以想象得到，无论是科学合理，还是实事求是，都很难做到。从客观原因看，从编制预算到执行预算有时间差，这个时间差短则一年，长则二三年，随着时间的推移，预算支出中直接费用的多数科目都有变动的理由，包括业务费、设备费和劳务费，特别是业务费中的有关明细科目。这些支出科目的市场价格会随着时间推移而发生变化，编制预算时是很难准确预测的。此外，科学研究的未知性、不确定性和探索性也使得编制的预算很难做到准确、科学。从主观原因看，一些科研人员缺乏预算编制的专业知识也是造成预算编制不准确、不科学的重要原因。

（三）经费使用中预算约束违背科学研究规律，不利于开展科研活动

按照现行哲学社会科学研究项目经费使用制度的规定，既然编制了项目经费预算，那么项目研究过程中就得按照预算要求使用经费。但是，预算编制并不准确、不科学，这就是预算的问题之所在。虽然可以按照规定进行预算调剂，但是，无形之中还是增添了一些不必要的工作量。

（四）报账难问题没有得到彻底解决

根据现行的财政性科研项目经费和使用制度，科研经费实行"报销制"，为了顺利进行财务报销，科研人员必须将每一笔支出的单据、发票等按照财务报销要求，将它们分为业务费（差旅费、住宿费、交通费、办公用品费等）、劳务费（专家咨询费、其他辅助人员费用）等不同类别，并要求按照一定格式将发票进行粘贴，并报经所在部门、科研部门、财务部门、单位主管等层级领导签字才能报销。《中央和国家机关差旅费管理办法》规定"住宿费在标准限额之内凭发票据实报销"。但是，在哲学社会科学类研究项目中，涉及农村问题的调研，科研人员有时需要在农村入住在农户家里或者住小旅馆，而农村条件相对落后，有些小型家庭旅馆不能提供正式发票，对于这部分费用，往往由科研人员独自承担。高振等（2017）研究认为，在"报销制"的严格监督下，基本可以遏制科研人员违法乱用科研经费的情况，但是同时也限制了科研人员对科研经费使用的自主支配权，严重打击了科研人员从事科研活动的积极性。

哲学社会科学项目研究中有些科研活动无法获得发票，对此，财教〔2021〕237号文件规定："对野外考察、数据采集等科研活动中无法取得发票或财政票据的支出，在确保真实性的前提下，可按实际发生额予以报销。"此举确实有利于解决一些无法获得发票或财政性票据的科研活动的报销问题。此外，很多科研单位并没有出台"无法取得发票或财政性票据的科研活动经费报销指引或者管理办法"，使科研人员在发生

这类科研活动时感觉报销极为困难。

三、哲学社会科学研究项目经费使用实施"包干制"的可行性及理论依据

财政性科研项目经费使用实施"包干制",目前已有一些研究。王青等研究认为,科研经费实施"包干制"的优点有"充分解放科研活动生产力、激发科研创新活力,有利于提高科研经费的使用效率和效益,有利于深化我国科研经费管理体制改革"。章维(2019)研究认为,科研经费包干制,是国家科研管理工作长期乃至远期的战略部署和战略思考。李艳(2019)研究认为"包干制是对科研规律的尊重"。高旭军(2016)研究认为,财务包干制是西方国家常用的报销方法。当初,美国驻华大使骆家辉之所以坐经济舱,并不是因为他道德多高尚或者为政府省钱,而是因为美国政府按照商务舱价格的标准为大使确定了差旅经费包干额度,所以,选择坐经济舱是为自己省钱。但是,目前关于财政科研项目经费使用实施"包干制"的研究只是初步研究,而不是深入研究。此外,目前的研究并没有区分哲学社会科学和自然科学进行研究。所以现实指导性和针对性不够。因此,需要对哲学社会科学研究项目经费使用实施"包干制"进行专门研究。

(一)哲学社会科学研究项目经费使用实施"包干制"的可行性

1. 从项目研究特点看,经费使用实施"包干制"具有可行性

哲学社会科学研究项目需要耗费的主要是科研人员的人力资本,而不是物质资本。与自然科学研究相比,哲学社会科学研究的一个重要特点是研究过程中主要耗费的是科研人员的人力资本,而对设备、材料、试剂等物质资本的耗费很少。第一是在项目研究过程中,科研人员通常需要穷尽文献,包括国内外的各种文献、历史的和现实的最新文献,这样才能把握研究现状及存在问题。第二是需要进行大量的调查研究,以

便获得文献中没有的第一手材料，为解决问题打下基础。第三是殚精竭虑撰写文字材料，这是哲学社会科学研究的核心工作。撰写文字材料是高强度的、复杂的、稀缺的脑力劳动，除了穷尽文献和大量调查研究以外，还需要具有长期的学术积累及学习功底，在一定时间内厚积薄发，经常需要利用业余时间加班加点才能完成。

但是，哲学社会科学研究项目耗费的科研人员的人力资本无法准确计量。在项目研究过程中如果耗费的是物质资本，则可在科研经费中列支设备费、办公用品费来进行补偿；如果耗费的是他人的人力资本，则可通过支付资料费、劳务费等方式，从科研经费中获得补偿。比如，查阅外文资料工作如果交给翻译公司来做，则需支付资料费；如果交给项目聘用的研究人员来做，则需要支付劳务费。但是，当查阅外文资料工作由科研人员自己完成时，则无法获得发票来报销，从而无法开支科研经费。特别强调的是，项目研究中最复杂、最辛苦、最需要智力支撑的工作是撰写文字材料，这项工作通常必须由科研人员自己完成，而不是交给服务公司或第三方参与人员来完成。科研人员自己完成时需要付出大量劳动，但是却无法准确计量，无法通过获得发票来报销的方式进行补偿。现行哲学社会科学研究项目经费使用制度虽然安排有绩效支出用于补偿科研人员的人力资本支出，但是，因绩效支出太少而无法进行合理补偿。

基于哲学社会科学研究项目主要耗费的是科研人员的人力资本，而且其耗费多少无法准确计量的特点，科研经费使用实施"包干制"是合理的、可行的。韩凤芹等（2019）研究认为，以自由探索为主的基础研究、以智力贡献为主的人文社科研究相对适合包干管理。经费使用实施"包干制"有利于提高科研人员使用经费的自主权和灵活度，为科研人员通过提高科研效率来获得更合理的绩效激励提供了空间。

2. 从项目经费资助特点看，经费使用实施"包干制"具有可行性

现行哲学社会科学研究项目经费资助有两个主要特点：一是采用定额补助式资助方式，二是经费资助金额不大。目前，我国财政性科研项目资金资助方式主要有成本补偿式和定额补助式两种。成本补偿式是指对受资助项目的成本费用进行补偿的资助方式,最高为全额,由归口部门会同财政部门对此类项目预算建议书进行审查并批复,项目支出必须严格按照批复的预算执行。定额补助式是指事先明确对受资助项目提供固定数额经费的资助方式,资助额度依据评议专家的意见和相关的财政、财务政策并按照规定的程序审核后确定,资助额度一经确定,一般不能调整增加。需要调整增加的,须按照专门的审批程序办理。

哲学社会科学研究项目的财政资金资助方式是定额补助式,比如,2015~2020年度国家社会科学基金重大项目、重点项目和一般项目的资助金额分别为60万~80万元、35万元和20万元[1],这就是定额补助式资助方式。目前,国家社会科学基金项目、高等学校哲学社会科学繁荣计划项目、省级及以下哲学社会科学规划项目等哲学社会科学研究项目的经费资助一般都采用定额补助式资助方式。定额补助式资助方式客观上为采用经费"包干制"提供了一个相对合理的包干基数,因为定额补助式的资助金额是由科研项目主管部门根据历年经验合理确定、项目评审专家和科研人员认可的。

哲学社会科学研究项目经费资助金额不大,这是与自然科学研究项目经费资助金额相对而言的。2019年国家杰出青年科学基金项目单项平均资助额度近400万元。采用成本补偿式的特别重大科研项目如国家重点研发计划、国家科技重大专项根据项目具体情况,资助额度有的项目可能高达上亿元,甚至几十亿元以上。由于哲学社会科学研究项目经费资助金额不大(特别是省级以下项目),经费使用实施"包干制"不会造成巨大贪污及财政资金浪费,因此,经费使用实施"包干制"是合理的、可行的。

3. 从项目研究成果特点看,经费使用实施"包干制"具有可行性

从科研项目研究能否产生成果看,哲学社会科学研究项目一般情况下会产生研究成果,而自然科学研究项目则可能产生研究成果,也可能

---

[1] 根据全国哲学社会科学工作办公室网站 http://www.nopss.gov.cn/ "通知公告"栏公开的数据整理。

无法产生研究成果。其原因在于哲学社会科学研究项目的研究成果一般体现为文字材料，项目负责人在项目获得立项后，只要组织好项目组成员投入足够的时间和精力，按照科学方法进行研究，最后一般应能把研究成果写出来，产生合格的研究成果。但是，自然科学研究项目可能因多次试验失败等复杂原因而无法产生研究成果。

哲学社会科学研究项目一般情况下会产生研究成果，蒋悟真等研究认为这是"构建起以结果导向为核心的科研经费治理模式"的基础。《国务院办公厅关于改革完善中央财政科研经费管理的若干意见》（国办发〔2021〕32号）强调"项目管理部门要进一步强化绩效导向，从重过程向重结果转变"。《关于抓好赋予科研机构和人员更大自主权有关文件贯彻落实工作的通知》（国办发〔2018〕127号）明确指出"确保在落实科研人员自主权的基础上，突出成果导向，提高科研资金使用绩效，完成科研目标任务"。其中，重结果、突出成果导向就是强调不仅要完成科研目标任务，而且要保证科研成果质量，对于研究过程中的技术路线以及经费使用则给予科研人员充分的自主权，科研经费使用实施"包干制"是实现成果导向管理的重要手段。

（二）哲学社会科学研究项目经费使用实施"包干制"的主要理论依据

1. 人力资本理论对哲学社会科学研究项目经费使用实施"包干制"的适用性

将人力资本理论运用于哲学社会科学研究项目是合适的，因为哲学社会科学研究项目主要耗费的是人力资本而不是物质资本，项目研究是否成功主要取决于人力资本而不是物质资本。管明军（2018）研究认为，人文社会科学研究，最活跃的要素是人，其研究对象、方法、手段都离不开社会和人，研究经费很多都要用于支付人的劳动报酬。从事哲学社会科学项目研究的科研人员的人力资本质量高，即科研人员必须具备专门的知识储备、丰富的科研经验、坚强的研究意志和健康的身体素质才能胜任研究工作，一般脑力劳动者无法胜任这样的研究工作。按照人力资本理论，科研经费应该更多使用在科研人员身上，通过绩效支出给予科研人员合理补偿。哲学社会科学研究项目经费使用实施"包干制"契合了人力资本理论，即人力资本理论为哲学社会科学研究项目经费使用实施"包干制"提供了理论依据。

2. 公平理论对哲学社会科学研究项目经费使用实施"包干制"的适用性

哲学社会科学研究人员存在不公平感问题。董妍（2016）研究认为，由于国家对自然科学投入较多，因此高校中自然科学教师的收入普遍高于人文社科教师。大部分人文社科工作者的收入并不高，于是希望通过科研工作获取一定报酬来改善生活。但是，现行哲学社会科学研究项目经费使用制度限制对科研人员的绩效支出，实际上就是降低科研人员获得的报酬，使科研人员产生不公平感，其结果是科研人员的积极性受到影响，一些正高级职称的专家教授不愿意申报课题，一些科研人员通过虚开发票报账等违法违规行为来列支科研经费等。解决办法就是要遵循公平理论，增加对科研人员的绩效支出，进而增加科研人员的收入。哲学社会科学研究项目经费管理和使用实施"包干制"有利于合理增加对科研人员的绩效支出，与公平理论解决问题的思路相契合。

3. 委托代理理论对哲学社会科学研究项目经费使用实施"包干制"的适用性

哲学社会科学研究项目中项目主管部门与项目负责人之间属于委托代理关系，委托者为项目主管部门，代理者为项目负责人，但是，由于项目主管部门履行监督管理者职责不经济，因此其委托项目责任单位代为履行监督管理者职责。现行哲学社会科学研究项目经费使用制度存在的限制对科研人员的绩效支出等问题可以解释为委托代理契约对科研人员不公平、激励不够。科研人员积极性不高、违法违规使用科研经费可视为项目主管部门面临的"道德风险"。按照委托代理理论，解决项目主管部门面临的"道德风险"问题需要建立加大对科研人员激励的制度，使科研人员得到更加合理的激励。哲学社会科学研究项目经费使用实施"包干制"正是这样的制度。所以说委托代理理论为哲学社会科学研究项目经费使用实施"包干制"提供了理论依据。

四、哲学社会科学研究项目经费使用实施"包干制"的必要性

由于现行哲学社会科学研究项目经费使用制度下科研人员的人力资本支出无法得到合理补偿、预算编制不准确、不科学及科研经费使用中预算约束、报账难等多种不合理因素并存，使科研人员的科研积极性受到影响，一方面不利于项目研究工作按时高效完成研究任务，另一方面，一些已经获得正高级职称的专家教授不愿意申报课题，造成了本来就稀缺的研究人才资源的浪费。2015~2019年，国家社会科学基金各类立项项目（重大项目、重点项目、一般项目、青年项目、西部项目、后期资助项目和中华学术外译项目）中，项目负责人为正高级职称获得立项的项目占全部立项项目的比例分别为33.46%、32.42%、35.53%、31.82%和36.01%。① 这说明目前进行国家社会科学基金项目研究的主要力量是副高级及中级职称人员，这也在一定程度上反映了一些已获得正高级职称的专家教授不愿意申报课题、不愿意承担课题研究的事实。国家社会科学基金项目研究是哲学社会科学领域层次最高的研究，代表科研人员最高水平的正高级职称的专家教授应该是研究主力才合理。繁荣哲学社会科学的重要标志是有一大批适应经济社会发展和人类文明进步需要的高水平科研成果不断涌现，但是，现行哲学社会科学研究项目经费使用制度不利于调动科研人员的积极性，不利于优秀科研成果的产生，有必要进一步进行改革完善。

哲学社会科学研究项目经费使用实施"包干制"的必要性在于通过科学合理的经费包干方式，解决目前经费使用中存在的突出问题。在实事求是、尊重科研规律、坚持以人为本、规范科研经费管理、提高资

---

① 根据国家社科基金项目数据库的数据整理，http://fz.people.com.cn/skygb/sk/index.php/Index/seach.

金使用效率的基础上使科研经费更科学合理地用于补偿科研人员的智力资本支出，进一步增强科研人员的内生动力、提高科研人员的科研积极性。

五、哲学社会科学研究项目经费使用实施"包干制"的包干方式

科研经费"包干制"具有不同的包干方式，韩凤芹等研究认为，应"以实验室为主体的科研经费包干、以研究人员为对象的资助包干、科研经费使用中的单项包干、'模块式资助'包干。"王仕涛研究认为"科研包干制应包资包管包产"。章维研究认为"横向科研经费可实行包干制、有开支标准的可实行包干制、弹性大的费用可实行包干制"。哲学社会科学研究项目经费使用实施"包干制"可以采取以下三种包干方式。

（一）"后补助"包干方式

"后补助"包干方式是指对于资助经费较少的哲学社会科学研究项目，项目负责人申请项目时及获得立项后，都不需要编制项目经费预算。项目研究过程中由科研人员先垫资进行项目研究，经费使用范围不受限制，也没有标准制约。研究成果经过项目主管部门验收合格后拨付项目资金，全部作为间接费用，项目负责人只需办理结题手续而不需要进行经费决算。

实行"后补助"包干方式的好处是可以解决"预算制"存在的突出问题。一是因为不需要编制项目经费预算，所以可以解决预算编制不准确、不科学的问题。二是因为没有编制预算，所以经费使用不受预算约束，可以解决经费使用中预算约束过紧的问题。三是因为项目资助经费全部作为间接费用，所以可以解决因间接费用所占比例太低而导致绩效支出太低无法合理补偿科研人员人力资本支出的问题。四是有利于解决报账难问题，因为不需要凭发票报账，因此报账难问题迎刃而解。实施"后补助"包干方式还有利于提升科研绩效。因为由科研人员先垫

资进行研究，所以促使科研人员抓紧时间、提高效率地进行研究，拿出优秀科研成果，以便通过项目主管部门验收，尽快获得资助经费。余惠敏等（2019）研究认为，科研经费使用'包干制'带来的最直接结果，就是把科研人员从烦琐的票据提交和复杂的审批程序中解放出来，让他们有更多的时间、精力投入到科研中去。

实行"后补助"包干方式存在的不足之处是需要科研人员先垫资进行研究。对于经济条件不太好的科研人员，可能缺乏垫资资金而无法申报项目。此时，可以通过建立预付款制度来解决，即获得项目立项的科研人员可以通过所在单位向项目主管部门申请预付款，承诺按时完成项目研究任务，用项目资助经费偿还预付款，否则，用自己的工资收入偿还预付款。因为涉及的资金不多，所以问题不难解决。

"后补助"包干方式中"资助经费较少"的确定。目前，贵州、云南、山东、福建、浙江等省份的哲学社会科学研究项目经费管理采用"后补助"包干方式。比如，《贵州省哲学社会科学规划课题经费管理办法（试行）》（黔财教〔2019〕104号）规定："对于科研规模较小省课题的经费（不超过5万元），原则上可采取后补助方式，主管部门验收合格后，可全部作为间接费用使用。"云南与贵州一样，认定的科研规模较小的项目为经费不超过5万元。山东、福建、浙江认定的科研规模较小的项目为经费不超过2万元。可见，各省份对于"资助经费较少"有不同的标准，具体应由项目主管部门确定。项目主管部门在确定"资助经费较少"标准时，应当将项目资助金额提高一些，这样可以使更多的哲学社会科学研究项目适合采用"后补助"包干方式，并获得由此带来的各种好处。

目前，省级及省级以下社科规划部门、教育部门立项及有关高校、科研院所立项的哲学社会科学研究项目，资助金额绝大多在5万元以下。比如，广东省哲学社会科学"十三五"规划2021年度项目单项资助经费为5万元[①]。吉林省社科基金2020年度重点项目、一般自选项目、博士和青年扶持项目的资助经费分别为4万元、2万元、

---

① 广东省哲学社会科学"十四五"规划2021年度常规项目申报通知，https://www.gdei.edu.cn/kyyfzghc/2021/0520/c441a67973/page.psp.

1万元[①]。2020年度南宁市资助社会科学研究项目,重大项目每项资助5万元,重点项目每项资助2万元,一般项目一档每项资助1万元,一般项目二档每项资助5000元,一般项目三档每项资助3000元[②]。

项目资助经费较少,采用"后补助"包干方式是比较合适的。张培民(2019)研究认为,个人认为总经费较少的项目也可以试点"包干制",如总经费在5万元以内的项目,建议试行"包干制"。

(二)"提高间接费用比例"包干方式

"提高间接费用比例"包干方式是指在将项目资助经费分为直接费用和间接费用的基础上,提高间接费用比例,相应减少直接费用比例的包干方式。现行哲学社会科学研究项目经费使用制度具有一定包干的成分,因为间接费用中的绩效支出部分是包干使用而且不用凭发票报销,但是因为绩效支出所占比例太低而使得包干的成分不足。"提高间接费用比例"包干方式本质上是增加"包干制"的分量。

实行"提高间接费用比例"包干方式的好处是可以在一定程度上解决"预算制"存在的突出问题。首先,这种包干方式虽然需要编制项目经费预算,但是,随着直接费用比例的降低,需要编制经费预算的直接费用金额也相应减少,预算编制也变得相对简单一些,从而有利于提高预算编制的科学性。其次,随着直接费用比例降低导致的直接费用预算金额的减少,使得经费使用中受预算约束的程度也相应减少一些。再次,随着间接费用比例的提高,绩效支出必定相应增加,科研人员可以得到更多激励,从而更合理地补偿人力资本支出。最后,有利于解决报账难问题。因为随着绩效支出的增加,不需要凭发票报销的支出也随同增加。实行"提高间接费用比例"包干方式存在的不足之处是,科研人员还是在一定程度上受到预算编制不准确、不科学及经费使用中受预算约束的影响;此外,若提高间接费用比例的幅度太小,则科研人员

---

① 关于发布吉林省社科基金2020年度项目申报指南的通知,http://www.jlpopss.gov.cn/?news-2679.

② 南宁市社会科学研究资助项目2020年度研究指南,http://ky.nnxy.cn/info/1009/1571.htm.

的人力资本支出还是无法得到合理补偿。

"提高间接费用比例"包干方式需要在现行制度规定基础上提高间接费用比例。但是,"提高间接费用比例"多少合适并没有绝对标准。

首先,确定哲学社会科学研究项目间接费用核定比例,没有必要采用分段超额累退比例法计算,而应直接按照项目经费资助金额确定一个间接费用比例即可。因为,与自然科学相比,哲学社会科学研究项目资助金额要少很多,特别是高校、科研院所、省级及以下社科规划部门、教育部门立项的科研项目。

其次,基于遵循科研规律、实事求是及更好地调动科研人员积极性等科研经费管理要求,提高间接费用比例后,应使得"可以用于科研人员的绩效支出"大于"可以用于第三方参与人员的支出",两者比例应该在70%:30%或60%:40%以上。因此,间接费用比例应该达到60%以上或70%以上。一些学者的研究也支持这一观点,韩庆祥研究认为,"申报立项后,国家社科基金项目资助经费的30%,应当用于支出资料费、会议费、差旅费、设备费、专家咨询费、劳务费、印刷出版费等,凭发票报销,部分尊重项目制的原有资助性质;其余国家社科基金项目经费的70%,可直接作为对国家社科基金项目主持人,及对本项目成果作出贡献的项目组核心成员的特殊劳动报偿,不用发票报销。这70%的实质,体现为对国家社科基金项目研究成果的直接购买性质"。姚国芳研究认为,"实行经费承包制或加大间接费用比例。在一定经费额度下采用课题经费包干制或加大间接费用比例(60%以上)的报销方法,代替凭发票报销制,可以省去十分烦琐的报销手续和漫长的报销过程。尤其是社科类科研课题,大量体现的是智力劳动,用经费包干制更实用"。

《国务院办公厅关于改革完善中央财政科研经费管理的若干意见》(国办发〔2021〕32号)提出"对数学等纯理论基础研究项目,间接费用比例进一步提高到不超过60%"。同时要求"财政部、中央级社科类科研项目主管部门要结合社会科学研究的规律和特点,参照本意见尽快修订中央级社科类科研项目资金管理办法"。基于国办发〔2021〕32号文件的精神及哲学社会科学研究项目的研究规律,哲学社会科学研究项目"提高间接费用比例"应在70%以上，具体比例应由项目负责人结合所研究项目的特点来确定，因为，项目负责人比其他人更了解项目具体情况，由其确定具体比例更符合科研规律。

（三）"由项目负责人有条件自行确定绩效支出"包干方式

国科金发计〔2019〕71号文件规定"自2019年起批准资助的国家杰出青年科学基金项目试点'包干制'"。该文件确定的"包干制"内容中，一个突出特点是由项目负责人有条件自行确定绩效支出，因此，将这种包干方式称为"由项目负责人有条件自行确定绩效支出"包干方式。

实行"由项目负责人有条件自行确定绩效支出"包干方式的好处是可以解决"预算制"存在的突出问题。首先，无须编制项目预算可以解决预算编制不准确、不科学的问题。其次，因为没有编制预算，除了依托单位管理费用和绩效支出外，其余用途经费无额度限制，这就解决了预算约束问题。再次，由项目负责人有条件自行确定绩效支出，可以使得绩效支出更为合理，从而合理补偿科研人员的人力资本支出。最后，因为绩效支出无须发票报账，所以较好解决报账难问题。实行"由项目负责人有条件自行确定绩效支出"包干方式存在的不足之处主要是实施起来工作量比较大。因为按照这种包干方式，项目经费不再分为直接费用和间接费用，这就从根本上改变了"预算制"的整个经费支出框架，依托单位管理费用及绩效支出需要根据不同项目的具体情况来确定。

"由项目负责人有条件自行确定绩效支出"包干方式具有权威性和参考价值。因为国科金发计〔2019〕71号文件由国家自然科学基金委员会、科学技术部、财政部联合制定发布，目前，国内还没有其他关于财政科研项目经费管理使用"包干制"的官方文件，因此，该文件不仅具有权威性，而且还具有指导性。虽然目前这种包干方式目前只在国家杰出青年科学基金项目中试点，但是，其他财政科研项目（包括哲学社会科学研究项目）在经费使用实施"包干制"时都应该借鉴该文件的有益做法。

六、哲学社会科学研究项目经费使用实施"包干制"的建议

（一）进一步加大对哲学社会科学研究项目的经费资助力度

进一步加大对哲学社会科学研究项目的经费资助力度是基于两个方面的考虑。

一是宏观方面的考虑，即进一步完善和发展中国特色社会主义理论的需要。在推动我国改革开放、发展进步的所有理论中，中国特色社会主义理论是最大的理论、最权威的理论，其他理论都是其有机的、重要的、必不可少的组成部分。中国特色社会主义是改革开放以来党的全部理论和实践的主题，是党和人民历尽千辛万苦、付出巨大代价取得的根本成就。中国特色社会主义理论体系，包括邓小平理论、"三个代表"重要思想、科学发展观在内的科学理论体系，是对马克思列宁主义、毛泽东思想的继承和发展。习近平新时代中国特色社会主义思想，是对马克思列宁主义、毛泽东思想、邓小平理论、"三个代表"重要思想、科学发展观的继承和发展，是马克思主义中国化最新成果，是党和人民实践经验和集体智慧的结晶，是中国特色社会主义理论体系的重要组成部分，是全党全国人民为实现中华民族伟大复兴而奋斗的行动指南。中国特色社会主义理论是开放的理论，需要与时俱进不断丰富其内涵、拓展其外延，需要不断完善和发展。进一步加大哲学社会科学研究项目研究本质上有利于进一步完善和发展中国特色社会主义理论。

二是微观方面的考虑，即为"包干制"的实施提供一个合理的包干基数。目前，财政资金对哲学社会科学研究项目的经费资助少于自然科学基金项目，哲学社会科学研究人员获得感明显不足。董妍（2016）研究认为，由于国家对自然科学投入较多，因此高校中自然科学教师的收入普遍高于人文社科教师。大部分人文社科工作者的收入并不高，于是希望通过科研工作获取一定报酬来改善生活。如果科研项目经费资助力度不够，在此基础上实行"包干制"管理也难以调动科研人员的积极性。

第六章　财政性科研项目经费分类管理和使用改革研究

目前教育部人文社会科学研究和一些省份哲学社会科学研究中设置有"自筹经费"项目。比如"2021年度教育部人文社会科学研究规划基金、青年基金、自筹经费项目评审结果公示一览表"① 中的"基于使用者行为 - 感知的城市公园建成环境动态评价模型及应用研究"项目等。"2021年度甘肃省人文社会科学项目立项公示"② 中的"甘肃省农村基层党建引领乡村振兴路径研究"项目等。"关于2021年度成都市哲学社会科学规划项目专家评审结果的公示"③ 中的"双循环背景下成都跨境电商产业发展模式与路径研究"项目等。

过去，在财政科研经费投入不足的情况下设置自筹经费项目可以达到"双赢"的效果。一方面，从国家、部门、地区及项目主管部门看，自筹经费项目是项目主管部门（即项目下达单位）因科研经费紧张不给予项目经费资助，但是，承认研究成果（省级自筹经费项目承认为省级科研成果、部级科研项目承认为部级科研成果、市级自筹经费项目承认为市级科研成果），国家、部门、地区及项目主管部门等得到的好处是在财政资金投入不足的情况下获得科研成果来满足社会公众需要。另一方面，项目承担单位及科研人员也得到好处，因为项目主管部门承认科研成果的级别，项目承担单位因此获得了声誉，科研人员则可以凭研究成果计算科研工作量、可以作为评定职称的依据、可以评奖等。如前所述的三个"自筹经费"项目，这些项目的研究是必要的，项目主管部门可以获得城市公园建成环境动态评价、农村基层党建引领乡村振兴路径和双循环背景下成都跨境电商产业发展模式与路径等科研成果，以利于更好地指导实际工作。当然，从事这些项目研究的科研人员可以凭项目研究成果申报职称、计算科研工作量等。

进入新时代的新发展阶段后，哲学社会科学研究不应该再设置"自筹经费"项目。主要有以下六个方面的原因：

---

① 教育部网站，http://www.moe.gov.cn/jyb_xxgk/s5743/s5745/A13/202108/t20210803_548624.html。
② 甘肃省社会科学界联合会网站，http://www.gsskl.gov.cn/index.php?m=content&c=index&a=lists&catid=19。
③ 成都社会科学在线网站，http://www.cdsk.org.cn/detail.jsp?id=24720。

一是与自然科学研究项目相比，各级财政资金对哲学社会科学研究项目的经费资助额度要少得多。随着各级政府财政资金实力的增强，有能力和实力对哲学社会科学研究项目进行经费资助，也应该进行资助，因为其研究成果具有公共产品属性。二是"自筹经费"项目并不是科研人员完全自筹经费进行研究。实际上，项目承担单位（科研单位）一般给予科研人员一定经费资助，具有财政性科研项目属性，"自筹经费"项目不符合客观实际。三是与获得财政资金资助的研究项目相比，自筹经费项目对承担项目研究的科研人员来说不公平。没有理由或证据证明自筹经费项目的价值、研究质量或研究成果比获得经费资助的项目差。四是不尊重科研人员的劳动成果。自筹经费项目要获得高质量的研究成果也需要科研人员付出艰辛的努力，项目主管部门不安排经费资助在一定程度上说是不尊重科研人员劳动的体现。五是"包干制"的实施需要有一个合理的包干基数，但是，"自筹经费"项目的存在，降低了包干基数（因为没有获得立项单位的财政资金资助，只有项目单位承担单位的经费补助），使得包干基数不合理。六是不利于在全社会营造尊重科学研究的良好氛围。目前，国家社会科学基金已经多年不再安排自筹经费项目，有的地区在哲学社会科学研究中也不再安排自筹经费项目，因为安排自筹经费项目不利于在全社会营造尊重科学研究的良好氛围，与我国建设创新型国家的大局不符。

（二）科学有序地开展"包干制"试点

一项制度、政策特别是重大制度、政策在大规模实施前先小范围试点，总结试点过程中正反两方面的经验教训，逐步完善，达成共识，逐步推广，这样的做法比较稳当，避免出现不必要的混乱。"先试点，后推广"是我国各项改革事业取得成效的一条重要经验。实施"包干制"是财政科研项目经费使用制度改革的一项重大制度创新，也应先行试点，再逐步推广。李克强总理在2019年《政府工作报告》中提出开展项目经费使用"包干制"改革试点。2020年1月，在国家科学技术奖励大会上，李克强总理又强调拓展项目经费使用'包干制'试点。李克强总理的讲话表明，党中央、国务院对科研项目经费使用"包干制"

改革试点的态度是从"开始试点"到"拓展试点"。目前，国家自然科学基金的国家杰出青年科学基金项目经费使用"包干制"试点已经启动，一些省级和市级也在自然科学基金项目中开展"包干制"。按照党中央、国务院要求，试点工作应"拓展"到其他项目。

在哲学社会科学研究领域，少数省份实际上已经开展了经费使用实施"包干制"试点。如贵州、云南、山东、福建、浙江。《云南省哲学社会科学研究项目资金管理办法（试行）》（云财教〔2017〕412号）规定："对于科研规模较小的项目（经费不超过5万元），原则上可采取后补助方式，主管部门验收合格后拨付项目资金，可全部作为间接费用使用。"《浙江省哲学社会科学专项资金管理办法》（浙财科教〔2019〕9号）规定："间接费用实行总额控制，按不高于项目资助全额的30%核定。科研规模较小、经费不超过2万元（含）的后补助项目可全部作为间接费用使用。"虽然这些省份没有提到科研经费使用实施"包干制"，但是，从具体做法上看，这些省份实际上采取了"后补助"包干方式和"提高间接费用比例"包干方式。

但是，目前哲学社会科学研究领域经费使用实施"包干制"还没有形成科学有序的试点。其原因是缺乏国家层面的政策指引，而且标志着哲学社会科学研究最高层次的国家社会科学基金相关项目还没有开展经费使用"包干制"试点。所以，目前少数省份的试点属于基层探索，"摸着石头过河"。大多数省份处于观望状态。

科学有序地开展试点的基本要求是，首先，出台国家层面的政策，指导哲学社会科学研究领域开展经费使用实施"包干制"试点。其次，在国家社会科学基金的一些项目中开展试点，比如重大项目、重点项目、一般项目等。国家社会科学基金项目经费使用实施"包干制"试点具有双重意义，一方面是解决当前存在的突出问题的需要，另一方面是可以为各地区开展试点树立榜样，提供借鉴。最后，要求各地开展试点，对于科研规模较小、资助经费较少的项目应该全面进行试点。

（三）及时总结经验，尽快推广实施"包干制"

在哲学社会科学研究项目经费使用实施"包干制"试点中，科研单位应充分收集科研人员的意见和建议，及时反馈给科研政策制定机构，以便总结经验，不断修改完善，尽快推广实施。由于科研经费使用实施"包干制"，不仅有利于解决当前经费使用中存在的现实问题，具有必要性、紧迫性，而且具有理论依据，具有可行性。因此，越尽快推广实施越有利于带来制度改革的红利。佘惠敏等（2019）研究认为，"包干制"改革应尽快实施，让科研人员尽早受益。张培民（2019）研究认为，"包干制"很受科研人员的欢迎，这也是科研资助机制上颇有意义和探索性的创新，相信这项改革一定会提升科研项目运行的效率和投入产出比。

本章主要参考文献

［1］张培民．基于会计视角探讨科研经费"包干制"［J］．管理学家，2019（3）：91－92．

［2］佘惠敏，等．科研经费"包干制"令人期待［N］．经济日报，2019－03－12．

［3］李柏红等．高校科研经费管理改革的路径探索［J］．陕西行政学院学报，2016（8）：125－128．

［4］汪春娟，等．高校科研经费包干制实施探讨［J］．会计师，2019（10）：61－62．

［5］刘婉，严金海．我国科研经费管理存在的问题及对策［J］．科技管理研究，2018（2）：23－27．

［6］张颖萍，卢梅．基于"放管服"改革背景下高校科研经费管理的研究［J］．商业会计，2017（11）：91－93．

［7］何星辉，孙玉松．科研经费"包干制"尚需定好"游戏规则"［N］．科技日报，2019－03－07．

［8］韩凤芹，史卫．新时代项目经费使用"包干制"如何迈步［N］．社会科学报，2019－07－11．

［9］王仕涛．科研"包干制"应包资包管包产［N］．科技日报，

2019－03－05.

　　[10] 朱敏．企业自主创新主体地位不保证"汉芯"就绝不是最后的假成果［J］．中国战略新兴产业，2016（5）：85－87.

　　[11] 谢天．基于审计视角下加强科研经费管理的路径探索［J］．山西农经，2020（14）：122－123.

　　[12] 叶远康．基于审计视角的事业单位科研经费管理的路径探索［J］．财会学习，2021（1）：127－128.

　　[13] 吴银珠．"放管服"改革中科研项目审计探究［J］．中国总会计师，2019（12）：128－129.

　　[14] 齐艳平．基于审计视角的国家财政科研经费管理与会计核算研究［J］．财务管理研究，2020（6）：22－27.

　　[15] 习近平：《在哲学社会科学工作座谈会上的讲话》，http：//www.xinhuanet.com/politics/2016－5/18/c_1118891128.htm.

　　[16] 王青，等．新时代背景下科研经费"包干制"探讨［J］．科技经济导刊，2019（10）：117－118.

　　[17] 章维．高校科研经费管理包干制初探［J］．会计之友，2019（14）：135－137.

　　[18] 李艳．包干制是对科研规律的尊重［N］．科技日报，2019－3－7（2）.

　　[19] 高旭军．现行科研经费管理制度急需改革［N］．文汇报，2016－3－19（6）.

　　[20] 徐捷，等．新形势下高校科研项目间接费用管理探究［J］．会计之友，2018（9）：143－147.

　　[21] 高振，等．科研经费管理对创新积极性的影响［J］，《中国高校科技》，2017（10）：22－24.

　　[22] 性学教授被退休"中国性学第一人"访谈1132位小姐没开发票遭处分？［EB/OL］．http：//www.xianzhaiwang.cn/shehui/10985.html.

　　[23] 韩凤芹，史卫．"包干制"要尊重科研规律［N］．北京日报，2019－04－8（16）.

　　[24] 刘科．套取国家财政拨款科研经费行为定罪中的疑难问题研

究［J］．法学杂志，2015（7）：95-104．

［25］万迎军．从李宁院士贪污案看科研经费管理使用的法律风险及防控［EB/OL］．https：//www. sohu. com/a/376333921_260616．

［26］蒋悟真，郭创拓．迈向科研自由的科研经费治理入法问题探讨［J］．政法论丛，2018（4）：72-81．

［27］管明军．从源头治理科研经费报销难［N］．中国社会科学报，2018-12-25（7）．

［28］董妍．人文社会科学课题经费管理制度之反思［J］．科技进步与对策，2016（10）：101-104．

［29］社科基金科研创新服务管理平台（国家社会科学基金项目数据库），http：//fz. people. com. cn/skygb/sk/index. php/Index/seach．

［30］国家自然科学基金委员会，2021年项目指南，http：//www. nsfc. gov. cn/publish/portal0/tab882/．

［31］习近平：决胜全面建成小康社会，夺取新时代中国特色社会主义伟大胜利——在中国共产党第十九次全国代表大会上的报告，新华网，http：//www. xinhuanet. com/2017-10/27/c_1121867529. htm．

［32］王仕涛．科研包干制应包资包管包产［N］．科技日报，2019-3-5（2）．

［33］韩庆祥．解决科研经费报销难题［N］．中国社会科学报，2018-3-22（5）．

［34］姚国芳．社科类科研经费管理模式创新研究［J］．国际商务财会，2018（8）：68-72．

［35］王军．基于大数据聚类分析的高校财务内部审计疑点发现探究［J］．教育财会研究，2020（8）：89-95．

［36］黄倩，张春萍．科研经费管理使用与内部审计优化［J］．中国高校科技，2017（11）：31-33．

［37］孟小军，彭援援．高校哲学社会科学研究评价的本质要求及其制度建设［J］．重庆大学学报（社会科学版），2021，27（1）：122-132．

［38］马忠华，陈晓舟，吴晓林，等．国家重点研发计划类专项资

金财务管理探索［J］．中国妇幼卫生杂志，2021，12（1）：60-62．

［39］周思维．"包干制"背景下高校科研项目间接费用管理探讨——以A大学为例［J］．产业科技创新，2022，2（15）：91-92．

［40］张天柱．高校科研经费"包干制"改革：存在问题、适用范围及主要举措［J］．商业会计，2020（21）：108-110．

［41］何维兴，焦朝辉．高校科研经费"包干制"实施路径的探讨——基于财务工作视角的分析［J］．中国高校科技，2020（11）：21-25．

［42］谢劲，潘理权，陈明明．科研经费试点"包干制"探析［J］．理论建设，2020，36（1）：35-39．

［43］王海成．推动理工农医类高校哲学社会科学的发展需要做到"三个尊重"［J］．武汉理工大学学报（社会科学版），2012，25（5）：786-790．

［44］审计署关于内部审计工作的规定（审计署令第11号），2018年1月。

［45］中华人民共和国审计法（2006年修正），2006年6月。

［46］中华人民共和国国家审计准则（审计署令第8号），2010年9月。

［47］陈瑜琼．国家重点研发计划重点专项实施财务管理实践与思考［J］．中国市场，2021（11）：139-140．

［48］王晶，谭昳，渠天欣，等．国家重点研发计划经费监管研究——以中国生物技术发展中心重点专项经费监管的实践为例［J］．中国科技资源导刊，2021，53（2）：81-85．

［49］杨杨．国家重点研发计划重点专项实施财务管理实践与思考［J］．纳税，2018（11）：88．

［50］张倩．高校财政专项资金管理存在的问题及对策探讨［J］．财务管理研究，2021（1）：66-69．

［51］李慧，吴晓斌，崔惠绒，等．对国家科技重大专项财务验收工作的思考［J］．科技和产业，2021（5）：198-203．

［52］夏海东，上官宇静．加强国家科技重大专项财政资金管理的

思考［J］.管理观察，2017（7）：69-73.

［53］朱巍，陈慧慧，安然.科技重大专项的内涵、实践及启示［J］.科技中国，2019（6）：39-46.

［54］郭秀云."放管服"视阈下高校差旅费报销"包干制"的思考——以P大学为例［J］.教育财会研究，2019，30（3）：12-16.

［55］韩凤芹，等.如何推进科研经费"包干制"试点［N］.中国财经报，2020-11-3.

［56］杨桦.科研经费"包干制"改革的探索和思考［J］.中国管理信息化，2021（6）：238-239.

［57］方沅蓉.科研经费审计现状及对策探讨［J］.经济师，2021（6）：101-102.

［58］程光星.企业如何做好国家重大科研项目经费管理的探讨［J］.环球市场，2021（2）：187.

［59］贺鹏皓，方平.从"羁绊"到"自觉"：国家审计如何治理科研经费腐败［J］.现代审计与经济，2019（6）：7-12.

［60］谢伏瞻.中国哲学社会科学百年发展成就及经验［N］.光明日报，2021-06-16.

第七章

财政性科研项目经费预算管理改革研究

　　凡事预则立，不预则废。做任何事情，如果事前有计划或准备就容易成功，否则就容易失败。对于财政性科研项目经费管理和使用工作而言，"预"就是经费预算，就是对科研项目在未来研究周期内经费支出的事前规划。做好财政性科研项目经费预算编制、审核、执行、调整、决算和考核等管理工作是现行财政性科研项目资金管理和使用法规制度的基本要求，是优化、健全、完善和规范科研项目经费管理和使用的基础工作和根本保证。国务院办公厅关于改革完善中央财政科研经费管理的若干意见（国办发〔2021〕32号）提出"简化预算编制（进一步精简合并预算编制科目，按设备费、业务费、劳务费三大类编制直接费用预算。直接费用中除50万元以上的设备费外，其他费用只提供基本测算说明，不需要提供明细）、下放预算调剂权、扩大经费包干制实施范围（在人才类和基础研究类科研项目中推行经费包干制，不再编制项目预算）"，此举意味着，不是所有的财政性科研项目都要求编制经费预算，这是科研项目经费预算管理改革的巨大进步。

　　本章针对需要编制经费预算的财政性科研项目而言，分析我国现行财政性科研项目经费预算管理存在的主要问题，如预算编制不够科学合理、预算审核把关不够严格、预算执行不够严谨、预算调整灵活度不够和预算绩效管理措施不健全等，在此基础上提出财政性科研项目经费预算管理改革思路。

第一节 现行财政性科研项目经费预算管理存在的主要问题

一、项目经费预算编制不太科学、不太合理

科研项目经费预算编制是管理工作的起点,项目经费预算编制是否科学、合理、准确,直接影响到科研项目经费预算执行的效果。提高科研项目经费预算执行率的关键在于提高经费预算编制的合理性、科学性和准确性。目前,我国财政性科研项目经费预算编制存在的主要问题是预算编制不够科学、不够合理、不够准确,究其原因,主要包括以下几个方面。

(一)预算编制力量比较薄弱

财政性科研项目经费主要来源于国家财政资金和地方各级财政资金,实行预算管理是财政资金管理的基本要求。按照《中华人民共和国预算法》和《中共中央 国务院关于全面实施预算绩效管理的意见》的规定,财政资金支出要求经过预算编制、预算审查和批准、预算执行、预算调整、决算等环节,全面实施绩效预算管理。财政性科研项目经费管理和使用应当遵循国家预算管理的基本规范,预算编制是一项基本的工作。

除重大科研项目(国家科技重大专项的项目、国家重点研发计划的项目等)外,财政性科研项目经费预算编制者主要为项目负责人,编制力量比较薄弱。有的科研项目申请书编写及经费预算编制由项目负责人一人完成,参与项目研究的其他科研人员并没有真正参与其中;有的科研项目虽然有项目组的其他科研人员参与、财务助理参与甚至科研单位的支持配合,但是,真正起主导作用的是科研项目负责人,即项目负责人根据自己对科研项目未来研究需要的理解编写项目申请书及项目经费

第七章　财政性科研项目经费预算管理改革研究

预算，考虑问题缺乏全局性和整体性，具有较强的个人主观意愿。而行政、事业单位在编制未来年度预算时往往不是一个人在行动，而是多数财务人员、相关业务部门人员的参与。因此，与行政、事业经费预算相比，财政性科研项目经费预算的编制力量明显薄弱。

（二）科研项目研究的复杂性

行政、事业单位编制行政、事业经费预算的主要依据是未来一年的行政事务和事业活动，从以往的经验看，行政、事业单位的行政事务和事业活动在不同年度之间尽管可能会有所波动，但是，总体上变化不大，因此，不同年度之间编制行政、事业经费预算也变化不大，经费预算数据也比较容易准确确定。编制科研项目经费预算的依据是未来的科研活动，一个特定科研项目在未来一定时间的具体科研活动很难事先做出准确预测，具有极大的不确定性，当科研活动发生时需要的经费也难以确定，因此，科研项目研究具有复杂性。此外，科研单位科研项目经费资助来源渠道呈多样化趋势，从不同来源渠道获得立项的财政性科研项目，其经费管理和使用适应不同的科研经费管理和使用制度，科研项目经费预算在预算编制、开支范围、开支标准、预算科目等各个环节不完全一致。因此，科研项目经费预算编制难以做到科学合理。

（三）预算编制方法存在一定问题

预算编制方法与预算编制的准确性具有很大关系。预算编制方法的不科学是造成预算编制不够科学的重要原因。因为，科研项目经费预算主要是由项目负责人编制，项目负责人多数为技术及业务方面的专家，但是，对于编制预算这样的财务专业知识不一定熟悉，在预算编制方法的运用上难免有不科学之处，缺乏对预算数据的科学论证。虽然，目前科研经费管理和使用制度允许科研单位设置科研财务助理岗位，为科研人员编制科研经费预算提供专业化服务，但是，在科研经费管理实践中，一些科研财务助理并没有真正熟悉预算编制知识，而且也不了解科研项目未来科研活动状况，因此，很难为科研项目预算编制提供专业化服务。

（四）预算科目支出体系不完备

目前，我国财政性科研项目经费管理和使用制度中的科研经费预算科目实行的是列举式，其列举的科目包括资料费、设备费、会议费、国际交流合作费、劳务费、专家咨询费、管理费、其他支出等，无法全面覆盖科学研究活动中可能发生的全部费用，对于明确列示科目之外的费用以其他支出列示。国办发〔2021〕32号）提出按设备费、业务费、劳务费三大类编制直接费用预算，业务费实际上包括除了设备费和劳务费之外的支出科目，自然也包括其他支出这部分内容，但是，其他支出的具体内容则较难把握，导致预算科目支出体系不完备，这影响到了预算编制的准确性。

二、科研项目经费预算审核把关不够严格

（一）有的科研单位对预算审核不够重视

科研项目经费预算审核是预算管理的重要内容，是科研单位（项目依托单位）的重要职责。设置预算审核环节的目的是为科研项目负责人编制的经费预算把关，提高经费预算编制的准确性和科学性。但是，目前的情况是，有的科研单位对自身具有的经费预算审核职责认识不够充分，从而对预算审核工作不够重视，使得预算审核工作流于形式。

（二）有的科研单位预算审核人员不够专业

经济业务活动是形成财务活动的基础，比如，企业采购材料属于经济活动，而支付材料款属于财务活动；销售产品属于经济活动，而收取货款属于财务活动；聘用工作属于经济活动，而支付工人的薪酬、福利等属于财务活动。在科学研究项目的研究中，具体的科研工作相当于经济业务活动，由此而发生的经费支出属于财务活动。目前，有的科研单位预算审核人员不熟悉科研项目情况，不熟悉具体需要做哪些科研工作，即不多专业。如果无法了解科研工作情况，自然也无法了解即将产

生多少的经费开支。因此，预算审核人员不够专业造成把关不够严格。

三、科研项目经费预算执行不够严谨

与行政、事业单位的行政、事业经费预算执行相比，财政性科研项目经费预算存在执行不够严谨的问题。在没有突发事件发生的情况下，行政、事业单位一般能够按照既定进度、金额执行预算，而不需要进行预算调整。财政性科研项目经费预算却由于预算编制得不够科学和未来科研活动的不确定性而很难严谨执行预算，主要体现在以下几个方面：

（一）预算执行进度差

科研活动具有很大的不确定性，科研活动不是严格按照时间进度开展，而是根据科研规律和特定项目特点开展的，科研人员对预算管理的重视程度是相对较低的，即使完成了项目经费预算编制工作，一些项目负责人也不会将预算执行作为核心工作。而在目前的财政财务预算管理制度下，科研项目经费预算执行考核是按照年度等会计期间进行考核的，因此，科研项目具体科研工作产生的科研经费开支与预算考核周期出现明显背离，很难按照年度等会计期间进度开支科研经费。常飞（2020）研究认为，在执行科研经费预算上，存在一种非常极端的现状，比如科研的进度远远超越了科研经费应用的进度，导致快要完成项目的情况下依旧剩余很多的经费，这种情况常常与太过注重科研而不重视应用经费存在关联。

（二）预算执行精度差

作为科研项目负责人及项目组成员的科研人员，一般更关注科研项目具体工作取得的成效、需要进一步解决的问题等具体工作状况，而财务部门和科研部门等预算执行监管部门一般更关注是否按照会计期间进度使用科研项目资金，此时，说容易发生上下级之间以及部门之间的沟通协调问题和信息传递问题。有时，财务等部门在年中时、年末时提醒科研人员科研项目预算执行进度，这是一种善意的提醒，但是，却给一些科研人员带来了压力感，在敏感时间节点上突击花钱，甚至违规使用科研经费。陈晓雯等（2021）研究认为，遇到中期检查、项目资金上缴时限，出现突击报账现象。张琳彦（2020）研究认为，当项目面临中期检查或结题验收时，为了追赶执行进度，又会出现突击花钱、超预算支出、调账等种种不正常现象。

（三）有的科研单位项目管理与经费预算管理脱节

有的科研单位财政性科研项目管理与科研经费管理脱节。科研项目管理与科研经费管理处于条块分割状态，项目管理和经费管理信息不对称，互相脱节，致使信息孤岛形成。科研项目管理部门负责科研项目的申报、立项和结题等工作，有些资料和信息不能及时与财务部门有效对接，而财务部门出于专业特点，更侧重于经费管理、核算和监督，缺乏对科研活动具体内容和项目经费预算编制的理解，也没有足够的专业知识和能力参与到科研活动过程中，无法对其经费预算的执行进行科学有效监督。

四、科研项目经费预算调剂不够灵活

由于事前项目经费预算编制不够科学合理，在预算执行中经常出现预算数与实际支出数相脱节的现象，需要进行比较频繁的预算调整。但是，有的科研单位预算调剂手续比较复杂，不够灵活。随着中办发〔2016〕50号文件及国发〔2018〕25号文件的发布实施，科研经费预算调剂手续已经比之前简化了很多，因为，很多支出科目的预算调剂权限已经下放给了科研单位，科研人员向科研单位提出调剂申请后，科研单位有条件较快做出批复。

国办发〔2021〕32号文件则进一步下放了预算调剂权限，把设备费的预算调剂权限下放给科研单位（项目承担单位），其他支出科研的调剂权全部下放给科研人员（科研项目组及其成员），这些说明预算调剂政策越来越宽松。但是，设备费预算调剂手续还是比较复杂，因为设备费预算涉及财务、采购、资产、审计等多个部门，预算一旦调整，会带来连锁性的改变。调整增加预算就更为复杂了，因为现行科研经费管理和使用制度明确规定，一般情况下不能调增预算，特殊情况下可以调增预算，但是需要办理严格的申请和审批程序，一般需要经过项目主管部门审批同意后才能调整。

五、预算绩效管理措施不健全

财政性科研项目经费预算绩效管理是以实现特定绩效目标为导向，强化预算绩效理念，以提高科研绩效为中心，贯穿于财政性科研项目预算编制、执行、调整和监督全过程的经费预算绩效管理，其主要目的是提高科研项目经费支出效率和使用效果，以促进优秀科研成果的产生。目前，财政性科研项目经费预算绩效管理不健全主要体现在对经费预算绩效管理的重要性认识不够，现行科研项目经费管理和使用制度中对经费预算绩效管理只进行大方向的指导，缺乏具体的指导。大方向的、原则性的指导是必要的，但是，科研单位及科研人员需要更加明细的指导、具有可操作性的指导。

第二节 财政性科研项目经费预算管理改革思路

一、将全面预算管理理念引入财政性科研项目经费预算管理中

（一）全面预算管理理念的内涵

财政性科研项目经费预算管理存在的问题与预算管理理念的落后存在很大关系。管理理念是对管理的目的、意义、重要性、必要性和复杂的认识。目前，无论是科研经费管理和使用制度的制定方、科研单位及科研人员都缺乏正确的理解和认识，比如，在科研经费预算管理上考虑

问题时不够全面，缺乏全面性等。

全面预算管理理念是一种全面考虑问题的预算管理理念，起源于20世纪20年代的美国，通用电气公司、杜邦公司、通用汽车公司等采用全面预算管理来规范和加强企业管理，提高管理水平。后来逐步在其他公司推广使用，并不断完善。任何一个企业不管规模大小、所处行业和业务类型如何，其所拥有的人力、财力、物力、技术、信息等资源都是有限的，如何充分、高效地配置好、利用好这些资源以应对激烈的外部市场竞争是每个企业都必须面对的问题。

(二) 全面预算管理的意义

一是明确了企业在未来一定时期（预算期）的目标，同时也明确了企业内部各部门、各岗位努力的方向和目标。全面预算勾画了企业在未来一定时期生产经营活动的蓝图，明确了各部门、各单位及企业整体的目标。有了目标才能明确方向以及实现目标的办法，这就是目标导向。主要目标包括利润目标、营业收入目标和成本费用目标等。利润目标往往是最高层次目标，因为，企业是以盈利为目的的经济组织，在依法依规经营的前提下追求更多的盈利是企业的天职；而营业收入目标和成本费用目标等是相对低层次的目标，但是，并不意味着低层次目标就不重要，因为只有低层次目标实现了，高层次目标才能得到实现。

二是通过全面预算从企业整体目标入手来考虑内部资源配置，科学合理安排各部门工作，避免出现一些部门局部利益损害企业整体利益的现象。因此，编制全面预算时必须使各部门密切配合，相互协调，统筹兼顾，综合平衡，朝着企业整体目标最大化去努力。比如，目前工业企业生产经营活动一般是以销定产，则需要先编制销售预算；而生产部门编制生产预算时必须以销售预算为依据；采购部门在编制采购预算时必须以生产预算为依据。

三是通过全面预算控制企业日常经济活动。企业是以营利为目的的，为此，必须开展经济业务活动，不断做强做优做大。与政府机关和事业单位相比，企业开展的经济活动更为复杂，管理好、控制好难度更大。全面预算既是重要的管理工具，又是重要的管理方法。要想使企业生产经营活动有条不紊地进行，事先必须进行安排、谋划，全面预算就是事先的安排和谋划。

四是有利于评价各部门工作绩效。各部门在预算期内工作绩效怎么样，总得有评价的标准和依据。假如没有评价标准和依据，那么说明做多做少一个样，则将会导致各部门、各岗位纪律涣散、工作效率低下。全面预算不仅明确了各部门需要努力达到的目标，而且也是评价各部门实际工作业绩的依据。

（三）全面预算管理的主要内容

企业全面预算管理的内容主要体现在"全面"二字上，一般包括业务预算、专项预算和财务预算。业务预算是反映企业在预算期发生的各种具有实质性经济活动的预算，主要包括采购预算、生产预算、销售预算、直接人工费用预算、制造费用预算、销售（营业）费用预算、管理费用预算、财务费用预算、单位产品成本和总成本预算等。全面预算编制的起点一般是先确定目标利润，即根据企业在过去一段时期实际实现的利润以及竞争对手实际实现的利润，综合考虑自身实力和竞争对手实力状况，并考虑未来市场环境变化等因素后综合确定。目标利润就是企业在未来预算期的奋斗目标。销售预算是在分别预测预算期可能实现的销售量（业务量）及单价水平的基础上编制，无论是业务量还是单价水平的预测，都需要充分考虑预算期的市场状况、供求关系、竞争对手情况等多种因素才能确定。

其他各项业务预算的编制都必须考虑该项业务特点、在预算期的变化趋势等因素综合确定。专项预算主要包括资本支出预算和应急预算。资本支出预算主要包括机器设备、运输车辆等固定资产采购预算、专利技术和非专利技术等无形资产购买预算、股权投资预算和房屋建筑物建造预算等。应急预算是为了应对可能发生的突发事件而做的预算准备，比如为了应对新冠疫情突然发生而编制的预算，为了应对洪涝灾害等自然灾害而编制的预算等。财务预算是在业务预算和专项预算的基础上编制的反映企业在预算期的财务状况、经营成果和现金流量信息的预算，主要包括预计资产负债表、预计损益表和预计现金流量表等。各种预算的基本关系如下图所示。

（四）全面预算编制的主要方法

全面预算编制方法主要包括固定预算法和弹性预算法、零基预算法和增量（减量）预算法。固定预算法是以未来预算期某一固定的业务量水平为基础而编制的预算，也叫静态预算。这种编制方法的优点是简单，缺点准确性差，当实际发生的业务量与预算业务量有差距时，各种费用预算数据的实际数与预算数都不具有可比性，而在实际工作中，由于市场环境变化或季节性等原因，各月份实际业务量水平往往不确定。为了克服固定预算法的缺点，产生了弹性预算法。

弹性预算法首先预测预算期多个可能发生的业务量水平，以此为基础，编制一套适应多种业务量（一般是每隔5%或10%左右）水平的预算，以适应不同业务量水平下的费用预算，这种方法的优点是预算编制相对准确，缺点是比较复杂。增量（减量）预算法是以基期各项费用的实际支出数为基础，考虑到预算期可能引发费用变动的因素，如产量变动等，来确定预算期各项费用应增加或减少多少，在此基础上确定预算数。弹性预算法的优点是简便易行，缺点是预算数受到基期数据的影响，把基期各项费用的开支视为理所当然，如果基期的数据不科学、不合理，此时，以基期数据为基础确定的预算数也难以做到科学合理。

为了克服增量（减量）预算法存在的不足，产生了零基预算法。零基预算法是以零为基础编制预算的方法，这种方法不考虑基期各项费用开支实际数，而完全根据预算期可能影响费用开支的各种因素来确定预算数。这种方法的优点是不受往期预算的约束，没有条条框框，能充分调动各项费用管理人员的积极性和创造性，精打细算，厉行节约，合理规划使用资金；缺点是预算编制工作量比较繁重。

（五）全面预算的预算期的确定

全面预算按照预算期的长短可以分为短期预算、长期预算和滚动预算。短期预算的预算期不超过一年，一般适用于业务预算、财务预算和应急预算的编制。短期预算又可分为年度预算、半年度预算、季度预算、月份预算，甚至可以按旬或按周编制预算等。长期预算的预算期超过 1 年，一般适用于资本支出预算的编制，时间跨度有的可长达数年。滚动预算的基本原理是使预算期永远保持 12 个月，即每过 1 个月，就在期末增列 1 个月的预算，逐渐向后滚动。滚动预算也称为连续预算或永续预算。滚动预算采用长计划、短安排的方式进行，有利于企业管理人员对预算资料进行经常性的分析研究，并根据预算执行情况及时进行修订调整，具有传统预算方式所不具备的优点。

（六）将全面预算管理理念引入到财政性科研项目经费预算管理的必要性

对于财政性科研项目经费预算管理而言，全面预算就是对特定财政性科研项目在未来一定时期的经费来源和经费支出进行预算安排，由于财政性科研项目经费来源于各级财政资金，而且除了实行成本补偿式的重大科研项目之外，一般项目经费资助额度是确定的，因此，其经费预算主要是对未来一定时期经费支出做出全面预算安排。将全面预算管理理念引入到财政性科研项目经费预算管理中不仅是合理的，也是必要的。财政性科研项目资金来源于各级财政资金，财政资金是有限的，必须科学、合理地使用，提高使用效率。无论是采用定额补助式还是成本补偿式资助方式，对特定科研项目经费的资助都是有限的，定额补助式资助方式有固定的资助额度，一般不得增加；在成本补偿式资助方式下，成本的开支必须合法、合规，而不是可以任意开支。运用全面预算管理理念有利于科学、合理、完整地安排科研项目未来的经费支出，提高科研项目经费使用效率。运用全面预算管理理念还有利于进一步细化科研项目经费预算的内容，使得经费预算的编制更加全面；此外，对预算方法使用和预算周期的确定更加科学合理，有利于提高预算编制的准确性，发挥预算管理的作用。

二、进一步发挥科研财务助理在科研项目经费预算管理中的作用

（一）建立科研财务助理制度的主要目的

中办发〔2016〕50号文件指出，项目承担单位要建立健全科研财务助理制度，为科研人员在项目预算编制和调剂、经费支出、财务决算和验收等方面提供专业化服务，科研财务助理所需费用可由项目承担单位根据情况通过科研项目资金等渠道解决。建立健全科研财务助理制度是创新科研服务方式，落实"放管服"政策，让科研人员潜心从事科学研究的一项制度创新。

（二）科研财务助理制度存在的主要问题

一是有的科研单位重视不够。态度消极，缺乏最基本的认识，认为这一制度可有可无，比如，一些从事哲学社会科学研究的科研单位以及一些承担财政性科研项目较少的科研单位。

二是对科研财务助理的定位不清。科研财务助理是科研单位的正式工作人员还是临时聘用人员、其薪酬标准及福利待遇应该怎么确定、科研财务助理应该具备怎样的专业素质和职业道德水平、岗位工作应该怎样考核、怎样提高岗位工作能力、职务工作能否晋升等没有明晰规定。

三是科研单位之间操作差距巨大。比如，有的科研单位（比如高校）规定从大学生中招聘科研财务助理，但是，大学生学业繁忙，没有更多时间深入学习科研政策法规及财务知识等，科研单位一般只进行一些简单的培训就上岗，做一些帮科研人员报销等"跑腿"性的工作，无法提供协助科研人员编制科研项目经费预算及预算调剂等专业化服务；此外，大学生毕业后走人，这个岗位工作就没法做了，必须换人，造成岗位工作流动性大，但是，岗位始终缺乏精通业务的科研财务助理。有的科研单位（比如高校）虽然规定不能聘用大学生担任科研财

第七章　财政性科研项目经费预算管理改革研究

务助理，只能从社会上聘用，但是，对于这个岗位工作的定位不清晰。有的科研单位从单位现有财务人员中指定一些人兼任科研财务助理，但是，这些人有其他工作，很难专心做好"助理"工作，工作效率效果大打折扣。

（三）完善科研财务助理制度的主要思路

为进一步发挥科研财务助理在项目经费预算管理中的作用，必须从促进国家科技创新的高度重视科研财务助理工作，进一步完善科研财务助理制度。

一是明确科研财务助理岗位是科研单位的正式工作岗位，而不是临时工作岗位。这个岗位应属于财务部门管理，与财务部门设置的制单、复核、出纳、成本核算、工资核算等岗位平级，按照财务人员进行管理。"让专业的人做专业的事"是做好事情的基本要求。科研财务助理作为直接服务于科研人员，间接服务于国家科技创新的重要岗位，如果不是正式工作岗位，就无法做到"让专业的人做专业的事"，按照正式工作岗位设置有利于增强科研财务助理人员的获得感和主人翁地位，从而更加积极主动钻研专业知识，提高专业技能，为科研人员提供更好服务。

二是明确科研财务助理人员应该具备的专业知识和技能。基于更好服务科研人员的需要，科研财务助理人员应当具备一定的财务会计知识、科研政策法规知识、预算管理知识、税收法规知识、经济合同知识、金融法规知识及一定的计算机操作知识等。现存岗位上的科研财务助理如果专业知识和技能达不到要求，应通过培训、促进自学等途径加以提升，在必要时应对科研财务助理进行岗位知识和技能水平测试，以检验科研财务助理人员是否具备任职资格。例如，北京大学组织开展了科研财务助理培训，16个院系近300位科研财务助理参加。培训结束后，课件内容作为培训资料提供给秘书及科研人员查阅使用。首先，笔试、测评综合考核，确保专业能力及服务水平。为确保每一位科研财务助理具有符合要求的专业能力，为科研人员提供高质量的科研服务工作，学校财务部通过设计笔试考卷、定期综合测评等方式，考核科研财务助理的业务能力，通过考核的人员方能予以聘任或续聘。其次，学校财务部建立全校科研财务助理微信群，宣传最新政策、实时解答有关科研项目实施过程中的各类问题，很多共性问题的答疑解惑也为微信群里的科研财务助理人员提供了丰富的学习和讨论素材，巩固了培训的效果。

三是明确科研财务助理的职业道德要求。科研财务助理必须爱岗敬业，熟悉掌握从事岗位工作需要的专业知识和技能，提高为科研人员服务的意识和能力，按照《保密法》等规定做好保密工作，不是泄露涉及秘密的东西。

四是明确科研财务助理岗位的工作规则。以列举方式，明示岗位工作的职责权限和授权审批程序，使得岗位工作有章可循。当一位科研财务助理人员因各种原因离岗之后，继任人员可以通过对岗位工作职责权限的了解，快速胜任岗位工作。

五是明确科研财务助理岗位的在职培训、绩效考核和薪酬福利要求。对于任何一个工作岗位而言，在职培训都是必要的，因为形势在不断变化，新知识新技能不断涌现，若不进行培训，知识就会陈旧，落后于时代。科研财务助理岗位也一样，需要明确其在职培训要求。作为一个岗位工作，应明确绩效考核标准和要求、奖励及惩罚的条件，这不仅是引导科研财务助理规范工作的需要，也是科研财务助理努力工作的指挥棒。还应明确科研财务助理岗位的薪酬福利水平及职业晋升通道等科研财务助理人员关注的涉及个人切身利益的问题。

六是综合考虑财务助理岗位的设置及职业规范要求。例如，中国农业科学院为加强财务与科研工作的有效衔接，在人员配备方面，要求规模大、任务多的团队，可以项目组为单元设置科研财务助理，规模小的团队也可以采取联合的方式设置科研财务助理；在薪酬管理方面，要求院属单位对在编兼职履行科研财务助理职责的人员进行绩效考核时，充分体现其承担的兼职工作，对编制外聘用人员充分考虑其岗位的特殊性，合理确定其薪资标准；在资金解决渠道方面，明确科研财务助理所需费用可根据情况通过科研项目资金等渠道解决。

三、健全财政性科研项目经费预算管理制度

(一) 成立财政性科研项目经费预算管理专门机构

对于承担财政性科研项目较多的科研单位，应成立财政性科研项目经费预算管理专门机构（简称"预算管理专门机构"）统筹协调科研项目经费预算管理工作。首先，应明确预算管理专门机构的职责及权限。该机构应具有经费预算审核、协调处理矛盾、组织科研人员和财务人员等有关人员进行预算知识培训、经费预算调整审批等职责和权限。其次，应明确预算管理专门机构的人员构成。该机构应由单位的有关专业人员和聘请的专业人员构成。部门内部的有关专业人员应由财务人员、科研管理人员等构成，并保持相对稳定。聘请的专业人员构成则应根据不同科研项目特点，聘请业内资深人士构成。最后，明确预算管理专业机构的工作规范。通过规范引领，确保该机构工作有序进行，真正履行其职责权限，真正发挥应有作用。

(二) 完善科研项目经费预算编制要求和内部审核要求

科研项目经费预算编制要求应分别不同的经费开支科目提出明晰的指导要求。比如，在资料费预算的编制上，应明晰资料费的范围、开支资料费的条件、资料费发票的要求等。在数据采集费预算的编制上，也应明晰数据采集费的范围、开支数据采集费的条件、数据采集费发票的要求等。"购买资料"与"购买数据"有时容易混淆，只有进一步明晰经费开支科目的范围，才能使制度具有可操作性。科研单位应当在科研项目获得立项后指导科研人员完善科研项目经费预算编制工作。科研人员应当根据科研项目研究规律，综合考虑研究周期内经济政策、市场环境等因素，分别按年度编制涉及项目研究周期的经费预算。科研财务助理及财务人员应参与到科研人员的经费预算编制中去，对科研人员在科研项目经费实际发生前就给予一定经费使用和报销指导。在科研项目经费预算编制方法上，允许不同的开支科目可以选择或综合运用零基预

算、固定预算、弹性预算、滚动预算等方法，而不应拘泥于采用某一种方法。

科研项目经费预算的内部审核既是科研单位的职责，也是科研单位的权限。科研单位应切实履行好职责，使用好相应权限。科研项目经费预算相关材料在正式上报前，预算管理专门机构应组织单位内部有关专家及聘请外部专家进行审核把关，对经费预算中存在的问题进行分析论证，必要时要求科研人员进行修改后再上报，以提高预算编制的准确性。

（三）进一步明确科研项目经费预算执行要求

科研单位和科研人员应当根据科研项目经费预算管理要求，开展科研活动，严格科研项目经费预算执行和控制。科研单位严格控制科研项目经费支付，防范违法违规支付。设备购置等各项科研业务支出，均应符合科研项目经费预算管理要求。预算管理专门机构和财务、资产、内部审计等部门应加强沟通，促使科研项目经费预算得到较好执行。

（四）进一步明确科研项目经费预算调整办法

一般来说，经科研项目主管部门批准下达的科研项目经费预算应当保持稳定，不得随意调整。但是，由于市场环境、国家政策或不可抗力等客观因素，导致科研项目经费预算执行发生重大差异确需调整经费预算的，可以进行预算调整。

根据国办发〔2021〕32号文件的规定，科研项目主管部门将设备费的调剂权下放给科研单位，科研单位（项目承担单位）将其他支出科目的调剂权下放给科研人员。此规定意味着，除了设备费调剂之外，科研人员可以根据需要进行预算调整而无须经过科研单位审批。对于设备费预算的调整周期，科研单位应允许科研人员在需要时按照月份调整或者根据科研活动需要随时提出调整申请，科研单位及时履行内部审批程序。这样更能尊重科研规律，更好地为科研活动服务。

第七章 财政性科研项目经费预算管理改革研究

本章主要参考文献

[1] 常飞. 关于高校科研经费预算管理的问题与几点建议 [J]. 财会学习, 2020 (9): 72-73.

[2] 陈晓雯, 等. "放管服"背景下高校科研经费管理存在的问题及创新路径研究——以Y高校为例 [J]. 财务管理研究, 2021 (5): 51-56.

[3] 张琳彦. 高校科研经费管理存在的问题和解决策略 [J]. 西部财会, 2020 (11): 28-30.

[4] 王钊, 等. "放管服"背景下的高校科研经费预算管理流程优化研究——以J高校为例 [J]. 科技管理研究, 2021 (5): 45-53.

[5] 孙云荷. 加强事业单位科研项目经费预算管理的探讨 [J]. 时代金融, 2018 (12中): 21-28.

[6] 金璞. 高校科研经费预算管理的路径选择与制度安排分析 [J]. 中国外资, 2020 (11下): 43-44.

[7] 杨诗炜, 等. "放管服"背景下高校财政科研项目经费预算管理的博弈分析 [J]. 科技管理研究, 2019 (18): 88-96.

[8] 郭丽红. 基于预算科目视角的中央财政科研项目经费管理研究 [J]. 中国科技资源导刊, 2019 (3): 80-84.

[9] 张岚. 关于完善高校科研经费预算管理体系的思考 [J]. 中国科学基金, 2014 (1): 40-45.

[10] 彭松波, 等. 高校科研经费预算松弛动因及控制对策研究 [J]. 浙江工业大学学报 (社会科学版), 2019 (4): 457-461.

[11] 王军, 李敏. 中央高校财政预算项目绩效管理改革探究 [J]. 教育财会研究, 2018 (2): 9-12.

[12] 落实《关于进一步完善中央财政科研项目资金管理等政策的若干意见》典型案例, http://www.itp.cas.cn/tzgg/201702/t20170227_4751120.html.

[13] 高丹. 浅论我国科研财务助理制度 [J]. 经济师, 2017 (10): 103-104.

[14] 李倩, 陶敏文. 事业单位科研经费管理"包干制"探析 [J]. 中国管理信息化, 2020, 23 (12): 40-42.

[15] 葛爱娟. 建立科研财务助理制度的思考 [J]. 财会学习, 2017 (20): 44-46.

[16] 覃涛英, 方烁, 等. 建立科研财务助理的研究 [J]. 安徽农业科学, 2018, 46 (29): 39-44.

[17] 葛爱娟, 王斌华, 李国荣. 加强新形势下科研单位财务培训工作 [J]. 中国农业会计, 2018 (4): 22-24.

[18] 董晓璠, 鞠福. 科研财务助理制度对规范科研经费管理的探讨 [J]. 会计师, 2021 (9): 116-117.

[19] 刘瀛弢. 农业科研项目经费预算编制实务 [M]. 北京: 中国农业科学技术出版社, 2018.

[20] 中华人民共和国预算法（2018 修正），2018 年 12 月。

[21] 中华人民共和国预算法实施条例（国令第 729 号），2020 年 8 月。

[22] 中共中央、国务院关于全面实施预算绩效管理的意见（中发〔2018〕34 号），2018 年 9 月。

[23] 李桂梅. 科研项目经费预算管理优化探析 [J]. 行政事业资产与财务, 2021 (4): 52-53.

[24] 王希. 科研项目经费预算改革的困境及解决对策 [J]. 中小企业管理与科技, 2021 (3): 138-139.

[25] 刘菁. 科研项目预算绩效管理之思考 [J]. 中国农业会计, 2021 (6): 60-62.

[26] 赵晨琳. 高校科研经费预算管理的现状、问题及建议 [J]. 商业文化, 2021 (15): 68-69.

[27] 张哲. 企业科研项目的全面预算管理 [J]. 中外企业文化, 2021 (4): 21-22.

[28] 容啟赞. 新发展阶段科研院所全面预算执行管理存在问题和

应对策略 [J]. 中国农业会计, 2021 (4): 56-58.

[29] 邱巧根. 新发展理念下科研事业单位全面预算绩效管理考评体系重构研究 [J]. 中国总会计师, 2021 (5): 88-89.

[30] 黄晖. 转企后科研单位全面预算管理问题研究 [J]. 企业改革与管理, 2019 (21): 185-186.

[31] 涂淑娟, 黄厚生, 王玲. "放管服"背景下的科研经费管理内部控制研究——基于全面预算绩效管理 [J]. 会计之友, 2020 (12): 77-83.

[32] 张川, 张涛. 预算控制系统对科研经费支出绩效的影响 [J]. 科研管理, 2019 (4): 135-144.

[33] 胡明. 科研项目经费预算改革的困境及其法治出路 [J]. 政治与法律, 2019 (9): 28-38.

[34] 张响平. 滚动预算在事业部制管理中的应用——以A科研院所为例 [J]. 全国流通经济, 2019 (30): 51-52.

[35] 雷俊生. 预算管理视角下科研项目智力投入参与分配研究 [J]. 地方财政研究, 2017 (12): 69-75.

[36] 李国荣, 方灵丽. 强化财政科研项目预算绩效管理 [J]. 浙江经济, 2016 (21): 62-63.

第八章

科研单位加强科研经费内部管理研究

科研单位加强科研经费内部管理是确保上级有关方面制定的财政性科研项目经费管理和使用制度得到贯彻落实的基本保证。比如,党中央、国务院关于深化科研领域"放管服"改革、赋予科研人员更大科研经费使用自主权和调动科研人员积极性等制度。反之,如果科研单位没有加强科研经费内部管理,那么,党中央、国务院等上级制定的科研项目经费管理和使用制度在科研单位内部就难以得到彻底的贯彻实施。

科研单位加强科研经费内部管理不是"紧箍咒",而是"激励与规范"并重,以便更好地贯彻落实国家政策,比如,国办发〔2021〕32号文件对科研单位(项目承担单位)的要求是:"要落实好科研项目实施和科研经费管理使用的主体责任,严格按照国家有关政策规定和权责一致的要求,强化自我约束和自我规范,及时完善内部管理制度,确保科研自主权接得住、管得好。"目前,有的科研单位既存在科研人员科研积极性不高的问题,也存在违法、违规使用科研经费的现象。从科研单位层面看,这些问题需要通过加强科研经费内部管理、落实国家政策来解决。本章分析科研单位科研经费内部管理的主要目标及存在的主要问题,坚持目标导向与问题导向相结合,在此基础上,提出科研单位加强科研经费内部管理的主要对策。

第八章 科研单位加强科研经费内部管理研究

第一节 科研单位科研经费内部管理的主要目标及存在的主要问题

科研单位科研经费内部管理是指科研单位通过科学的内部机构设置、明确的岗位职责分工与协调、合理的工作安排、严明的工作规则、严格的绩效考核和健康向上的文化建设等，使得党中央、国务院及有关部门、各地区等有关方面制定的财政性科研项目经费管理和使用制度在本单位得以贯彻落实的行为。

一、科研单位科研经费内部管理的主要目标

从事财政性科研项目科研活动的科研单位不仅包括高校、科研院所、医院、政府机构（研究中心）等行政事业单位，而且也包括企业和社会组织等单位。每一个科研单位都有其特定的目标，内部管理是实现科研单位目标的重要手段，即内部管理目标就是为实现科研单位目标服务。概括起来，科研单位科研经费内部管理目标主要包括以下几个方面。

（一）合法合规性目标

即通过进行内部管理，促使科研单位开展的经济活动、业务活动合法合规，引导相关领导和职工（员工）遵守行为规范，使得科研单位各项经济业务事项都与法律法规的要求相符合。如果做不到合法合规，就会被追究法律责任，科研单位目标就无法实现。

（二）安全有效性目标

即保障科研单位资产安全和使用有效、高效。比如，现金、银行存款等货币资金是科研单位开展经济活动和业务活动必不可少的资产，其本身具有流动性强的特点，最容易被盗窃、被贪污、被挪用。科研单位

的其他资产，如机器设备等固定资产、存货等流动资产也非常重要。一旦发现账实不符，应尽快查明原因，及时进行处理。保持科研单位资产处于安全、完整状态是科研单位可持续发展的物质保障。

（三）真实完整性目标

即保障科研单位财务会计信息真实完整。尊重客观实际和科研规律，建立健全有效的约束机制，按照实际情况反映的报告更有助于科研单位管理决策与对经济活动进行监控，增强科研单位内部的公信力，同时，真实完整的信息对科研项目主管部门和财政部门加强财政资金管理也具有重要意义。

（四）预防腐败和舞弊性目标

即有效防范舞弊和预防腐败。在国家大力提倡反腐倡廉的背景下，作为国家财政科研资金的使用者，科研单位应当把防范舞弊与腐败放在工作重要地位。在科研经费的管理和使用过程中，应当秉承公平、公正、公开、透明的原则，结合自身所处的内外部环境，通过建立健全有效的内部管理制度，充分发挥内部管理的基础性作用，科学预防腐败和舞弊现象的产生。

（五）效率效果性目标

效率主要强调用同样的成本和时间办更多的事情，或者办一件事情需要的成本和时间更少。效果主要强调办事的结果符合预先设定的目标要求。科研单位科研经费内部管理的效率效果性目标是提高财政科研经费使用的效率和效果。由于科研单位是由多个部门、多个岗位构成的，科研单位内部应建立健全良好的沟通体系，通过内部管理，充分发挥各部门的职能权限和积极性，为科研人员开展科研工作提供优质高效服务，这样才有利于实现效率效果性目标。

二、科研单位科研经费内部管理存在的主要问题

目前，我国科研单位科研经费内部管理存在不容忽视的问题。例

如，叶远康（2018）研究认为，目前普遍存在事业单位重视科研项目申报工作，但是忽视科研项目内部管理工作的问题，导致科研项目经费开支进度滞后，主要体现在内部工作分工不明确和对科研项目经费开支进度缺乏有效监控两个方面。韩大川等研究认为，目前哲学社会科学研究机构在科研经费管理过程中，仍然存在很多问题和困惑，既有现行宏观制度不完善的问题，也有科研机构内部管理不合理的问题。陈丰等研究认为，科研经费信息公开存在不足，自主权下放后，内部管理机制尚不完善。除了这些问题外，目前我国科研单位科研经费内部管理依然存在下列突出问题。

（一）有的科研单位内部管理环境不够优化

内部管理环境是指影响内部管理制度建立健全、实施及有效运行的内部因素，包括科研单位领导人员的廉洁程度、管理水平、文化氛围、守法意识、组织机构设置及权力分配等。

从廉洁程度看，目前，有的科研单位个别领导人员廉洁程度低，存在严重违法违纪行为，中央纪委、国家监委及地方纪委监委网站（https://www.ccdi.gov.cn/）披露了大量违法违纪案例。从管理水平看，有的科研单位的管理水平不高，存在管理漏洞，为违法违纪行为留下可乘之机。从文化氛围看，有的科研单位没有营造积极向上的文化氛围，正能量不足。从守法意识看，有的科研单位个别领导人员的违法行为树立了极坏的榜样。从组织机构设置及权力分配看，有的科研单位内部机构的设置不科学、权责分配不合理，没有预先设置好相互监督和制衡的机制。所有这些都是内部管理环境不够优化的主要体现，这些为财政性科研项目经费管理和使用制度的落地埋下了巨大隐患。

（二）有的科研单位缺乏风险评估安排

在管理学中，风险点一般是指容易发生差错或舞弊行为的管理领域、业务环节等，主要风险点是指按照以往惯例或经验很容易发生差错或舞弊行为的管理领域、业务环节等，比如，重大投资决策是一个主要风险点，因为，如果决策失误可能带来重大不利影响。风险评估的关键是寻找主要业务流程上的主要风险点，并在主要风险点上采取更为严密的管理措施。对于财政性科研项目而言，其主要风险点如下：一是科研项目申报环节的风险点，主要有科研项目组提交的申报材料不真实、预算编制不符合客观实际、科研单位科研活动保障条件不足等，特别是预算编制不符合客观实际为科研项目经费管理和使用埋下隐患。二是科研项目实施环节的主要风险点，主要有项目组成员项目经费报销事由和报销金额未执行事先编制的预算、报销的人员费用于非项目组成员等。三是项目结题验收环节的风险点，主要有为避免科研经费结余被收回，突击消费，产生违规使用经费行为。总之，主要风险点抓不准，导致管理的重点抓不准，进而导致管理效率低下。

（三）有的科研单位内部管理措施不当

管理措施一般是指管理方法或管理手段。科研单位内部管理措施遵循管理学中通常采用的管理措施，主要有不相容职务分离管理、授权审批管理、会计系统管理、财产保护管理、预算管理、运营分析管理和绩效考评管理等。

不相容职务分离管理要求把不相容职务分离开来进行管理，例如，假设把 A 职务和 B 职务同时安排给一个人或一个部门来做，此时容易发生差错及舞弊行为，同时又容易掩盖差错及舞弊行为，此时，A 职务和 B 职务为不相容职务。不相容职务通常是指两项或两项以上职务不能安排给同一个人或同一个部门去做，否则容易发生差错及舞弊行为，同时又被掩盖起来，被有的部门及人员谋取私利。科学的管理方法是找出科研单位中存在的不相容职务，然后把不相容职务安排给不同的部门和人员去做，即不相容职务分离管理，以达到不同部门和人员之间各司其职、各负其责、相互制约、相互监督，从而预防差错及舞弊行为的发生。不相容职务分离管理是制衡性原则的具体运用。投票工作中计票统计时一般安排有计票人、唱票人和监督人，这实际上是不相容职务分离管理方法的运用。当然，如果有关部门和人员相互串通、相互勾结、共同谋利，此时，不相容职务分离管理措施就会失效。因此，管理措施需要有多种，每一种管理措施都有其特定的优点和不足，一种管理措施的不足需要通过其他管理措施的优点来弥补。

授权审批管理包括常规授权审批管理和特别授权审批管理。常规授权审批管理反映在科研单位内部管理的各项制度中，这些制度明确规定了各部门乃至各岗位的职责权限，即平时各部门各岗位所做的事情是得到常规授权的，相关部门和岗位都应该在常规授权范围内履行好自身的职责和权限。但是，这些授权是否科学、合理、高效则另当别论。特别授权审批管理在特殊情况下进行的授权，至于哪些特殊情况应进行授权审批管理，则应由科研单位内部管理制度规定。在授权审批管理中，应该特别强调的是，对于重大的科研业务活动事项，如重大合同、重大支付业务等，应执行集体审批决策，不得由某个人说了算；如果出现问题，相关人员都应承担连带责任。

会计系统管理是运用会计系统特有的功能来进行管理。会计系统特有的主要功能如下：一是审核原始凭证，编制记账凭证。原始凭证是科研单位对内、对外发生科研业务事项时取得或填制的书面证明。审核原始凭证是会计机构和会计人员的重要职责。审核原始凭证应从真实性、合法性、合理性、完整性、准确性、规范性等六个方面进行。真实性审核应重点关注科研业务活动是否真实发生及原始凭证本身是否是真的；合法性审核应关注科研业务活动是否符合有关法律法规的规定；合理性审核应关注科研业务活动的发生是否合理，符合常规；完整性审核应关注原始凭证应该填制的项目是否都已经填制了；准确性审核应关注填制的项目是否填对了，比如，小计数、合计数、数量、单价和金额等；规范性审核应关注原始凭证的书写是否规范，比如，阿拉伯数字、货币金额大小写等。只有经过审核符合要求的原始凭证才能作为编制记账凭证的依据。编制记账凭证主要是确定借贷科目、记账方向和入账金额，记账凭证编制是专业的会计语言，只有会计人员才能完成该项工作。二是登记会计账簿。会计账簿根据经过审核的会计凭证和有关资料编制。目前，我国科研单位在会计核算上普遍实现了电算化，登记会计账簿工作由会计软件自动完成，而不是由会计人员手工逐笔登记。三是编制财务会计报告。财务会计报告根据会计账簿资料编制。在会计电算化已经普及的情况下，编制财务会计报告的绝大多数工作都可以由电脑自动完成，会计人员手工只需做一些辅助性工作，比如，通过会计软件提供的功能，可以自行定义报表名称、报表项目及栏目名称、报表格式，并自行定义取数公式，以便自动从账务处理模块取数。因此，在会计系统管理中，科研单位应加强会计基础工作，明确会计凭证的种类、格式（内部凭证）、取得、填制、审核、保管、错误更正及传递，会计账簿的种类、格式、登记、打印保管和财务会计报告的编制、审核、传递、签字等处理程序，以确保各种会计资料合法、合规、真实、完整、准确、安全，其中，最主要、最关键工作是审核原始凭证。编制记账凭证要做好，做好这些工作，才能为后面的工作打下坚实的基础。

党的十八大以来，公开披露的财政性科研项目资金管理和使用中存在问题的违法违纪案件很多，究其原因，科研单位内部管理措施不当是其中一个重要原因。不仅是不相容职务分离管理、授权审批管理、会计系统管理方面存在一定问题，而且财产保护管理、预算管理、运营分析管理和绩效考评管理等也存在一定问题。

（四）有的科研单位内部信息沟通不畅

科研信息内部传递是指科研项目及其资金来源、经费预算及其使用情况、科研项目研究进展情况、国家有关部门发布的科研政策等相关信息在科研单位内部各管理层级及各部门之间通过内部报告、内部网络平台等形式传递的过程。科研信息在科研单位内部的传递，目的是使与科研工作有关的各部门及时掌握相关信息，以利于科研工作的开展，更好地服务于科学研究。

科研单位科研经费内部管理目标及单位目标的实现，需要单位内部各层级、各部门、各岗位及相关人员之间既相互分工、又紧密合作才能完成。分工产生了相互分离的信息，而合作就需要将分离的信息融合起来。目前，有的科研单位信息沟通不畅主要体现在没有将相互分离的信息融合到一起，比如，单位内部各部门需要了解的科研项目、科研资产和科研经费信息，采购、合同及执行情况信息，财务与业务信息等。杨洪洲（2021）研究认为，目前多数高校已建立起与科研经费管理相关的信息系统，包括科研管理系统、财务管理系统、合同管理系统、资产管理系统等。但由于这些系统分属于不同的业务归口部门，形成了各自独立的信息孤岛，未能实现科研相关数据的交换和共享，更不能实现科研经费管理的全过程监控。

胡敏（2021）研究认为，目前，高校的科研经费管理普遍存在各职能部门的科研信息系统间缺乏衔接，信息不能共享，信息孤岛、业务孤岛现象突出，缺乏数据融合的数字化平台，大大影响了科研人员的工作效率。郑勇等（2020）研究认为，高校科研经费内部管理机制不健全，内部管理部门之间的协同不够，在实践中分工有余协作不足。信息沟通不畅增加了各部门获取信息的时间和成本，降低了管理工作的效率。

第二节 加强科研单位科研经费内部管理的主要对策

由于科研单位科研经费内部管理存在的问题，影响到上级有关方面制定的财政性科研项目经费管理和使用制度的落地，加强科研单位科研经费内部管理显得非常必要。中办发〔2016〕50号文件、财科教〔2017〕6号文件、《国家社会科学基金项目资金管理办法》（财教〔2021〕237号）和国办发〔2021〕32号文件等多项财政性科研经费管理和使用制度都要求科研单位（项目承担单位）制定内部管理办法，加强科研经费内部管理。

国内一些学者对于如何加强科研经费内部管理也进行了研究。比如，邹德军（2018）把高校科研经费内部管理组织模式与程序模式进行组合得到六种高校科研经费内部管理模式类型，高校选择科研经费管理模式时主要应该考虑的因素是管理能力、科研项目和金额规模。加强科研单位科研经费内部管理还应采取下列对策。

一、进一步优化科研单位内部管理环境

（一）进一步加强法制教育，增强法制观念

过去几年来，在全面依法治国背景下，科研单位领导、科研人员及

其他职工（员工）的法制观念得到进一步增强。但是，从最近几年一些科研单位部分领导人员的腐败行为看，法制教育需要进一步加强。法制教育的内容应涉及各方面法律法规、规章制度和政策，特别是与科研单位开展生产经营活动、业务活动和科学研究有关的部分；法制教育的方法应灵活多样，比如，组织单位有关领导人员及相关人员到监狱开展现场教育，了解监狱对犯人的教育情况，听取管理人员的管教经验，听取犯人的思想汇报、现身说法、忏悔情况等；组织本单位有关人员到法院参加现场庭审，进行警示教育；通过对典型案例的深度剖析进行案例教学；组织单位有关人员对特定案例、主题进行专门研讨，组织有关人员收看特定案例专题片等，不断提高法制教育效果，不断增强有关人员法制观念，促使有关人员严格依法决策、依法办事、依法监督。

（二）加强文化建设，弘扬正能量

加强文化建设，就是倡导爱岗敬业、诚实守信、客观公正、开拓进取、勇于担当的文化氛围。爱岗敬业要求热爱工作岗位，认真钻研业务，即干一行、爱一行、专一行，成为所在岗位、专业的行家里手；诚实守信要求诚实，讲信用，信用是市场经济的基础，是做人做事的基本要求，也是科研单位营造风清气正的文化氛围的基础；客观公正要求各项经济业务的处理要以事实为依据，以法律为准绳，不带有个人偏见；开拓进取要求不断创新方式方法理念等，以更好的方式方法做好各相关岗位工作。在加强文化建设中，应把加强科研诚信建设作为重要内容，进一步明确科研诚信建设的意义、原则要求和内容等，提高科研诚信水平。在加强文化建设中，应注重发挥科研单位相关领导人员的主导和引领作用，激发科研人员及其他职工的主动参与，不断弘扬正能量。

（三）进一步优化科研单位内部机构及岗位设置

科学合理设置内部机构及岗位，并明确各机构和岗位的职责权限是科研单位高效运行的基础。随着国家科研项目管理政策的调整、国家对科研活动投入力度的不断增大、科研"放管服"改革的深入实施等内外环境变化，科研单位应与时俱进地优化内部机构及岗位设置。优化内部机构及岗位设置必须综合考虑单位生产经营活动和业务活动特点,坚持制衡性原则,以形成良好、规范、高效的工作机制。

二、切实加强科研单位风险评估工作

针对有的科研单位风险评估缺失问题,应在充分认识风险评估重要性的基础上,加强风险评估工作。风险评估的重要性在于两个方面:一是尽可能防范风险的发生。有的风险如果事先应对得当,那么风险发生的可能性是可以大幅度降低的。比如,交通事故风险,尽管可能很难完全杜绝,但是,如果事先经常加强交通安全教育、强调驾驶员、行人等要遵守交通规则、强调车辆要经常保养并处于良好状态、普遍安装电子警察监控系统等,交通事故风险是可以降低的。同样道理,通过风险评估识别了可能产生的风险,并采取有效措施进行防范,是有利于降低风险发生概率的,特别是部分科研单位领导人员腐败这样的风险。二是为可能产生的风险事先制定应对方案,以便在风险实际发生时能够及时做出反应,及时进行处理,避免手忙脚乱,无所适从。

加强科研单位风险评估工作必须重视单位领导人员、部门领导人员及各岗位员工的职业操守和专业胜任能力。因为,如果把不适合的人安排到特定岗位上,岗位工作就无法做好。科研单位进行风险分析,应充分吸收专业人员参与,组成风险分析团队,以提高风险应对能力。科研单位应当结合不同发展阶段和生产经营活动、业务活动和科研活动情况,与时俱进持续进行风险评估。

三、进一步完善科研单位内部管理措施

(一) 完善科研项目经费支出管理制度

科研项目经费支出是科研业务活动的需要,其主要风险是科研项目经费可能被挪用、侵占、浪费等用于非科研项目研究,导致科研项目研究资金不足或者发生资金损失。完善科研项目经费支出管理制度应主要

从三个方面入手：一是进一步明确经费支出的条件。即满足特定条件才能允许发生科研经费支出。二是明确款项支付手续，即需要经过哪些部门（或岗位）、哪些领导（或人员）签字才能办理款项支付手续。款项支付执行分级审批制度有利于提高审批效率。比如，某大学规定，5万元以下、5万~20万元、20万元以上分别由所在学院、业务主管部门、主管校长分级审批，这就是分级审批制度。三是明确款项支付方式。能否采用微信支付、支付宝支付或者只能通过银行账户转账支付等应该予以明确。完善科研项目经费支出管理制度才能有效规避或降低支付风险。

完善科研项目经费支出管理制度时，特别需要完善特殊事项、紧急事项支付管理，因为，在科研活动中，经常存在一些特殊事项或紧急事项，按照常规支付管理办法无法办理支付，影响科研活动开展。例如，中国科学院水生生物研究所规定，经批准，可超标准乘坐交通工具。减少科研人员因转乘交通工具滞留的时间，避免乘坐费用更高的交通工具。可见，完善特殊事项、紧急事项支付管理能较好满足科研活动的特殊需要。

（二）完善科研项目采购管理制度

在重大科学研究项目中，一般涉及较多的采购业务。完善科研项目采购管理制度的主要目的是促进科研人员合理采购科研活动需要的设备、材料、试剂、办公用品等，规范采购行为，防范采购风险。科研采购风险主要包括采购预算安排不合理，市场变化趋势预测不准确，采购过多或过少，可能导致科研活动受到影响等。

完善科研项目采购管理制度应从以下几个方面入手：一是明确采购条件。即科研人员在满足了哪些条件之后才能办理采购手续。二是明确采购数量的控制措施。采购太多容易造成浪费，采购太少又满足不了科研活动需要，此时，采购管理制度应明确采购数量的控制措施，以确定一个恰当的采购数量。三是明确采购方式。即应明确在什么情况下采用集中采购方式，在什么情况下采用分散采购方式。四是明确采购价格控制措施。即应明确是采用集中竞价方式还是单独寻价方式。五是明确供应商资格条件。在某些经常性及大宗物品采购中，应事先确定供应商资格条件，以便确保采购物品的质量和采购价格的优惠。六是明确采购控制程序。即明确采购业务各个环节需要办理的相关手续的具体办法，比如，科研人员填制了采购申请单之后，由哪个部门或人员审批应该予以明确。

（三）完善科研项目合同管理制度

在重大科学研究项目中，一般涉及较多的科研项目合同管理问题。科研项目合同是指科研人员为了完成科学研究任务，以项目依托单位（科研单位）名义与第三方（商品和劳务提供方）签订的协议。科研项目合同与其他合同相比具有专业性和特殊性。从历年发生的有的科研经费案例看，有的科研项目负责人之所以能够将科研经费转移到其关联方，进而进行套现、贪污等，问题就出在科研项目合同的管理上。科研项目合同管理应重点注意三个问题：一是基于科研活动的需要，有的科研业务应该或者必须签订科研合同，如果不符合同，有可能导致科学研究活动受到不利影响。二是有的科研业务虽然签订有合同，但是，科研项目合同未全面履行或监控不当，可能导致科学研究活动受到不利影响。三是如果科研项目合同纠纷处理不当，可能导致科学研究活动受到不利影响。

完善科研项目合同管理制度应从以下三个方面入手：一是进一步明确科研项目合同签订条件。即只有在科研项目研究有需要的情况下才允许签订科研项目合同。二是进一步明确科研项目合同条款的把控措施。即合同条款的规定不能损害科研单位利益、不能有损于科研项目的研究，合同条款必须充分明晰双方的权利和义务。三是进一步明确违约责任及补救措施。合同条款应该明确，如果对方由于主观原因及客观原因未履行合同而给科研项目研究造成的不利影响应承担的责任。同时，科研单位及科研人员应该事先设计应对预案，在"天有不测风云"等情况出现而对方无法履行合同时，采取紧急应对措施，以确保科研活动能够顺利进行。

四、完善科研信息内部传递制度

(一) 完善科研信息内部传递制度应重点关注的问题

完善科研信息内部传递制度应重点关注两个方面问题：一是科研信息内部传递渠道不通畅、不及时，可能导致科研采购、经费支付等决策失误，影响科研活动及相关活动进行。二是科研信息内部传递中泄露国家秘密，损害国家利益。

(二) 完善科研信息内部传递制度的要求

科研单位应当根据科学研究规律，科学合理规范不同级次、不同部门科研内部报告的指标体系，全面客观地反映科学研究活动的各种内外部信息。科研内部报告指标体系的建立应当与科研项目成本核算、全面预算管理和绩效考核等相结合，并与时俱进随着科研内外环境变化及时修订和完善。

科研单位相关部门和人员应当充分利用科研内部报告提供的信息，及时、协调解决科学研究活动中存在的问题，为科研人员提供优质服务，为科研目标的实现提供支撑。科研单位应当制定科学合理的科研信息内部报告保密制度，防止科研信息在传递过程中泄露国家秘密。科研单位应当重视和加强科研反舞弊制度建设，对于发现的问题及时处理。科研单位应当建立健全科研内部报告的评估制度，定期对科研内部报告的形成和使用进行全面风险评估，重点关注科研内部报告的及时性、安全性和有效性。

本章主要参考文献

[1] 叶远康. 基于审计视角的事业单位科研经费管理的路径探索[J]. 财会学习，2018 (1)：127–128.

［2］韩大川，赵早早．哲学社会科学科研经费管理问题、成因与对策［J］．财经智库，2020（3）：14－30．

［3］陈丰，等．加强高校科研经费"放管服"改革的几点建议［J］．财务与会计，2019（5）：74．

［4］张秋香．"放管服"背景下高校科研经费管理流程再造分析［J］．会计师，2020（9）：84－85．

［5］谢新伟．高校科研经费"放管服"改革的问题与对策研究——以北京市属X大学为例［J］．北京教育，2019（3）：75－78．

［6］杨洪洲．高校科研经费闭环式管理模式的构建［J］．安阳工学院学报，2021（1）：63－65．

［7］胡敏．"放管服"改革背景下高校纵向科研经费管理研究［J］．科技经济市场，2021（2）：117－119．

［8］郑勇，等．高校科研经费管理使用中问题及对策［J］．桂林航天工业学院学报，2020（1）：113－117．

［9］邹德军．"放管服"背景下高校科研经费内部管理模式类型研究［J］．高等职业教育——天津职业大学学报，2018（3）：28－31．

［10］黄荣．如何做好新形势下科研项目组的内部管理［J］．科技与创新，2020（18）：111－114．

［11］朱常勇．企业财会内控监督机制完善措施分析［J］．今日财富，2021（10）：195－196．

［12］黄倩，龙军，沈巧珺．新形势下高校科研管理分析与路径选择［J］．台湾农业探索，2021（2）：74－79．

［13］宋应登．财政资助研究项目伦理监管制度及发展趋势研究［J］．中国科技论坛，2021（5）：21－31．

［14］项金玲．科研机构财务内部管理制度的问题及解决途径［J］．中小企业管理与科技（下旬刊），2021（8）：62－63．

［15］张冬梅．高校科研经费内部控制和管理研究［J］．财富生活，2021（8）：53－54．

［16］肖婷．内部审计促进科研耗材管理作用探析［J］．中国农业会计，2021（1）：17－19．

[17] 聂迪. 信息技术在科研工作精细化管理中的应用 [J]. 黑龙江科学, 2021 (6): 150-151.

[18] 贾华. 科研单位财务信息一体化建设的思考与探索 [J]. 中国农业会计, 2019 (12): 54-56.

[19] 魏璐. 审计高校科研合同文本中存在的问题及对策 [J]. 行政事业资产与财务, 2021 (14): 121-122.

[20] 赵怡, 郑杰欣. 高校科研管理系统信息共享机制研究 [J]. 中国管理信息化, 2019 (20): 175-176.

[21] 王园, 丁正锋. 高校科研合同管理的问题分析及对策研究 [J]. 产业与科技论坛, 2019 (3): 287-288.

[22] 朱涛. 科研人员"贪污"课题经费的民法解析——以科技计划项目合同属性为基础 [J]. 北方法学, 2018 (1): 48-58.

[23] 杨依卓, 梁立宽. 内控视阈下高校科研合同管理的法律风险与防控 [J]. 法制与社会, 2019 (25): 159-163.

[24] 宋日晓, 许梦丽. 基于全面风险管理的科研经费超垫支管控探究 [J]. 航空财会, 2021 (3): 52-58.

[25] 彭晶. 我国高校科研经费管理的廉政风险: 从防范到治理 [J]. 产业与科技论坛, 2021 (2): 233-236.

[26] 赵长江, 李敏. 科研项目管理常见的风险与应对措施 [J]. 现代企业, 2020 (11): 26-27.

[27] 郭娟. "互联网+"时代科研经费管理流程优化 [J]. 会计之友, 2018 (3): 90-94.

[28] 陶元磊, 韦法云. "放管服"下的高校科研经费风险管控——从管理会计视角出发 [J]. 教育财会研究, 2017, 28 (2): 41-46.

[29] 李林. 科研项目经费财务管理创新方法探讨 [J]. 中小企业管理与科技, 2021 (11): 64-65.

[30] 张秀红, 高雪, 王爱军. 基于财务视角的科研项目经费管理探究 [J]. 企业改革与管理, 2021 (4): 176-177.

[31] 张佳希. 科研自主权背景下高校科研经费管理政策研究——以国内四所高校科研经费管理政策为例 [J]. 黑河学院学报, 2021

（12）：97－99．

［32］袁璨．科研放管服的政策解读与高校科研经费管理要点分析［J］．邢台学院学报，2021（1）：158－162．

［33］乔明英．强化高校科研经费管理及其监督［J］．经济师，2021（3）：96－98．

［34］杨喆，李敏．科研项目经费全流程管理的思考［J］．会计师，2021（5）：61－62．

［35］秦康．对高校科研经费管理"放管服"改革的思考和研究［J］．中国民航飞行学院学报，2021（3）：43－46．

［36］狄小华．高校科研经费使用的腐败行为分析及防治［J］．犯罪与改造研究，2021（5）：9－17．

［37］彭晶．我国高校科研经费管理的廉政风险：从防范到治理［J］．产业与科技论坛，2021（2）：233－236．

［38］杜治峰．新形势下的财政性科研经费管理研究［J］．经济管理文摘，2021（6）：3－5．

［39］黄静．基于满意度的高校科研经费管理优化策略［J］．山东建筑大学学报，2021（4）：35－42．

［40］张迪．信任理念下科研经费使用监管的制度优化［J］．中国管理信息化，2021（13）：216－217．

第九章

财政性科研项目成本核算改革研究

　　财政性科研项目成本核算是成本管理的重要基础，是科学规划财政性科研项目资金资助额度和提高财政资金使用效益的重要手段，是优化财政性科研项目经费管理和使用制度的重要内容。但是，目前我国尚未建立健全科学合理的财政性科研项目成本核算制度，无法通过公开渠道查询到历年已经研究完成的各类财政性科研项目的成本总额及成本构成的信息。比如，我们想了解国家自然科研基金"面上项目"中，数理科学部、化学科学部、生命科学部、地球科学部、工程和材料科学部、信息科学部、管理科学部和医学科学部等各类科研项目每年已经研究完成的项目数量、财政资金资助总额、科研单位配套经费总额、其他渠道资金来源总额、总成本、成本构成（平均每个项目实际发生的设备费、材料费、测试化验加工费、燃料动力费、差旅/会议/国际合作与交流费、出版/文献/信息传播/知识产权事务费、劳务费、专家咨询费和其他支出等）、结余经费等信息，以便进行财政性科研项目资金配置的对比分析，优化财政性科研项目资金配置结构等，但是，所需要的信息无法查询到。再比如，我们想了解各省份每年研究完成的省级立项的各类科研项目（省级科技重大专项、自然科学基金、社会科学基金等）的项目数量、平均每项财政资金资助总额、平均每项配套经费总额、平均每项其他资金来源总额、平均每项总成本及成本构成、结余经费等信息，以便进行省际对比分析以及已经完成的科研活动对经济社会发展的影响分析等，但是，所需要的信息也无法查询到。

　　会计信息披露理论关于会计信息披露的质量要求主要包括真实性

（客观性）、完整性、及时性、有用性等几个方面，只有同时满足这几个方面的质量要求，会计信息披露才有价值、才有意义。目前，我国财政性科研项目经费管理和使用方面的信息披露无法达到会计信息披露的质量要求。因此，会计信息披露理论为完善科研成本核算提供了理论支撑。

本章分析财政性科研项目成本核算的意义及当前财政性科研项目成本核算存在的主要问题，提出财政性科研项目成本核算改革思路。

第一节 财政性科研项目成本核算的意义

一、财政性科研项目成本核算的含义

成本，是指企业、机关事业单位、个体工商户等会计主体的特定成本核算对象所发生的资源耗费。成本是在经济学、管理学、商学和会计学等学科中广泛使用的概念。有各种各样的成本概念，如产品成本、劳务成本、责任成本、目标成本、变动成本和固定成本、可避免成本和不可避免成本、历史成本和未来成本、实际成本和估计成本、理论成本和应用成本、边际成本和增量成本、付现成本和沉没成本、服务成本、可控成本和不可控成本、项目成本、直接成本和间接成本、机会成本等，财政性科研项目成本是众多成本概念中的一个。

成本核算，是指企业、机关事业单位、个体工商户等基于成本管理（比如考核材料消耗情况、人力成本情况等）、销售管理（比如制定销售价格等）、生产经营决策和投资决策等需要，按照一定程序和方法计算各种成本核算对象在成本计算期内的总成本和单位成本。简单地说，成本核算即计算成本是多少。比如，工业企业产品成本核算就是要计算产品生产成本是多少，包括总成本和单位成本。财政性科研项目成本核算是指以财政性科研项目为成本核算对象，采用一定的专门方法，按照一定的成本项目，反映财政性科研项目在一定时期内的总成本及各组成项目成本的一项工作。财政性科研项目成本核算与工业企业产品成本核

算相比，具有下列特点：

一是成本核算对象不同。工业企业产品成本核算对象一般是产品品种、产品生产批别或产品生产步骤；而财政性科研项目成本核算对象为财政性科研项目。

二是成本核算方法不同。工业企业产品成本核算方法包括制造成本法、变动成本法和完全成本法。在变动成本法下，制造费用需要按照成本习性分解为变动制造费用和固定制造费用两个部分，产品成本的构成内容包括生产部门（车间、分厂等）发生的直接材料、直接人工和变动制造费用。在制造成本法下，产品成本的构成内容包括生产部门（车间、分厂等）发生的直接材料、直接人工、变动制造费用和制造费用（即全部制造费用，无须分解为固定制造费用和变动制造费用两部分）。在完全成本法下，产品成本的构成内容不仅包括生产部门发生的直接材料、直接人工和制造费用，而且还包括企业行政管理部门发生的管理费用。目前，我国工业企业产品成本核算方法采用的是制造成本法，企业对外提供的资产负债表上的"存货"项目中的产成品成本只包括直接材料、直接人工和制造费用等生产部门发生的费用，而企业行政管理部门发生的管理费用则反映在利润表（损益表）的"管理费用"项目中。制造成本法在具体应用中有品种法、分批法、分步法、分类法、定额法和标准成本法等，各种成本核算方法的区别主要在于成本核算对象的不同。财政性科研项目成本核算方法应采用完全成本法，即将进行财政性科研项目研究中发生的所有费用计入成本中。英国、美国等发达国家财政性科研项目成本核算主要采用完全成本法，但是，我国财政性科研项目成本核算却没有明确规定。

三是成本核算项目不同。成本项目是指构成成本核算对象成本的具体组成项目。工业企业成本核算项目根据成本管理需要确定，一般包括直接材料、直接人工和制造费用三大项目，当然也可以根据管理需要设置废品损失、停工损失、折旧等成本项目。财政性科研项目成本核算的成本项目根据科研项目来源渠道的不同而有所不同，比如，国家自然科学基金资助项目的成本项目有设备费、业务费（材料费、测试化验加工费、燃料动力费、出版/文献/信息传播/知识产权事务费、会议/差旅/

国际合作交流费、其他支出)、劳务费、间接费用(管理费、绩效支出)等。

四是成本计算期不同。工业企业成本核算的成本计算期一般为月份,即分月份进行成本核算,按照月份分别成本项目计算成本核算对象的总成本、单位成本及月末在产品成本;而财政性科研项目成本核算的成本计算期是项目研究周期,即在项目研究完成时都应该计算该项目的总成本及各成本项目的成本。

二、财政性科研项目成本核算的主要意义

(一) 有利于科研单位加强内部管理工作

财政性科研项目成本核算具有多个方面的重要意义。对于科研单位而言,有利于其加强单位内部管理工作。首先,加强财政性科研项目成本核算是国家赋予项目依托单位的重要职责。一个科研单位之所以获得项目依托单位资格,一个必要条件是该科研单位具备支持科研人员开展科研活动的必要条件,并且能够履行必要的管理职责和服务能力,因此,科研单位必须按照国家相关政策规定履行好自身应该履行的职责。其次,加强财政性科研项目成本核算是做好其他成本管理工作的基础。财政性科研项目成本管理工作包括成本核算、成本预测、成本控制、成本绩效考核评价等,在多项工作中,成本核算是最基础的工作,因为只有成本核算工作做好了,成本信息才能客观真实,才能为其他工作的开展提供坚实的基础和依据。最后,加强成本核算,形成财政性科研项目经费管理创新机制。加强项目经费管理和成本核算是科研单位顺应时代发展需要,以适应新时代新发展阶段对科研单位的新要求。

(二) 有利于国家加强财政性科研项目资金管理,为创新型国家建设提供支撑

首先,财政性科研项目经费管理和使用制度的制定离不开科研项目成本核算提供的资料。新时代新发展阶段推动经济社会高质量发展,离

不开科学技术的进步，建设创新型国家更离不开科研活动的支撑。在此背景下，国家对财政性科研项目的资金投入不断增加，为了保证资金用在"刀刃"上，国家有关部门在制定财政性科研项目经费管理和使用制度时需要更加真实完整的科研项目成本资料，作为制定政策的依据，而加强财政性科研项目成本核算才能提供真实客观的资料。其次，加强财政资金管理，提高财政资金使用效益离不开科研项目成本核算提供的资料。在财政资金管理及使用上，哪些项目应该支出、是否合理、是否必要等都需要用数据说话，而科研项目成本核算提供的数据就是迫切需要的数据。最后，加强财政性科研项目经费的监督、绩效考核、评价离不开科研项目成本核算提供的资料。根据《中共中央 国务院关于全面实施预算绩效管理的意见》（2018年9月），目前，财政性科研项目经费管理和使用领域确实存在一些财政资金低效无效、闲置沉淀、损失浪费的问题。胡敏研究认为，在高校，科研资产浪费、闲置现象普遍。大型仪器设备开放共享推进难度大、受到制约多，而闲置的仪器设备由于缺乏日常维护加速报废，资金使用效率低下，国有资产浪费严重。因此，加强财政性科研项目经费的监督、绩效考核、评价极为必要，而这些都离不开科研项目成本核算提供的资料。

（三）有利于倒逼科研人员等依法依规管理和使用科研项目经费

首先，财政性科研项目成本核算特别强调真实性和客观性，这样就倒逼科研人员依法依规使用科研经费，而不是通过虚假票据开支科研经费。其次，倒逼科研单位完善财政性科研项目经费内部管理制度。在科研项目成本核算中，通过费用合理确认能有效分配现有资源，能很好地摸清家底，量化科研投入的人力、物力、财力，真实合理地反映投入产出情况，最大限度地减少不必要的开支。通过加强科研经费管理，加强对科研业务合同、票据的管理，促使科研人员依法依规使用科研经费。最后，为外部审计监督提供良好基础。外部审计监督时往往需要评价科研单位内部管理状况，如果内部管理科学、合理、高效，则说明发生差错及舞弊的可能性较小；反之，则说明发生差错及舞弊的可能性较大。

因此，财政性科研项目成本核算倒逼科研单位加强内部管理，这就为外部审计监督提供良好基础。

第二节　财政性科研项目成本核算存在的主要问题

对于现行财政性科研项目成本核算等存在的问题，韩岩（2015）研究指出，目前在科研项目核算方面很多高校还没有开展真正的成本核算，大部分高校仍然处于费用核算阶段；尽管一些高校对科研项目已进行初步的成本核算，但采用的仍然是传统成本核算方法；科研项目有其区别于企业产品的特殊属性，传统成本核算体系应用于科研项目核算具有其局限性。除了上述这些问题外，现行财政性科研项目成本核算还存在下列突出问题。

一、成本开支范围的不确定性导致财政性科研项目成本核算数据不真实

数据不真实、不客观是当前我国财政性科研项目成本核算存在的突出问题，而科研项目成本开支范围的不确定性是产生问题的重要原因。

（一）论文版面费

科研项目成本开支范围按照合法性、相关性、真实性、合理性等原则确定，但是，有的经费开支项目并没有明确规定，甚至存在不同层次财政性科研项目经费管理政策出现相抵触的情况。

比如，《广东省财政厅关于省级财政社会科学研究项目资金的管理办法》（粤财规〔2018〕1号）指出"印刷出版费指在项目研究过程中支付的打印费、印刷费、论文版面费及阶段性成果出版费等"。据此规定，"论文版面费"是可以从科研经费中开支的。但是，《国家社会科学基金项目资金管理办法》（财教〔2016〕304号）指出"印刷出版费是指在项目研究过程中支付的打印费、印刷费及阶段性成果出版费等"。

其中并没有提及"论文版面费"能否开支，新修改的《国家社会科学基金项目资金管理办法》（财教〔2021〕237号）规定业务费包括印刷出版费，其中也没有提到"论文版面费"能否开支。但是，《国家社会科学基金项目资金管理办法》具体执行有关事项问答（2016年9月）明确指出"在项目研究过程中支付的打印费、印刷费及阶段性成果出版费，可列支印刷出版费。需要注意的是，国家社科基金项目资金不得支出论文发表版面费，此类支出不得列支印刷出版费。另外，除后期资助项目、中华学术外译项目外，国家社科基金其他类别项目的最终成果出版费也不得列支印刷出版费"。

"论文版面费"是财政性科研项目经费管理和使用中的一项极为敏感的项目，因为，当前学术期刊发表学术论文一般都收取版面费（少数期刊除外），而且有的核心学术期刊收取的版面费很高。尽管各方面政策一再强调不唯论文论（即不以论文作为单一评价标准），但是，在阶段性成果的评价乃至最终成果的评价中，论文还是非常重要的一项指标。另外，科研人员在职称评定（已经获得正高级职称的科研人员除外）中也需要有论文作为支撑。因此，若"论文版面费"不能从科研经费中开支，科研人员即使心有不甘也只能自掏腰包了，这极易造成科研人员科研心态的扭曲，严重打击科研人员的积极性。

（二）人员费及劳务费

能否从直接费用中开支编制内科研人员的"人员费及劳务费"也存在政策冲突。粤财规〔2018〕1号文件规定"项目承担单位属事业单位的，除实行生均拨款的学校和医院外，可从直接费用中开支在编人员的人员费，用于补足本单位参与本科研项目的在编人员工资性支出。项目承担单位在编人员的人员费列入单位工资总额。"也就是说，按照粤财规〔2018〕1号文件规定可以有条件从直接费用中开支编制内科研人员的人员费（从间接费用中开支的绩效支出除外）。但是，财教〔2021〕237号文件并不允许用直接费用开支编制内科研人员的人员费。由此可见，财教〔2021〕237号文件与粤财规〔2018〕1号文件在人员费的开支上存在明显冲突。

上海市科研计划项目（课题）专项经费管理办法（沪财发〔2017〕9号）明确规定"劳务费：是指在项目（课题）实施过程中支付给项目（课题）组成员、因科研项目（课题）需要引进的人才以及临时聘用人员的劳务性费用。劳务费支出控制在申请专项经费支出总额的30%以内；对于基础研究类、软科学类和软件开发类等项目（课题），劳务费支出总额控制在申请专项经费支出总额的50%以内。其中劳务费支出标准应控制在8000元/（人·月）以内。引进人才以及临时聘用人员的支出标准在不突破该项目（课题）劳务费支出总额的前提下，由项目（课题）承担单位编制确定。通过公开竞标获得的科研项目，劳务费不计入单位绩效工资总量。"其中，劳务费可以有条件支付给项目（课题）组成员的规定与财教〔2021〕237号文件相冲突。

山西省科研项目经费和科技活动经费管理办法（试行）（晋政办发〔2016〕76号）规定"劳务费：指用于支付科研项目组成员的劳务费用或补助，以及社会保险补助费用。劳务费应结合当地实际以及相关人员参与科研项目的全时工作时间等因素合理确定。"该文件关于劳动费开支对象的规定与财教〔2021〕237号文件相冲突。

（三）设备费

"设备费"开支的规定缺乏操作指引，实务中难以把控。比如，《国家科技重大专项（民口）资金管理办法》（国科发专〔2017〕145号）规定"应当严格控制设备购置，鼓励共享、试制、租赁专用仪器设备以及对现有仪器设备进行升级改造，避免重复购置"。《国家自然科学基金资助项目资金管理办法》（财教〔2021〕177号）也规定"鼓励开放共享、自主研制、租赁专用仪器设备以及对现有仪器设备进行升级改造，避免重复购置"。财教〔2021〕237号文件指出"应当严格控制设备购置，鼓励共享、租赁设备以及对现有设备进行升级"。但是，对于怎样鼓励、怎样共享都没有明确规定，这造成实务中无法操作。周春凌研究认为，科研人员用科研经费购置资产时，通常未经充分论证，使得采购失控甚至随意购买与科研项目无关的仪器设备。此外，直接费用中的其他支出也存在不确定性，导致成本数据无法做到真实客观。

（四）配套经费及单位自筹经费

有的科研单位为了鼓励科研人员申报竞争性科研项目，对于获得立项资助的竞争性财政性科研项目给予一定的配套经费资助。有的财政性科研项目在项目申报指南中明确规定，科研单位必须安排一定的配套经费或自筹经费。配套经费及单位自筹经费属于项目资助经费的组成部分，是科研项目成本的重要内容。此外，如果科研单位属于高校、科研院所等机关事业单位，此时，配套经费或自筹经费也属于科研财政资金。但是，对于配套经费及单位自筹经费如何计入科研项目成本并没有明确的规定。

二、科研经费使用中存在套现、浪费等行为导致财政性科研项目成本核算数据不真实

科研人员利用虚开票据和假票据等手段进行报销，套取科研经费造成科研项目成本核算数据不真实，对此，国内学者进行了较多研究。比如，张颖萍（2021）研究认为，经费支出方面存在真实发票、虚假业务套取科研经费现象，甚至存在将外协费转拨至经费负责人自己开设的公司的情况。狄小华（2021）研究认为，科研人员主要通过编造"虚假合同"、编制"虚假账目"、开具"虚假发票"等套取科研经费。

随着财政性科研项目经费管理和使用制度改革的深入和进一步完善，科研人员套取科研经费的现象逐步减少，浪费和低效使用科研经费也得到一定程度的改观，但是，并不意味着套现、浪费、低效等行为的消失。科研人员套取科研经费，使得本不应开支的科研经费开支了，使得本来应少开支的科研经费多开支了，最终导致科研项目成本核算数据不真实。

三、财政性科研项目成本核算缺乏制度指引

（一）对间接费用的处理难以做到科学合理

中办发〔2016〕50号文件虽然规定了科研项目经费中可以开支的

间接费用的总额，但是，这样规定的间接费用总额不一定科学合理，后续发布的财政性科研项目经费管理和使用制度，如国发〔2018〕25号文件和国办发〔2021〕32号文件等也证明了这一点。此外，在间接费用的开支范围中，除了用于科研人员的绩效支出外，还要用于科研单位管理费、补偿科研单位间接成本和其他支出，这些支出项目之间的比例怎样才能做到科学合理也没有明确规定。

（二）间接费用是否计入科研项目成本及如何计入并没有明确的规定

由此导致有的科研单位在核算科研项目成本时只计算直接费用而不计算间接费用，有的科研单位虽然既核算直接费用，也核算间接费用，但是，随意性大，成本核算工作不严谨，不同科研单位之间的成本数据缺乏可比性。

（三）科研项目结余经费是否应从资助经费总额中扣除没有明确规定

从成本定义来看，科研项目结余经费应从资助经费总额中扣除，不作为科研项目成本的构成内容，但是，目前的科研经费管理和使用制度对此并没有明确规定。比如，中办发〔2016〕50号文件只是强调"改进结转结余资金留用处理方式"。但是，对于结余资金是否从科研项目成本中扣除却没有明确规定。

（四）科研项目成本核算的关键要素不明确

财政性科研项目成本核算的关键要素包括成本核算对象、成本计算期、成本项目、成本核算方法和成本核算程序等，但是，现行的财政性科研项目经费管理和使用制度对这些均缺乏明确的指引。

第三节 财政性科研项目成本核算改革思路

对于财政性科研项目成本核算应如何改革，王婷婷研究认为，科研项目成本管理的现状包括缺乏整体性、有效性不高、缺少团队意识、监管不严格和奖惩机制缺失等，并分别对科研项目前期准备、项目启动阶段、项目规划阶段、项目执行阶段和项目结束阶段等提出了科研项目全过程成本管理的思路。夏天（2016）研究认为，应确保项目成本预算的真实性，将项目科研成本划分到学校总资产的管理当中、防止资产流失等途径来加强高校科研项目成本核算。这些研究具有一定意义，但是在改革思路上，如何建立健全具有可操作性的科学合理的财政性科研项目成本核算制度，尚缺乏明晰的思路。

本书认为，财政性科研项目成本核算改革应突出实践操作性，让科研人员容易理解，项目承担单位财务人员有章可循，易于操作。为此，应从建立健全财政性科研项目成本核算制度、进一步明确财政性科研项目成本开支项目的确认和计量标准、进一步明确财政性科研项目成本核算的基本程序等三个方面进行改革。

一、建立健全财政性科研项目成本核算制度

财政性科研项目研究是科研单位非常专业、非常复杂的专项业务活动，无论对科研单位自身发展还是国家经济社会国防民生生态等领域高质量发展都具有重大意义。目前我国财政性科研项目成本核算制度还没有真正建立健全起来，科研项目成本信息的公开较为笼统，通过公开信息只能查询到财政性科研项目经费投入的基本状况。基于国家安全和保密要求，不公开披露具体科研项目的成本信息可以理解，但是，基于加强科研项目管理、财政资金管理和监督等需要，应在每年度末分类披露历年实施的科研项目中已经完成研究的科研项目的数量、财政资金资助金额、项目实施的实际总成本及成本构成情况；对于已经获得立项、已经实施研究的科研项目，原来预定的研究周期已经结束，但是由于科学研究的复杂性等原因没有取得预期成果，不再进行研究的，也应分类披露上述相关信息。缺乏这些信息，对于科研活动的开展极为不利。因此，应建立健全财政性科研项目成本核算制度。

第九章　财政性科研项目成本核算改革研究

（一）进一步明确成本核算对象和成本项目

财政性科研项目成本核算对象一般为财政性科研项目，但是，对于重大、复杂的财政性科研项目，可以进一步细化成本核算对象，以便提供更多满足管理需要的信息，比如国家重大科研仪器研制项目、国家科技重大专项项目、国家重点研发计划项目和地方重大科研项目等。目前，财政性科研项目成本核算的成本项目比较分散，可根据管理需要进行分类整合，比如设备费、物料费、人员费、管理费等，对于历年来争议较大的敏感项目建议通过费用明细核算来提供具体信息。设备费可通过新设备购置费、设备租赁费、设备升级费等提供辅助信息，人员费可通过科研人员费（绩效支出）、临时聘用人员费（劳务费）、专家咨询费等提供辅助信息。

（二）进一步明确成本计算期和成本核算方法

财政性科研项目成本计算期一般为科研项目研究周期，但是，对于研究周期较长（如超过3年）的重大科学研究项目，可以根据管理需要进行调整，划分几个阶段分别作为成本计算期，比如，按照项目研究取得重大阶段性成果的时间划分成本计算期等。在成本核算方法上，应明确是采用完全成本法、制造成本法还是变动成本法。建议借鉴主要发达国家财政性科研项目成本核算经验，明确将完全成本法作为成本核算方法，对此，国内学者进行了一些研究，如韩岩撰写的"高校科研项目全成本核算模式之构建"、胡百灵撰写的"高校科研经费全成本核算研究"、肖冠楚撰写的"油气重大科研专项全成本核算探讨"、翟云萱等撰写的"科研院所全成本核算体系应用初探"、李彦敏撰写的"医院科研项目全成本核算研究"等，相关研究涉及的科研单位有高校、科研机构和医院等，这些研究表明了对财政性科研项目成本核算采用完全成本法的认同。

二、进一步明确财政性科研项目成本开支项目的确认和计量标准

确认和计量是会计学中的重要概念，资产、负债、所有者权益、收入、费用和利润等六大会计要素都需要进行确认和计量，只有得到确认和计量的会计要素才纳入会计主体会计核算范围，最终才能反映到对外提供的财务会计报告中。在财政性科研项目成本核算中，对成本开支项目进行科学合理的确认和计量是正确核算科研项目成本的前提。当前，对财政性科研项目成本开支项目中的多数项目的确认和计量是明晰的，难点在于几个敏感性项目如论文版面费、人员费用中的绩效支出、设备费、其他支出等难以把控。因此，应对敏感性项目的确认和计量给予高度关注，并进一步明确这些项目的确认和计量标准。

（一）论文版面费（审稿费、发表费等）

应明确凡是在经过国家有关部门认可的学术期刊上发表科研论文，科研经费可用于报销论文版面费，同时，应明确学术期刊清单及版面费收费标准。杨爽研究认为，学术期刊是展示科学研究工作的窗口与平台，属于社会公共财富，具有非市场化、非商品化的公益属性。由于受科研项目申报、职称评定、学位授予以及期刊管理体制等诸多因素制约，学术期刊版面属于稀缺资源。在我国科研管理与高校管理制度等顶层设计之初，就已经包含了对学术研究成果公布于众的论文版面费编辑评审发表等相关费用，只不过由于多种原因，这一部分费用没有被直接设计并归于学术期刊编辑部门，而是通过作为科研申报考评、职称评定、学位授予等相关制度一个组成部分的形式，在学术科研团队内部实现的一种权益、利益与资源的再分配。可以认为目前存在已久的学术期刊版面费的现象，实则是对以上顶层制度设计的一种积极回应。

在学术期刊普遍收取版面费的情况下，应从国家层面明确规定能不能从科研项目经费中开支，并不应允许部门政策、地方政策有弹性的操作空间，以免造成政策上下不一，部门攀比及地方攀比的现象，因为学

术期刊不仅仅是某个地方的期刊而已。此外，假如论文版面费可以开支，那么，应进一步明确规定开支标准。因为，当前我国的学术期刊"僧多粥少"，供需完全脱节，供给严重少于需求，假如没有标准，学术期刊完全有能力收取高额版面费，此举必定造成科研人员的极大负担和不满（不允许报销论文版面费时）或者财政科研资金的浪费（允许报销论文版面费时）。比如，有一位科研人员不满地说，"本人是无机材料研究方向的，在研究院所上班，去年南水北调与水利科技一篇版面费2000元，今年就变成3000元了，实在是没有写论文的动力了，有没有材料相关专业的同人推荐本研究方向的核心期刊，但版面费不超过2000元的"。另一位科研人员不满地说，"发一篇文章要小几万：版面费为什么这么贵"。

明确论文版面费开支标准还有利于抑制一些期刊编辑利用论文版面费牟取私利的行为。例如，核心期刊《求索》编辑卖版面谋利200万获缓刑，原主编巨额受贿。2009年至2015年7月，张群喜任《求索》期刊编辑室主任期间，利用职权以收取版面费的名义，向杨某等5名中介和王某等12位投稿作者收取117.12万元。章克团在担任《求索》杂志社哲学栏目编辑期间，帮助李某等3名中介及50多名作者在《求索》上发表文章，收受75.24万元。① 核心期刊《湖南社会科学》杂志原主编利用职务便利，帮发文中介发表文章120余篇，受贿128.95万元。② 罗某是广西一家杂志社社长，其利用自己有论文发表权的职务便利，收受论文作者贿赂款30余万元。③

（二）设备费

目前财政性科研项目经费管理和使用制度对于设备费的开支是严

---

① 《求索》编辑卖版面获利200万元被判缓刑，原主编涉受贿被捕，搜狐网，https：//www.sohu.com/a/234915683_523175.

② 靠帮人发文获利，这位"C刊"主编的生意经曝光，中国青年网，https：//baijiahao.baidu.com/s?id=1701910648608964041&wfr=spider&for=pc.

③ 南宁一杂志社社长安排论文发表收受作者贿赂30多万元，民主与法制网，http：//www.mzyfz.com/cms/pufazhuanlan/pufazhongxin/pufahuodong/html/1173/2014-09-30/content-1080369.html.

格控制新购置设备，鼓励共享、租赁以及对现有设备进行升级。由于信息不对称，项目负责人在编制科研项目经费预算时并不了解哪里有设备可以共享、哪里有设备可以租赁，共享或租赁费用怎样确定等。从设备共享的角度看，一般来说，来源于同一渠道的财政性科研项目（比如国家自然科学基金、国家重点研发计划、国家科技重大专项等）需要使用的设备可以共享，因此，需要科研项目主管部门提供可以共享设备的相关信息，因为只有科研项目主管部门才掌握科研项目立项及实施情况、研究进展等，了解什么样的科研项目购置了什么样的设备等必要信息。从设备租赁的角度看，应进一步完善我国设备租赁市场，建立和完善网上科研设备租赁平台，为科研人员租赁设备提供便利条件。

（三）绩效支出

绩效支出是为了提高科研人员科研绩效，弥补科研人员智力成本而发生的支出。从我国财政性科研项目经费管理和使用制度的演变看，绩效支出的走势是"从零到有，从少到多"的态势，体现了对科研规律的尊重和对科研人员的重视程度不断提高。但是，由于科研人员智力成本难以计量，绩效支出为多少合理也难以确定，此外，绩效支出政策在一些科研单位也没有得到很好落实。雷明易等研究认为，高校科研绩效支出存在落实难、科研绩效支出与绩效评估之间缺乏关联、科研绩效支出管理缺乏监管、存在违纪违规现象等问题。周沐等研究认为，目前还有很多普通高校和科研院所在科研经费管理办法中还没有及时体现出间接费用和绩效支出的管理政策，说明这些单位还没有充分履行作为科研项目依托单位应当承担的科研管理职责。何凤等研究认为，科研绩效支出存在的问题包括绩效支出的对象缺少明确规定、高校或科研机构绩效支出管理制度不健全、科研绩效支出管理落地情况不乐观、科研绩效支出分配比例较低、绩效支出考核标准未明确等。因此，应进一步明确绩效支出的确认和计量标准，以便为科研单位落实绩效支出政策提供更具体的指导。

第九章　财政性科研项目成本核算改革研究

三、进一步明确财政性科研项目成本核算的基本程序

（一）科研项目成本核算明细账户的设置及直接费用的登记

为保证财政性科研项目成本核算的准确性，其成本核算应遵循一定的程序。首先，分别科研项目名称、项目负责人和项目资金来源设置科研项目成本核算明细账户，分别成本项目设置核算专栏。分别项目负责人设置成本核算明细账户的原因是一位项目负责人可能主持不同层次、不同级别的多个科研项目。分别资金来源设置成本核算明细账户的原因是科研项目资金来源除了财政资助资金外，往往还包括科研单位配套经费和接受捐赠等。科研项目成本核算明细账户的基本格式如表9－1和表9－2所示。对于实际发生的各项直接费用，分别成本项目进行登记科研项目成本核算明细账户。

表9－1　　　　　　　科研项目成本核算明细账户

科研项目名称：　　　　项目负责人：　　　　资金来源：财政资助

日期	摘要	收入	支出（成本项目)										余额
^	^	^	直接费用							间接费用			^
^	^	^	设备费	劳务费	业务费					管理费	绩效支出	补偿间接成本	其他支出	^
^	^	^	^	专家咨询费	辅助人员费用	材料费	测试加工费	燃料动力费	差旅费	印刷出版费	办公用品费	其他支出	^	^	^	^	^
	……																
	本年合计																
	本年累计																
	结项合计																

表 9－2　　　　　　　　　科研项目成本核算明细账户

科研项目名称：　　　　　　　项目负责人：　资金来源：配套经费及接受捐赠等

日期	摘要	收入	支出（成本项目)													余额
			直接费用								间接费用			
			劳务费		业务费						管理费	绩效支出	补偿间接成本	其他支出	
			设备费	专家咨询费	辅助人员费用	材料费	测试加工费	燃料动力费	差旅费	印刷出版费	办公用品费	其他支出	管理费	绩效支出	补偿间接成本	其他支出	余额
……																
本年合计																
本年累计																
结项合计																

（二）分配间接费用，并登记科研项目成本核算明细账户

间接费用总额按照现行财政性科研项目经费管理和使用制度确定。每一个科研项目可以开支的间接费用，包括依托单位管理费、科研人员绩效支出和补偿项目依托单位的间接成本等按照科研单位内部间接费用管理办法确定。特别强调的是，科研单位必须按照国家间接费用管理政策，结合自身实际制定内部间接费用管理办法，这是科研项目成本核算的基础工作，也是科研项目成本核算的关键工作。

根据科研单位内部间接费用管理办法分配间接费用后，就可登记科研项目成本核算明细账户。依托单位管理费和补偿项目依托单位的间接成本可以直接登记，科研绩效支出在实际支出时进行登记。

（三）按照成本计算期，汇总各成本项目数据，计算科研项目成本

每年年末，科研项目成本核算明细账户应汇总计算"本年合计"数、"本年累计"数，项目完成时应计算"结项合计"数。科研项目结项时，应根据表9-1、表9-2，分别科研项目名称和项目负责人，编制科研项目成本计算表，其基本格式如表9-3所示。

表9-3　　　　　　　　　　科研项目成本表

项目名称：　　　　项目负责人：　　　　立项时间：　　　　结项时间：

经费来源	成本项目			××年度	××年度	××年度	合计
财政资助经费	直接费用		设备费				
		劳务费	专家咨询费				
			辅助人员费用				
		业务费	材料费				
			测试加工费				
			燃料动力费				
			差旅费				
			印刷出版费				
			办公用品费				
			其他支出				
	间接费用		管理费				
			绩效支出				
			补偿间接成本				
			其他支出				

续表

经费来源	成本项目			××年度	××年度	××年度	合计
配套经费等	直接费用		设备费				
		劳务费	专家咨询费				
			辅助人员费用				
		业务费	材料费				
			测试加工费				
			燃料动力费				
			差旅费				
			印刷出版费				
			办公用品费				
			其他支出				
	间接费用		管理费				
			绩效支出				
			补偿间接成本				
			其他支出				
合计							
结余经费							

科研项目成本核算基本程序如图 9-1 所示。

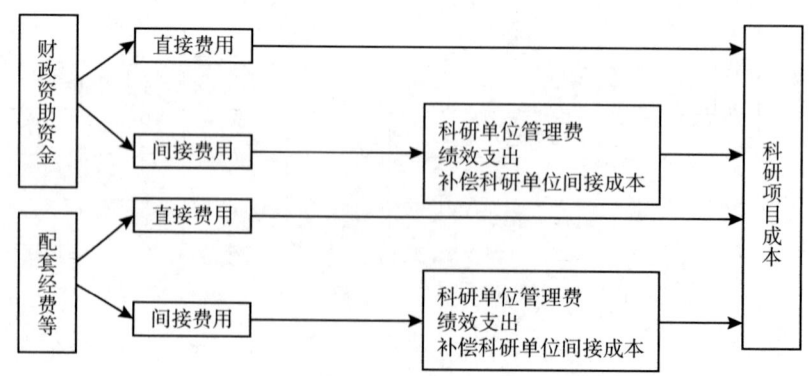

图 9-1 科研项目成本核算基本程序

第九章　财政性科研项目成本核算改革研究

长期以来，我国财政性科研项目的全部经费来源（包括财政资助及其他来源）、各类科研项目科研成本的实际情况（成本总额及各项目成本构成）及经费结余情况并不透明，从某种程度上来说是"糊涂账"。新时代新发展阶段，从建设创新型国家及打造世界科技强国的角度看，我们不仅应该加大科研经费投入，而且应该算好"成本账"。表9-3能够全面反映一项财政性科研项目的全部经费来源、成本总额及其构成、经费结余情况等信息。如果能够上升到地区层面、部门层面及国家层面，分类提供财政性科研项目的成本等信息，无疑将对创新型国家建设起到极大的推动和促进作用。

本章主要参考文献

［1］秦康. 对高校科研经费管理"放管服"改革的思考和研究［J］. 中国民航飞行学院学报，2021（3）：43-46.

［2］胡敏. "放管服"改革背景下高校纵向科研经费管理研究［J］. 科技经济市场，2021（2）：117-119.

［3］夏天. 高校科研项目成本核算研究［J］. 科教文汇（上旬刊），2016（7）：179-180.

［4］韩岩. 高校科研项目全成本核算模式之构建［J］. 内蒙古师范大学学报（哲学社会科学版），2015（5）：50-53.

［5］关于印发《广东省财政厅关于省级财政社会科学研究项目资金的管理办法》的通知，http：//czt. gd. gov. cn/czfg/content/post_180226. html.

［6］《国家社会科学基金项目资金管理办法》具体执行有关事项问答，http：//www. nopss. gov. cn/n1/2016/0927/c219469-28744143. html。

［7］周春凌. "放管服"背景下高校科研经费管理的财务应对［J］. 淮阴师范学院学报（自然科学版），2021（3）：65-67.

［8］张颖萍. 高校内部控制风险与对策研究［J］. 商业会计，2021（9）：65-67.

［9］郭纹静，李艺宏．高校科研人员套取科研经费的刑法认定及防控对策［J］．贵州大学学报（社会科学版），2020（2）：94－101．

［10］王旭．论套取高校科研经费治理的《国家监察法》适用［J］．法学杂志，2020（7）：46－55．

［11］狄小华．高校科研经费使用的腐败行为分析及防治［J］．犯罪与改造研究，2021（5）：9－17．

［12］胡百灵．高校科研经费全成本核算研究［J］．会计之友，2018（17）：94－97．

［13］王婷婷．科研项目全过程成本管理研究［J］．中国高新技术企业，2016（26）：164－165．

［14］肖冠楚．油气重大科研专项全成本核算探讨［J］．会计师，2018（11）：77－78．

［15］翟云萱．科研院所全成本核算体系应用初探［J］．中国管理信息化，2020（23）：4－5．

［16］李彦敏．医院科研项目全成本核算研究［J］．管理会计，2015（6）：76－77．

［17］杨爽．关于学术期刊版面费问题的思考［J］．传播与版权，2019（10）：85－90．

［18］现在怎么期刊的版面费都高的离谱呢，http：//muchong.com/html/201504/8839354.html．

［19］发一篇文章要小几万：版面费为什么这么贵【中国科讯】，https：//www.sohu.com/a/339553346_744387．

［20］雷明易，等．基于成果导向的高校科研绩效支出管理研究［N］．广西质量监督导报，2021－3－28．

［21］周沐，等．高校科研经费管理中绩效支出管理办法制定和实施流程研究［J］．教育教学论坛，2019（5）：21－23．

［22］何凤，等．高校科研劳务费与绩效支出管理研究［J］．湖南财政经济学院学报，2018（6）：116－125．

［23］李金磊．纵向科研经费会计核算问题探析——基于政府财务报告编制视角［J］．财务与金融，2021（2）：26－29．

[24] 于佳明，杨瑞伟，陈永祥．浅谈高校纵向科研间接成本管理的问题及对策［J］．北方经贸，2017（5）：61-64.

[25] 许晓明，卢山，刘磊，等．国家科技重大专项项目管理创新实践与建议［J］．石油科技论坛，2020（5）：48-53.

[26] 朱爱芹，周子博．浅议加强国家重点研发计划的资金管理［J］．冶金财会，2019，38（7）：51-53.

[27] 唐伟．国家科技重大专项资金管理思路探讨［J］．时代经贸，2020（26）：90-91.

[28] 李鹏．新型财务管理体系在油气国家科技重大专项实施中的应用［J］．财会学习，2019（29）：13-15.

[29] 张倩．从国家科技重大专项看科研经费的监管与对策［J］．中国市场，2019（33）：177-179.

[30] 齐艳平．新时期国家科技重大专项财政资金使用问题分析与对策研究［J］．财务管理研究，2019（2）：10-15.

[31] 冯宝军，李延喜，李建明．基于多属性分析的高校科研经费全成本核算研究［J］．会计研究，2015（5）：10-15，93.

总　　结

创新是科学研究的灵魂和核心。在社会科学研究中，创新不是标新立异的说辞，而必须是有理有据的科学论证。本研究把创新的思维和理念贯穿课题研究的全过程，提出一系列创新观点，并进行了论证。

一是构建理论分析框架来指导研究。财政性科研项目的科研活动与机关事业单位一般业务活动、企业等市场主体经济活动相比具有不同的特点，适用于机关事业单位一般业务活动的财政经费管理理论对于科研活动并不完全适用，适用于企业等市场主体资金管理的企业资金管理理论对于科研活动也不完全适用。因此，有必要构建针对财政性科研项目经费管理和使用分析的理论框架来指导科研活动的经费管理。应以人力资本理论、委托代理理论、财政监督理论、公平理论、会计信息披露理论、内部控制理论和综合激励理论等为基础，通过这些理论的协调与创新来构建新的理论分析框架。

二是运用顶层设计理念对现行制度进行分类，从而更有针对性地分析和解决问题。运用顶层设计理念，将现行种类较多、层次较多、制定机构较多、适用范围不一的既相互独立，又紧密相关的制度分为高层制度、中层制度和基层制度三大类，这样的分类把复杂问题简单化，清晰明了，具有逻辑性和合理性。在此基础上，分别分析不同层次制度的主要特点、存在的主要问题，并提出进一步完善的主要思路。

三是提出应采取更多创新措施，更大力度调动科研人员积极性。科研活动不是一般的脑力劳动，而是高级的、稀缺的、复杂的脑力劳动，因为"物以稀为贵"，所以，应采取更多创新措施，更大力度调动科研人员积极性。

四是实行"包干制"管理可以解决诸多经费管理和使用问题。应尊重科研规律和国家科研活动现实需要，定额补助式科学基金项目经费管理和使用应该全面实行"包干制"管理。对哲学社会科学研究项目经费管理和使用实施"包干制"具有理论依据、现实意义、必要性和可行性，可以采用三种包干方式，即"后补助"包干方式、"提高间接费用比例"包干方式和"由项目负责人有条件自行确定绩效支出"包干方式。应进一步加大对哲学社会科学研究项目的经费资助力度，以便为"包干制"的实施提供一个科学合理的包干基数。应在科学有序开展试点的基础上，及时总结经验，尽快推广实施"包干制"。

五是既要借鉴发达国家经验，又要吸取发达国家教训。不仅要借鉴美国、英国、德国、日本等发达国家的有益经验和做法，还应借鉴其他国家的有益经验和做法。同时，也应吸取发达国家在科研经费管理和使用方面的教训。因为，发达国家在科研经费管理和使用上也存在一定问题，导致一些违法违规使用科研经费案件的发生。

六是应该更关注重大科学研究项目经费管理和使用的审计。基于审计重要性原则和重大科学研究项目的极端重要性等，重大科学研究项目经费管理和使用更应该注重审计监督。应构建针对重大科学研究项目经费管理和使用的审计体系、完善针对重大科学研究项目经费管理和使用的审计程序、完善重大科学研究项目经费使用审计结果公示制度等。

七是应完善科研项目经费预算管理制度，允许科研人员根据需要随时提出预算调整。应将全面预算管理理念引入科研项目经费预算管理中，应加强对科研财务助理的选拔、培训和职业认可等，使其在预算管理上更好地为科研人员提供服务。同时，应在预算编制、内部审核、执行、调整和考核等方面进一步完善科研项目经费预算管理制度。

八是科研单位应按照更好地服务科研活动和科研人员的理念加强科研经费内部管理。科研单位应通过加强法制教育、增强法制观念、加强文化建设、弘扬正能量、优化科研单位内部机构设置及权责分配等进一步优化科研单位内部管理环境。应在充分认识风险评估重要性的基础上，加强风险评估工作，加强科研单位风险评估工作必须关注单位领导人员、部门领导人员及各岗位员工的职业操守和专业胜任能力。应通过完善科研项目经费支出管理制度、科研项目采购管理制度和科研项目合同管理制度等进一步改进科研单位内部管理措施。应完善科研内部信息传递制度，确保科研单位内部信息传递畅通。

九是应从建设创新型国家等角度，完善科研项目成本核算制度。目前我国科研项目成本核算数据不真实、不透明，不利于优化财政科研经费配置和优化科研经费管理。应从创新型国家建设及打造世界科技强国的高度等角度认识科研项目成本核算的必要性和重要性。应建立健全财政性科研项目成本核算制度，明确科研项目成本核算对象和成本项目、成本计算期和成本核算方法，明确科研项目成本开支项目的确认和计量标准，进一步明确财政性科研项目成本核算的基本程序，以便提供真实、完整的科研项目经费来源，成本总额及其构成，经费结余情况等信息。

本书提出的创新观点可能得到认可，也可能引来质疑和争议。假如是引来质疑和争议，希望能起到抛砖引玉的作用。